—

第二版

Cuixing Guti Duanlie Lixue

脆性固体断裂力学

Fracture of Brittle Solids

Brian Lawn 著

龚江宏 译

高等教育出版社·北京
HIGHER EDUCATION PRESS BEIJING

图字：01－2007－5688 号

图书在版编目(CIP)数据

脆性固体断裂力学：第 2 版/(美)劳恩(Lawn, B.)
著；龚江宏译. —北京：高等教育出版社，2010.3(2021.9 重印)
(材料科学经典著作选译)
书名原文：Fracture of Brittle Solids, 2nd edition
ISBN 978－7－04－025379－5

Ⅰ. ①脆… Ⅱ. ①劳…②龚… Ⅲ. ①脆性断
裂－固体力学：断裂力学 Ⅳ. ①0346.1

中国版本图书馆 CIP 数据核字(2010)第 002675 号

出版发行	高等教育出版社	咨询电话	400－810－0598	
社　　址	北京市西城区德外大街 4 号	网　　址	http://www.hep.edu.cn	
邮政编码	100120		http://www.hep.com.cn	
印　　刷	固安县铭成印刷有限公司	网上订购	http://www.landraco.com	
开　　本	787 mm×1092 mm　1/16		http://www.landraco.com.cn	
印　　张	20.5	版　　次	2010 年 3 月第 1 版	
字　　数	380 千字	印　　次	2021 年 9 月第 3 次印刷	
购书热线	010－58581118	定　　价	79.00 元	

本书如有缺页、倒页、脱页等质量问题，请到所购图书销售部门联系调换

版权所有　侵权必究

物 料 号　25379－A0

中 文 版 序

在本书的第一版于 1975 年出版的时候，材料科学的许多分支还都处在一个初始的发展阶段。那时，一类新的固体材料——陶瓷作为材料家族中一个重要的成员出现了。大多数陶瓷都具有共价－离子型结构，具有相当高的熔点、硬度和优良的电学、光学、热学性能。陶瓷覆盖了很宽范围内的一系列材料，包括玻璃、多晶聚集体、半导体和矿物。限制这些材料应用的最关键的因素是脆性——本征因素决定的低的断裂阻力。相应地，在 20 世纪 70 年代末，材料工程师们为制备具有高强度、高脆性的陶瓷付出了共同的努力。随着这一研究的深入进行，对脆性结构中裂纹如何起源、如何扩展问题的理解也取得了显著的进展。到了 1993 年本书第二版出版的时候，陶瓷科学这一领域以及相应的用于表征相关断裂行为的断裂力学已经发展到了一个成熟期。从那个时候开始，材料科学已经发展成为一个覆盖面更宽的交叉学科，一些分支涉及纳米技术和生物技术这些新的"热点"领域。材料工程与其他一些学科如物理、化学、生物学及药学等之间的界限变得越来越模糊了。但是，无论是什么样的应用领域，可靠性和寿命仍然是所有材料结构的使用性能的中心问题。这也许就可以解释《脆性固体断裂力学》这本书 35 年来一直畅销这一事实。

将本书翻译成中文，最早是由龚江宏博士向我建议的。而后，他又自己承担了翻译工作。我非常感谢龚博士在完成这一繁琐工作的过程中所付出的耐心和努力。

Brian Lawn
2009 年 12 月

序

本书是在 1975 年出版的第一版的基础上进行重新组织而形成的一个新版本。和第一版一样，本书是作为材料科学专业的研究生教材以及从事脆性固体的强度与韧性研究的科研人员的参考书来编写的。更确切地说，本书的目的在于介绍与材料发展尤其是目前我们越来越熟悉的陶瓷材料的发展相关的断裂力学知识。因此，这个新版本中除了若干章节是几乎原封不动地出自第一版之外，大多数章节都进行了相当大的修改，有一些章节甚至是全新的。

本书所关注的是"脆性陶瓷"。所谓脆性，我们指的是原子尺度上的尖锐裂纹的扩展基本上是以原子键断裂的方式而发生的。所谓陶瓷，我们指的是不同类型的共价－离子型材料，包括玻璃、多晶聚合体、矿物，甚至包括复合材料。自 1975 年以来，我们对结构陶瓷的认识已经逐渐接近于（在某些方面甚至超过了）对金属以及高分子的认识程度。然而，脆性却一直是陶瓷部件设计中所面临的一个独特的限制因素。要克服这个限制因素，我们首先必须了解关于裂纹起源及扩展的基础力学和微观力学。在这方面所取得的所有成果中相对突出的是在均匀连续断裂力学理论以及基础裂纹尖端定律新概念方面的持续性进展；但是最为显著的进展则是"显微结构屏蔽"过程的发现，这一过程导致了所谓的裂纹阻力曲线或者韧性曲线，对强度和韧性具有十分重要的意义。这一正在发展中的理论有可能彻底改变与陶瓷的性能设计和工艺调控有关的传统思路。

贯穿本书的一个主题是 Griffith 在他 1920 年发表的那篇经典论文中所提出的热力学能量平衡概念。Griffith 概念自然而然地导致了对裂纹系统的分类：平衡的或者动态的、稳定的或者不稳定的以及可逆的或者不可逆的。Griffith 能量平衡概念长久的生命力源自其固有的普适性：在利用裂纹系统总能量表达式处理更复杂的系统时，我们只需对已有的各项进行修正，或者增加一些新项。在所有令人信服的断裂理论中，一部分是直接由 Griffith 概念导出的，另外一部分则建立在与之完全等效的其他概念（如 Irwin 的应力强度因子）基础上。

当试图构筑出一个关于断裂的完整描述时，我们意识到需要从许多不同的角度去研究脆性裂纹。最传统的研究方法是工程师们所采用的"远场"视角，他们将裂纹视作连续介质中的一条狭缝，而将裂纹尖端及其所处的环境处理为一个奇异(黑箱)区。另一个截然不同的研究方法则是物理学家和化学家们所采用的裂纹尖端"包围区"视角，他们借助于界面力函数研究离散的键断裂过程。这两种观点都是很有价值的：前者借助于诸如外加荷载、试样几何形状、环境浓度等这样的外部变量建立了一些常规参数(如机械能释放率 G 和应力强度因子 K)用于定量描述断裂的"动力"；而后者则为我们描述原子尺度上尖锐裂纹的基本结构并进而导出裂纹扩展定律奠定了基础。现在，我们需要引进一个相对更新一些的视角，即材料科学家们所采用的研究方法。他们试图通过将一些离散的耗散组元引入陶瓷的显微结构以期克服本征的脆性。正是在这一尺度水平上出现了屏蔽的概念，表现为一个处于裂纹尖端包围区与外部作用荷载作用区之间并使二者隔离开来的耗散区。显微结构屏蔽过程的创新性探索是研发下一代高强高韧脆性材料的关键。

当试图将这些截然不同的观点结合在一起形成一个统一的描述时，就不可避免地会遇到在标注方面出现的一些矛盾。为了寻找出一种折中的方案，我试图使标注更接近于材料学术语。其中，较有代表性的是在裂纹尺寸的表述方面采用 Griffith 符号 c 取代了固体力学中的 a。此外，值得注意的还有用描述韧性的符号 R 和 T 代替了工程参数 G_R 和 K_R。采用前者的目的在于强调裂纹扩展的本征阻力是一种平衡的材料性质，最终可以表述为对本构应力－位移关系的积分，而完全无需考虑断裂过程。

本书的结构粗略地看是开始于科学的理论基础而结束于工程设计。第 1 章在对 Griffith 能量平衡概念和裂纹理论假设进行回顾的基础上介绍了历史背景和一些基本概念。第 2 章和第 3 章借助于连续介质断裂力学对裂纹扩展进行了理论描述，着重强调的是裂纹扩展的平衡状态。第 4 章和第 5 章则将这些理论描述扩展到了运动着的裂纹，考虑了动态("快速")扩展和动力学("缓慢")扩展，在后者中尤其关注了环境化学作用。在第 6 章中，我们从原子尺度上分析了裂纹尖端过程，并再次在基本的裂纹定律中考虑了化学作用的影响。第 7 章讨论的是断裂力学中的显微结构影响，并着重介绍了在韧性描述中所涉及的一些有效的屏蔽机制。评价陶瓷材料的一种最有效且被广泛应用的方法——压痕断裂在第 8 章中得到了讨论。第 9 章涉及的是缺陷和裂纹的起源问题。最后，强度和可靠性在第 10 章中提及。

理解断裂力学的最好途径是深入分析基本原理而不是关注事实所得到的信息。因此，我们对诸如均质玻璃和多晶氧化铝这样的"模型"材料的关注应当看成是将理论最终扩展到更复杂的工程材料的一个必要的基础。这一思想也沿用到了文献引用方面。我们没有试图列出一份丰富的参考文献清单，而只是提供了一份精心挑选的参考书目。在当今出版物相对于其他各种学术交流方式而言不再发挥着主要作用的时代，我们希望读者能更多地接触各种公开的文献。

许多同事和学生为本书的编写做出了很大的贡献。这里要特别提到的是 Rodney Wilshaw，他是以前的共同作者，也是我的老朋友。本书的第一版就是与他一同构思并撰写出来的。在第一版刚刚出版不久，Rod 就退出学术界回归了一种田园生活。他谦逊地将自己的名字从这一版的封面上撤了下来。但是，他的学术思想仍然在本书中有所体现。长期以来对本书做出了重要贡献的还包括：S. H. Bennison, L. M. Braun, S. J. Burns, H. M. Chen, P. Chantikul, R. F. Cook, T. P. Dabbs, F. C. Frank, E. R. Fuller, B. J. Hockey, R. G. Horn, S. Lathabai, Y-W. Mai, D. B. Marshall, N. P. Padture, D. H. Roach, J. Rödel, J. E. Sinclair, M. V. Swain, R. M. Thomson, K-T. Wan 和 S. M. wiedernhorn。我还要感谢 R. W. Cahn，是他鼓励我着手本书的第二版，并且一直耐心地支持我完成了第二版的创作。最后，感谢我的夫人 Valerie，衷心地感谢她对我的一贯支持。

Brian Lawn

目　录

1

Griffith 原理

当受力超过一定限度后，大多数材料都倾向于发生断裂。在 19 世纪，结构工程师们开始注意到了这一事实，并顺理成章地将强度作为材料的一个性能指标。毕竟，长期以来人们一直认为借助于一些特征弹性常数就可以完整地表征出在弹性极限范围内材料对外力的响应，因此，强度概念的出现便导致了一个所谓的"临界外加应力"假定的提出，这个假定成为第一个断裂理论的基础。确定一个可靠应力极限的做法在工程设计领域曾经十分流行，这一做法目前仍然在沿用：对于一个特定的结构部件，必须确保其所承受的最大应力水平不要超过这一应力极限。

然而，随着有关结构失效知识的不断增多，临界应力理论的合理性开始引起越来越多的怀疑。通常，一种特定材料的断裂强度并不能表现出高度的可重复性；对于脆性材料来说，强度的波动甚至可能超过一个数量级。测试条件（如温度、化学环境、加载速率等）的变化也将进一步导致强度的系统变化。此外，不同类型材料的断裂方式也完全不同。例如，玻璃在外加拉伸应力作用下基本上表现为弹性变形，直到在临界点处发生突然性的破坏，而很多金属固体在剪切应力作用下发生断裂之前往往会表现出显著的塑性变形。已有的理论完全没有考虑断裂行为方面存在的这些差异。

这就是 20 世纪[①]的前几年中关于断裂问题研究的基本状态。今天我们对这一状态进行回顾时可以很容易地看出，临界应力准则的不足来源于它所表现出来的经验性：尽管关于一个固体材料应该在一个特征应力水平下发生破坏这一说法很直观，但这一说法并没有建立在一个坚实的物理基础上。因此，有必要再进一步仔细地考察固体材料响应临界荷载作用的细节。例如，外加应力是如何传递到材料内部实际发生断裂的局部区域的？断裂机制的本质究竟是什么？对这些问题的回答应该是理解所有断裂现象的关键。

在这方面的实质性进展始于 1920 年由 A. A. Griffith 发表的一篇经典论文。Griffith 在这篇论文中考虑了承受外加应力作用的固体中一条孤立的裂纹，以经典的力学和热力学中最根本的能量理论为基础，推导出了裂纹发生扩展的判据。这一经典论文中所建立的一些准则以及由这些准则中所发展出来的一些推论奠定了当代断裂力学的基础。作为全书的一个引子，本章中我们将对 Griffith 以及他同时代的其他一些学者的贡献做一些评论性的分析。这样的分析的目的在于让读者了解断裂理论中许多基本的概念，从而为阅读本书的后续章节打下基础。

1.1　应力集中

Inglis 于 1913 年对均匀受力平板中一个椭圆孔洞进行的应力分析（Inglis，1913）是 Griffith 工作的重要基础。Inglis 的分析表明，在一个尖锐切口或弯角处的局部应力水平可能会比外加的作用应力高出许多倍。因此，很显然，即使是一条亚微观的裂纹也可能成为固体中的一个薄弱点。更重要的是，Inglis 的工作第一次为断裂力学提供了一条实际的思路：一个无限狭长的椭圆孔可以视作一条裂纹。

现在我们来简要地回顾一下 Inglis 工作中的一些基本结论。考虑如图 1.1 所示的一个平板，其中含有一个半轴分别为 b 和 c 的椭圆孔，平板在 y 轴方向上承受一个均匀的拉伸应力 σ_A。现在考察一下椭圆孔的存在对固体平板中应力分布状态的影响。假定胡克定律在平板中各点处都成立，椭圆孔边界处没有应力作用，而且与平板的尺寸相比椭圆孔的半轴长 b 和 c 非常小，这一问题就变成了线弹性力学中的一个相对比较简单的习题。尽管数学处理有些繁琐，甚至包括了椭圆坐标的应用，但是从这一计算过程中却可以得到一些简洁的基本

---

① 原文为"本世纪"，考虑到中译本出版的时间而改为"20 世纪"。——译者注。

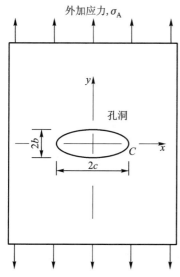

图 1.1 承受均匀外加应力 σ_A 作用的平板。其中含有一个半轴分别为 b 和 c 的椭圆孔。C 点为"切口端部"

结论。

我们从椭圆方程开始

$$x^2/c^2 + y^2/b^2 = 1 \qquad (1.1)$$

可以很容易地得知椭圆孔在 C 点处具有最小的曲率半径

$$\rho = b^2/c, \qquad (b < c) \qquad (1.2)$$

在 C 点处出现了最大的应力集中

$$\sigma_C = \sigma_A(1 + 2c/b) = \sigma_A[(1 + 2(c/\rho)^{1/2}] \qquad (1.3)$$

在 $b \ll c$ 这一我们所感兴趣的特定情况下，式 (1.3) 可以简化为

$$\sigma_C/\sigma_A \approx 2c/b = 2(c/\rho)^{1/2} \qquad (1.4)$$

式 (1.4) 中的比率称为弹性应力集中因子。很显然，对于一个狭长的孔洞来说，这个因子的值会远远大于 1。另外还应该注意到的是，应力集中程度取决于孔的形状而不是孔的尺寸。

分析一下局部应力沿 x 轴的变化规律也是很有意思的。图 1.2 给出了 $c = 3b$ 这一特定情况下的计算结果。应力 σ_{yy} 从 C 点处的最大值 $\sigma_C = 7\sigma_A$ 开始迅速降低，在较大的 x 值处逐渐趋近于 σ_A；而 σ_{xx} 则是先在椭圆孔的应力自由表面外一个很小的局部区域内迅速达到最大值后，再以和 σ_{yy} 相同的趋势逐渐趋近于零。图 1.2 所示的例子反映出应力集中的一般规律，即：应力集中导致的应力场变化仅仅局限在孔的边界外大小约为椭圆孔长半轴 c 的一个很小的区域内，而最大的应力梯度则局限在一个更小的区域内，这个区域的大小约等于椭圆孔曲率半径 ρ，最大的应力集中效应便发生在这个区域。

Inglis 进一步分析了其他一些承载构型中的应力集中问题，得出一个基本结论：具有明显应力放大效应的仅仅是那些承受应力作用的具有高度弯曲几何形状的区域。因此，式 (1.4) 也可以用于估算如图 1.3 所

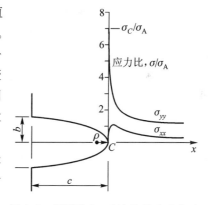

图 1.2 椭圆孔($c = 3b$)处的应力集中效应。注意：应力集中效应基本上局限在椭圆孔端点处一个尺度约为 c 的局部区域内，而最大的应力梯度则局限在椭圆孔端点处一个尺度约为 ρ 的局部区域内

示的表面切口和表面台阶处的应力集中因子，这时，ρ 是一个特征曲率半径，而 c 则为切口的特征尺寸。这样一来，我们就有了一种评价包括实际裂纹在内的一系列结构不规则因素对固体产生的潜在弱化效应的方法。

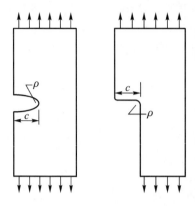

尽管取得了这样的进展，此时断裂力学的基本框架仍然还是处在一个萌芽状态。如果 Inglis 的分析确实可以应用于裂纹系统，那么为什么在实际情况下一条大裂纹往往会比一条小裂纹更容易发生扩展呢？这一现象违背了应力集中因子与尺寸无关这一特性吗？真实裂纹尖端处的曲率半径的物理意义是什么？这些问题都影响着 Inglis 方法向断裂基本准则的过渡。

图 1.3　一些具有应力集中效应的系统。具有特征长度 c 和特征切口半径 ρ 的表面孔洞和表面台阶

1.2　Griffith 能量平衡概念：平衡状态下的断裂

Griffith 的基本思路是将一条静态的裂纹模拟为一个可逆的热力学系统。这个系统如图 1.4 所示：一个弹性体 B 在外边界上承受荷载作用，其内部含有一条长度为 c 的平直的表面裂纹 S。Griffith 简便地找出了这个系统在具有最低总自由能状态时的构型：在这个构型中，裂纹将处于平衡状态，也就是处于发生扩展的临界状态。

处理这一问题的第一步是写出系统总能量 U 的表达式。为此，我们要考虑在裂纹发生虚拟扩展的过程中相应发生变化的各个能量项。一般来说，与裂纹形成有关的系统能量可以分为机械能和表面能两个部分。机械能包含了两个组元，即 $U_M = U_E + U_A$，其中 U_E 为储存在弹性介质中的应变能；U_A 则为外部加载系统所提供的势能，可以用导致承载点处发生任何位移所需的功的负值来表示。用 U_S 表示形成新的裂纹表面所消耗的自由能，则可以得到

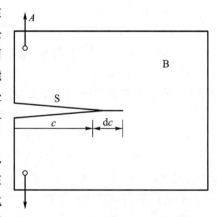

图 1.4　静态的平面裂纹系统。裂纹长度 c 发生了尺寸为 dc 的虚拟扩展。B 为弹性体，S 为裂纹表面，A 为外加荷载

$$U = U_{\mathrm{M}} + U_{\mathrm{S}} \tag{1.5}$$

于是，热力学平衡条件可以通过考虑裂纹扩展了一段微小距离 $\mathrm{d}c$（图1.4）的条件下对机械能和表面能进行平衡而得到。不难看出，随着裂纹的扩展，机械能总是呈减小趋势的（$\mathrm{d}U_{\mathrm{M}}/\mathrm{d}c < 0$）。假想将作用在想象的扩展裂纹 $\mathrm{d}c$ 界面上的约束力突然除去，裂纹在一般情况下将会加速向前扩展最终形成一个具有更低能量的新的构型。而另一方面，表面能项则通常随着裂纹的扩展呈增大趋势（$\mathrm{d}U_{\mathrm{S}}/\mathrm{d}c > 0$），这是因为新的断裂表面的形成必需首先克服作用在 $\mathrm{d}c$ 两个表面间由分子间吸引力导致的结合力。因此，式（1.5）中的第一项有利于裂纹扩展，而第二项则阻碍了裂纹扩展。这就是 Griffith 能量平衡概念，这一概念可以借助于平衡条件加以描述

$$\mathrm{d}U/\mathrm{d}c = 0 \tag{1.6}$$

这样就在能量转换原理的基础上得到了一个预测固体断裂行为的准则；如果式（1.6）左边的值为负或者为正，裂纹将在平衡尺寸附近发生一个小位移的扩展或者愈合。这一准则成为所有脆性断裂理论的奠基石。

1.3 承受均匀拉伸作用的裂纹

对于外力作用近乎恒定的前提下发生的所有断裂问题，Griffith 概念提供了一个分析问题的基本思路。Griffith 需要将他的理论应用到一个实际的裂纹构型中进行验证。首先，他需要一个含裂纹的弹性体模型以计算出式（1.5）中的能量项。为此，他借鉴了 Inglis 的分析，考虑了一个承受远场均匀拉伸应力 σ_{A} 作用的无限狭长的椭圆孔（图1.1，$b \rightarrow 0$）。然后，为了进行实验验证，他必须找到一种近乎理想的材料，各向同性且在受力发生断裂之前严格遵循胡克定律。玻璃作为一种很容易获得又能很好满足这一要求的材料而被选用。

在分析他选定的裂纹系统模型的机械能时，Griffith 使用了线弹性理论中的一个结果（参见2.2节），即对于任意一个承受恒定外加应力作用的物体，在裂纹形成过程中有

$$U_{\mathrm{A}} = -2U_{\mathrm{E}} \quad （恒定荷载） \tag{1.7}$$

于是有 $U_{\mathrm{M}} = -U_{\mathrm{E}}$。这里的负号说明裂纹的形成伴随有机械能的降低。根据 Inglis 给出的应力场和应变场的解，很容易计算出裂纹附近每个单元体的应变能密度。在比裂纹长度大得多的尺度范围内进行积分便可以得到裂纹前缘单位宽度的应变能表达式

$$U_{\mathrm{E}} = \pi c^2 \sigma_{\mathrm{A}}^2 / E' \tag{1.8}$$

式中，E' 在平面应力条件（"薄"平板）下等于杨氏模量 E，在平面应变条件

（"厚"平板）下则等于 $E/(1-\nu^2)$，其中 ν 为泊松比。平行于裂纹平面作用的荷载对式（1.8）中应变能项的影响可以忽略不计。Griffith 又给出了裂纹前缘单位宽度上的裂纹系统表面能如下

$$U_S = 4c\gamma \tag{1.9}$$

式中的 γ 为单位面积的自由表面能。于是，系统的总能量[式（1.5）]可以写成

$$U(c) = -\pi c^2 \sigma_A^2/E' + 4c\gamma \tag{1.10}$$

图 1.5 示出了机械能 $U_M(c)$、表面能 $U_S(c)$ 和总能量 $U(c)$ 随裂纹尺寸的变化关系。顺便指出，根据 Inglis 的分析，一条长度为 c 的单边裂纹（图 1.2 所示的表面切口的极限情况，$b \to 0$）的能量应该十分接近一条长度为 $2c$ 的内部裂纹能量的一半。

将 Griffith 平衡条件式（1.6）用于式（1.10），就可以计算出"断裂"发生时的临界条件：$\sigma_A = \sigma_F$，$c = c_0$。结果为

$$\sigma_F = [2E'\gamma/(\pi c_0)]^{1/2} \tag{1.11}$$

由图 1.5 所示或者 d^2U/dc^2 值为负这一事实可以看出，系统的能量在平衡点处达到了最大值，因此，这时系统是不稳定的。也就是说，当 $\sigma_A < \sigma_F$ 时，裂纹保持静止状态，维持着其初始尺寸 c_0 不变；而当 $\sigma_A > \sigma_F$ 时，裂纹将发生无限制的自发扩展。式（1.11）就是著名的Griffith 强度关系。

为了进行验证实验，Griffith 用薄壁玻璃圆管和球形玻璃灯泡制备了断裂样品，用玻璃刀在样品表面分别刻制了一条长度为 4～23 mm 不等的裂纹，样品

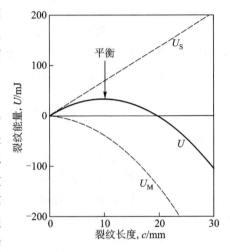

图 1.5　平面应力条件下受均匀拉伸作用的 Griffith 裂纹系统的能量。引自 Griffith 的玻璃数据：$\gamma = 1.75\ \mathrm{J\cdot m^{-2}}$，$E = 62\ \mathrm{GPa}$，$\sigma_A = 2.63\ \mathrm{MPa}$（这些数据是为让平衡点出现在 $c = 10\ \mathrm{mm}$ 处而选择的）

在测试之前进行了退火处理。而后，向中空的玻璃管或者玻璃灯泡中泵入液体使之爆裂，并根据内部液体的压力确定临界应力。正如所预期的那样，只有垂直于裂纹平面的那些应力分量才能发挥出重要的作用，而对含有纵向裂纹的玻璃管施加垂直于管底面的液压则基本上无法确定临界条件。验证实验的结果可以表示为如下形式

$$\sigma_F c_0^{1/2} = 0.26\ \mathrm{MPa\cdot m^{1/2}}$$

数据的离散系数约为 5%，从而很好地验证了式（1.11）中所示的 $\sigma_F(c_0)$ 的基本形式。

如果将上述结果连同 Griffith 所测得的杨氏模量值 $E = 62$ GPa 一并代入式 (1.11)，在平面应力条件下，我们可以得到玻璃表面能的一个估计值 $\gamma = 1.75$ J·m^{-2}。Griffith 试图通过采用其他方法获得一个 γ 值来进一步验证他的模型。他在 1 020~1 383 K 这一温度范围 (在这一温度范围内玻璃呈流动状态) 内测量了玻璃的表面张力，并将结果线性外推到了室温，从而得到了 $\gamma = 0.54$ J·m^{-2}。考虑到即使是当今的测试技术也只能最多保证固体的表面能的测试精度在 200% 以内，因此，这两个实验数据之间的"一致性"很好地验证了 Griffith 理论。

1.4　Obreimoff 实验

均匀拉伸作用下的平面裂纹仅仅代表了能量平衡方程 (1.6) 在某一方面的应用。为了强调 Griffith 概念的普适性，先简要讨论一下由 Obreimoff 于 1930 年进行的一个重要实验——云母的劈裂实验。这第二个例子和 Griffith 所考虑的情况形成了鲜明的对比，在这个例子中所考虑的是一种稳定的平衡状态。

图 1.6 示出了 Obreimoff 所使用的基本实验构型。一个厚度为 h 的玻璃楔块插入附着于母体的一块云母薄片的下方，从而驱动了沿云母劈裂面的裂纹向前扩展。在这种情况下，我们可以将劈裂层处理为一个厚度为 d、单位宽度的自由承载悬臂梁，悬臂梁的固定端为与楔块作用点距离为 c 的裂纹尖端处。这样就可以计算出裂纹系统的能量。注意到，如果允许裂纹在楔块位置固定不变的情况下形成，则弯曲力 (线力) F 作用方向上没有任何位移产生，因此，这个力所作的净功为零，即

$$U_A = 0 \tag{1.12}$$

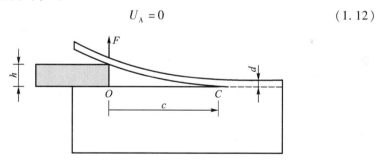

图 1.6　Obreimoff 的云母劈裂实验。厚度为 h 的楔块将厚度为 d、单位宽度的劈裂薄片从样品上剥离出来。在这一构型中，裂纹的起始点 O 和裂纹尖端 C 都随着楔块的运动而变化

另一方面，根据简单梁理论，得到悬臂梁系统的弹性应变能为

$$U_E = Ed^3h^2/(8c^3) \tag{1.13}$$

表面能则为

$$U_S = 2c\gamma \qquad\qquad (1.14)$$

于是，可以根据式(1.5)计算出系统的总能量 $U(c)$。应用 Griffith 条件式(1.6)便可以最终得到平衡裂纹长度

$$c_0 = [3Ed^3h^2/(16\gamma)]^{1/4} \qquad\qquad (1.15)$$

图 1.7 绘出了能量项 $U_M(c)$、$U_S(c)$ 和 $U(c)$ 随裂纹尺寸的变化关系。$U(c)$ 曲线上出现的最小值 $U(c_0)$ 显然说明式(1.15)对应的是一种稳态构型。在这种情况下，断裂是"可控"的：裂纹向前扩展的速率与楔块向前推进的速率相同。

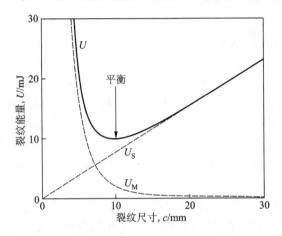

图 1.7 Obreimoff 裂纹系统的能量。引自 Obreimoff 的云
母数据：$\gamma = 0.38$ J · m^{-2}（空气中），$E = 200$ GPa，$h = 0.48$ mm，$d = 75$ μm（这些数据是为让平衡点出现在 $c_0 = 10$ mm 处而选择的）

式(1.15)表明，和 Griffith 的均匀拉伸实验情况一样，对平衡裂纹构型的分析也可以唯一地确定表面能。Obreimoff 在不同的条件下测定了云母的表面能，发现当测试条件从常压(100 kPa)变化为真空(100 μPa)时，γ 则由 0.38 J · m^{-2} 戏剧性地变化到了 5.0 J · m^{-2}。很显然，测试环境对于材料强度的评价来说是必须加以考虑的一个重要因素。此外，Obreimoff 还注意到，在推进玻璃楔块时，裂纹并不是在瞬间迅速扩展到它的平衡长度：在空气中达到平衡状态需要几秒钟，而在真空中裂纹则是发生了长达数天的蠕变。因此，时间也是必须加以考虑的另一个复杂的因素。这些观察为研究断裂过程中的化学动力学作用提供了第一批证据。

Obreimoff 还观察到了与裂纹扩展的可逆性相关的一些现象。裂纹的扩展通常是不规则的，伴随有可见的静电放电现象（"摩擦发光"），这种现象在真空条件下尤为显著。如果将玻璃楔块往后稍稍撤出一些，则可以观察到裂纹也

相应地收缩，表现出表观的"愈合"现象；但此时如果重新将楔块推进，劈裂强度则明显降低。这些结果意味着一种包含有弥散组元的能量平衡状态的存在。

1.5 强度的分子理论

尽管采用宏观的热力学参数建立了断裂准则，Griffith 仍然意识到对断裂过程的完整描述必须建立在对分子尺度上发生的过程进行分析的基础上。他认为一条平衡裂纹的尖端处的最大应力应该等于固体材料的理论结合强度，也就是一个分子结构凭借其本征的键强度可能承受的最大的应力水平。于是，Griffith 取 $\rho = 0.5$ nm（分子尺度）作为一条以原子键依次发生断裂的方式向前扩展的裂纹的尖端曲率半径，连同失稳条件下所获得的实验结果 $\sigma_A c^{1/2} = \sigma_F c_0^{1/2}$（参见 1.3 节），代入应力集中方程(1.4)从而估算出了他所考虑的玻璃的理论强度。所得到的估计值 $\sigma_c \approx 23$ GPa，约为玻璃弹性模量的若干分之一，对应的化学键应变约为 $0.3 \sim 0.4$。Griffith 意识到在这样一个应变水平上已经很难假定胡克定律仍然成立了，因为在临近断裂点处原子间结合力与原子间距离之间的关系肯定是非线性的。此外，建立在物质连续性假设基础上的式(1.4)也不可能给出分子尺度上的精确结果。考虑到这些因素之后，Griffith 认为原子键的极限结合应变可能应该在 0.1 左右。

为了验证上述估算，Griffith 查阅了文献中所报道的一些固体材料的"本征压力"数值（例如，根据升华热或者状态方程所确定的数值）。因为理论强度和本征压力都是分子间结合力的基本量度，至少对于各向同性固体，这两个参数的量级应该是可比的。Griffith 确认了这一事实，进而推测出：理论强度应该是一个材料常数，与结合键的能量密切相关，对于所有固体其数值大约在 $E/10$ 这个量级水平上。

这样一来，因为 ρ 和 σ_c 这两个参数已经由固体中的分子结构所确定了，Inglis 方程(1.4)中的临界外加拉应力就应该取决于裂纹尺寸的大小。当然，这里假定了裂纹尖端的结构是不变的。至此，获得一个基本断裂准则所面临的最后一个障碍（参见 1.1 节）就被清除了。

1.6 Griffith 裂纹

上一节的讨论给出了理想固体强度值的一个参考数据，这也是高强固体材料制备的最终目标。然而，Griffith 更感兴趣的事实却是：尽管在试样制备时非常小心以保证试样具有一个光学水平上的完整性，但一些"实际材料"的强度都远远低于这一数值，通常偏低两个数量级。此外，在断裂现象方面也存在一些偏差。如果固体在其理论强度水平上发生断裂，那么断裂时外加应力应该达到最大值，这就意味着此时弹性模量为零。在这一断裂点处，所存储的弹性应变能（近似地相当于升华热）的突然释放将使得断裂表现为结合的原子间发生爆炸般的分离。然而同样，实际材料的形态却不是这样，它们通常沿着比较确定的平面裂开，动能也很小。

Griffith 认为：典型的脆性固体中应该含有大量的亚微观缺陷、微裂纹或者其他的用常规方法无法检测到的不均匀区域。将 1.3 节中得到的玻璃样品最大拉伸强度（$\sigma_F = 170$ MPa）以及前面所测得的 E 和 γ 值一并代入临界条件式（1.11），可以计算出这些缺陷（可以称之为"Griffith 缺陷"）的"有效长度" c_0：$c_0 = c_F \approx 2$ μm。根据式（1.2），我们可以得到具有这一"有效长度"的尖锐的分子微裂纹面间的间隙为 $2b \approx 0.05$ μm，这相当于可见光波长的十分之一，恰巧位于光学探测的极限。在这种情况下，由式（1.4）给出的应力集中因子在 100 这个量级上，说明即使是这种最细小的裂纹，其使材料弱化的潜在能力也是非常显著的。

为了验证缺陷存在这一假定，Griffith 对玻璃纤维进行了一系列的强度实验。这些玻璃纤维是采用前面提及的实验（1.3 节）中所使用的玻璃制成的，玻璃纤维在不断增加荷载的单调拉伸或单调弯曲实验过程中断裂。实验发现，精心制备的新鲜纤维强度通常特别高，而且其最后的断裂表现为爆炸般的粉碎，与预期的理想无缺陷固体一样。但是，如果把样品曝露在空气中一段时间后再进行实验，纤维的强度则表现为稳定的下降，曝露时间达到几小时后所测得的强度达到了一个"稳态值"，这个"稳态值"与普通的典型玻璃样品的强度值是一致的。随后，Griffith 又对大量的直径在 3 μm 到 1 mm 之间的这种"老化"纤维进行了实验，发现了一个明显的尺寸效应：纤维越细，其强度越高。考虑到由分子组成的单键必定具有理论强度（因为单键不可能再含有缺陷），Griffith 将实验数据外推到了分子的尺度，再次得到了一个约为弹性模量十分之一的强度值。这样，通过一系列的实验，Griffith 不仅令人信服地证明了弱化源存在于一般的样品中，而且还指出，只要在制备样品时十分小心和熟练，这样的弱化源是可以避免的。在超高强光学纤维的制备过程中通常在新拉制的玻璃细丝表面涂上一层保护性树脂。这种制备方法成为上述原理的一个现代应用实例。

Griffith 剩下的工作就是推测这些缺陷的来源了。因为观测到的纤维强度随时间延续而下降要求系统的能量自发增加，而且能量的增加应该等于裂纹的表面能，所以他排除了这些缺陷就是真实微裂纹的可能性。他也排除了缺陷是由应力参与的热涨落引起的可能性，因为除非温度接近熔点，否则根本就不可能有大量的(比如 10^8)相邻键同时破裂。Griffith 认为最可能的解释应该是:玻璃内分子局部高度集中的重新排列使得物质从准稳态的非晶质转变为密度较高的结晶相(去玻璃化)。他猜测在一个内部场的作用下片状结构单元可能成为大范围断裂的根源。正如本书后面将要提到的那样,Griffith 关于缺陷起源及其本质的推测大多已经过时。然而,关于缺陷是固体弱化源的思想在现代强度理论的发展过程中确实也发挥过重大的历史作用。

1.7 进一步的问题

通过能量平衡概念(涉及裂纹的扩展)和缺陷假说(涉及裂纹的成核),Griffith 奠定了断裂的普遍理论的坚实基础。在 1924 年发表的第二篇论文中,他进一步发展了他的这一思想,明确考虑了外部应力状态对断裂临界条件的影响,并论述了决定材料脆性的因素。在应力状态方面,Griffith 将 1.3 节中所提到的他的分析结果推广到了双轴应力场的情况,即裂纹面同时承受了正应力(拉应力或者压应力)和剪应力两者的作用。他再次引用了 Inglis 对椭圆孔的应力分析,指出:随着剪应力分量的增大,裂纹端部处的局部拉应力的方向(也就是裂纹扩展的方向)将逐渐偏离椭圆孔的主轴方向。关于裂纹扩展路径以及临界外加荷载有关的一些结论也可由此得出。一个令人惊讶的分析结果是:即使两个主应力都是压应力,只要它们不相等,在裂纹端部也仍然会出现很大的局部拉应力。这一概念后来在岩石力学中得到了很大的发展,在岩石力学中压应力是很常见的。

在脆性这一问题上,Geiffith 遇到了不同类型材料的断裂现象中存在的复杂情况。例如,对于许多结构钢材来说,断裂前或者断裂过程中出现的塑性流动被认为对强度有很显著的影响,但是 Griffith 似乎没有办法使这种不可逆特性与能量平衡模型取得一致。原因在于:Griffith 的起始模型是建立在"理想的"脆性固体这一假设基础上的,在理想的脆性固体中,伴随着聚合键的稳态断裂而形成的新的断裂表面是吸取机械能的唯一方式。然而,"实际材料"中的裂纹扩展总是不可避免地伴随有不可逆过程,因此在材料断裂过程中总是要消耗比预期值高得多的大量的机械能。由此可以认识到不同的材料可能会表现出不同程度的脆性,对这一问题的理论分析就成为下一步研究中的一个重要且艰巨的课题。

后续几章将介绍由 Griffith 提出的基本概念发展所形成的脆性断裂理论的合理推广。

2

裂纹扩展的连续介质理论(I)：
裂纹尖端处的线性场

    Griffith 的研究将裂纹的发育过程分成了两个明显不同的阶段：成核与扩展。其中，裂纹的成核阶段由决定缺陷状态的局部成核力主导，局部成核力的复杂性(通常难以准确描述)使得到目前为止对裂纹成核阶段的研究仍然缺乏系统性，因此，我们把裂纹成核问题放到第 9 章中讨论。当裂纹发育到其尖端超出了裂纹成核力的影响区域后，即可认为其进入到了扩展阶段。"扩展"这个术语并不一定代表偏离了平衡态；事实上，我们现在仅仅考虑平衡状态下的裂纹扩展。通常(当然并不总是)，通过成核中心附近区域应力场能量的释放，在牺牲了其他的潜在竞争者后，一个占主导地位的缺陷将发育成为成熟的裂纹并进入扩展阶段。在制备研究裂纹扩展力学的实验样品时，这样的成熟裂纹可以以人工方法引进，如在试样上引入一个表面切口。这种普遍的成熟裂纹的提法，连同基本的 Griffith 能量平衡概念一道，构成了一个被称为断裂力学的有效分析工具的基础。这一分析工具中的许多内容是本书后续章节的重点。

断裂力学是在 1950 年前后由 Irwin 和他的同事们创立起来的。这一学科发展的动力最初来自工程设计中安全性准则对于可靠性越来越高的要求，后来则出现了不断接近材料科学的趋势，断裂力学逐渐被应用于在显微结构尺度甚至原子尺度上分析断裂过程本身的一些机制。这一趋势在目前关于高强高韧陶瓷材料的研究浪潮中愈发明显起来。Irwin 的理论是以连续介质观点来阐述的，对于裂纹扩展问题则采用了宏观的或者说热力学的观点来进行分析。这一理论包括了两个基本考虑：

(i) 为便于分析各种不同的裂纹－加载系统，需要把 Griffith 概念置于一个更普遍的理论框架内，这就要求找出一些表征断裂驱动力的基本参量。在这些基本参量中，具有一定的线性叠加性质的机械能释放率 G 和应力强度因子 K 是当代理论中最常用的两个参量。

(ii) 需要找出一种方法来分析描述裂纹平衡状态的稳定条件的复杂性。在第 1 章中，我们已经知道如何从能量角度来分析一条平衡裂纹是稳定的还是不稳定的。许多重要的裂纹系统在扩展到最终断裂的过程中都先后经历了一些不同的平衡状态。因此，关于稳定性的完整描述除了断裂能量之外，还应该包括断裂路径。

在材料领域，建立在断裂力学的上述两个考虑基础上的一些基本原则尚未引起足够的重视。

因此，在本章中我们将采用 Griffith 提出的严格的线性及可逆性热力学术语来阐述这些基本原则，并避开那些在"实际材料"中裂纹尖端分离过程所不可避免要出现的非线性耗散项。将这些材料特征项与合适的断裂阻力参数(类似于 Griffith 理论中的表面能参数)相结合的方法将在第 3 章中加以讨论。

2.1 描述裂纹平衡状态的连续介质方法：用热力学循环研究裂纹系统

我们现在从更宽泛的角度上讨论 Griffth 描述裂纹平衡状态的热力学概念。重新考虑图 1.4 所示的平面裂纹系统。所考虑的固体是一个各向同性的线弹性连续介质，其外边界上承受了任意荷载的作用，而裂纹则是由一条无限狭长的裂缝发育而成。如果给定了裂纹的长度，问题就变成了弹性理论中的一道普通的习题，可以得出承载固体中应力场和应变场的具体解。现在的问题是，这些弹性场(尤其是裂纹尖端附近的弹性场)是如何决定裂纹扩展的能量的。这里，Inglis 的分析(1.1 节)可以提供一些有益的启示：弹性场的强度在很大程度上由外边界条件(即外加荷载的状况)确定，而弹性场的分布则由内边界条件(即不受应力作用的裂纹表面)确定。

我们借助于一个假想的可操作的张开－闭合循环过程来分析裂纹扩展的能量。有两种方法可以用于考虑这么一个循环过程：一是考虑一个完整的无缺陷体中裂纹的形成过程(如 1.3 和 1.4 节中 Griffith 和 Obreimoff 所做的那样)，二是考虑一条已有的裂纹所发生的连续扩展。以下的分析中将采用 Griffith 曾经用过的一个假设，即机械能和表面能的确定过程是相互独立的。虽然这只是一个微不足道的细节，但在后面的章节中我们将找出一些依据来讨论能量项之间的不关联性。

尽管并不是 Irwin 理论中一个明确的内容，但第一类张开－闭合循环是很值得加以讨论的，这是因为这一循环假定式(1.5)中的机械能项 U_M 是由承载固体在开裂之前所承受的应力唯一决定的。这一点乍一看似乎并不合理，因为肯定会有这样一种看法，即：在裂纹形成的一瞬间，裂纹的发展应该由迅速发生了变化的瞬间应力状态来决定。然而，开裂能量与开裂前的应力之间的关系可以很容易地借助于图 2.1 所示的过程加以说明。我们先讨论没有裂纹时的状态(图 2.1a)，假定此时弹性场是已知的。现在假想沿着最终的裂纹面引进一个无限狭窄的切口，同时在切口的表面上施加一个与开裂前应力大小相等但方向相反的约束力，以保持系统处于平衡状态。这样的处理就使得我们得到了状态(b)。这一过程中的唯一能量变化是由引进新的断裂表面而进行的切口操作所导致的，其大小为 U_S。接下来，把施加在裂纹表面上的约束力松弛到零(缓慢地松弛以避免动能项的产生)，同时在裂纹的端部加上约束以避免裂纹的进一步扩展。这就得到了一个平衡裂纹构型(图 2.1c)，而为达到这一状态所释放的机械能无疑就是 U_M。此时，将过程向相反方向进行：重新在裂纹表面施加约束力，从零开始线性地增加直至裂纹完全闭合。因为弹性系统是守恒的，最终的应力状态将与起始应力状态(b)完全吻合。因此，在胡克定律范围内，与裂纹形成有关的机械能的减少可以表示为开裂前的应力与裂纹面位移的乘积沿裂纹面的一个积分。根据弹性方程可知，裂纹面的位移本身是与裂纹表面约束力线性相关的，因此，开裂前的应力分布状态应该能够唯一地确定裂纹的能量情况。这一循环的最后一步不过是使裂纹愈合以消除表面能，去除了所施加的约束力后就回到了状态(a)。

上述结果的意义值得再次加以强调：裂纹完整的扩展过程是由裂纹扩展发生之前存在的应力状态预先确定的。因此在许多情况下，对于一个看上去十分复杂的裂纹系统的断裂行为的描述只不过是对系统在无裂纹的状态下进行常规的应力分析而已。当我们在 2.5 节中讨论一些特殊的裂纹系统时，这一结论将显得十分有用。

涉及在一个极小的面积增量范围内狭长切口裂纹的扩展与闭合现象的第二

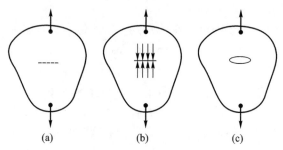

图 2.1　可逆的断裂循环过程：（a）→（b）→（c）→（b）→（a）。裂纹形成过程中释放的机械能由分离面上的预应力确定

类循环使用了裂纹尖端处详尽的线弹性解。裂纹的存在无疑增加了弹性分析的复杂性，但是裂纹尖端附近的线弹性解存在一些普适性（如我们在讨论 Inglis 分析时所预示的那样），这就使得第二类循环对研究者具有很强的吸引力。这些普适性是 Irwin 断裂力学表现出得天独厚的应用优势的关键。

我们将在稍后的章节中讨论将可逆性应用于 Griffith 概念与我们的一般化描述相结合的第二方面的问题。现在我们把注意力转移到断裂力学术语的一些特殊细节上来。

2.2　机械能释放率 G

现在考虑如图 2.2 所示的简单裂纹系统。样品中包含了一条长度为 c 的小裂缝，裂缝的表面没有应力作用。考虑样品的下端被刚性固定，而上端则作用一个拉伸点力 P。如果在裂缝的端部施加了一个无功的约束力作用以防止裂纹发生扩展，则样品可以看成是一个平衡的弹簧，它遵循胡克定律

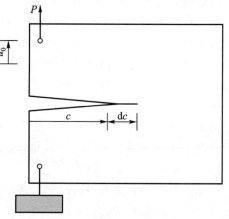

$$u_0 = \lambda P \qquad (2.1)$$

这里 u_0 为承载点处的位移，$\lambda = \lambda(c)$ 为弹性柔度。这一系统的应变能等于弹性荷载所作的功

$$U_E = \int_0^{u_0} P(u_0)\,\mathrm{d}u_0 = \frac{1}{2} P u_0$$

$$= \frac{1}{2} P^2 \lambda = \frac{1}{2} \frac{u_0^2}{\lambda} \qquad (2.2)$$

图 2.2　确定机械能释放率的一个简单试样构型。在裂纹 c 形成过程中，外加点力 P 发生了大小为 u_0 的位移，从而增大了系统的柔度

现在假定，在样品维持现有的加载状态条件下，我们去除了作用在裂缝端部的约束力，允许裂缝发生一个增量为 dc 的扩展。可以预期样品的柔度将增大。为了证明这一点，对式(2.1)进行微分得到

$$du_0 = \lambda dP + d\lambda P \qquad (2.3)$$

这样，对于 $du_0 \geq 0$ 而 $dP \leq 0$（对应于 $dc > 0$ 的一般加载条件）的情况，我们总能得到 $d\lambda \geq 0$。同时，也可以预期总的机械能项 $U_M = U_E + U_A$ 将减小(1.2节)。为方便起见，考虑两种极端的加载情况。

（i）恒力加载（重物加载）。在裂纹扩展过程中，外力始终保持恒定。在 P 为常数的情况下，承载系统势能的变化（也就是与承载点位移相关的功的负值）可以根据式(2.3)确定，即

$$dU_A = -Pdu_0 = -P^2 d\lambda \qquad (2.4a)$$

而相应的弹性应变能变化则可以根据式(2.2)及(2.3)确定

$$dU_E = \frac{1}{2}P^2 d\lambda \qquad (2.4b)$$

于是，总的机械能变化为

$$dU_M = -\frac{1}{2}P^2 d\lambda \qquad (2.5)$$

（ii）恒位移加载（固定边界加载）。在裂纹扩展过程中，外加荷载系统保持零位移。在 u_0 为常数的情况下，系统的能量变化可以写成

$$dU_A = 0 \qquad (2.6a)$$

$$dU_E = -\frac{1}{2}\left(\frac{u_0^2}{\lambda^2}\right)d\lambda = -\frac{1}{2}P^2 d\lambda \qquad (2.6b)$$

同样利用式(2.2)计算应变能项得到

$$dU_M = -\frac{1}{2}P^2 d\lambda \qquad (2.7)$$

可以看出式(2.5)和式(2.7)是完全一样的。这说明在裂纹扩展一定增量的情况下，系统所释放的机械能与加载系统的细节无关。对于 P 和 u_0 均不保持恒定的复杂加载条件下，上述结论的证明留给读者去完成。

这里我们仅仅考虑了一个特殊的试样构型，在这一构型中，外加荷载是一个点力。但是更严格的分析表明，我们所得到的结论是普遍成立的。于是，可以方便地定义一个称为机械能释放率的物理量[*]

$$G = -dU_M/dC \qquad (2.8a)$$

式中的 C 为裂纹内表面的面积。注意到 G 的量纲为单位面积的能量，这就实

---

[*] 这里的"释放率"对应的是裂纹的空间坐标（面积或者长度），而不是时间。

现了我们的最终目的——在裂纹能量与表面能之间建立一种联系。考虑贯穿性裂纹这一特殊情况，此时仅由裂纹长度 c 就可以确定裂纹面积，因此式(2.8a)就可以转化成为一个更通用(然而限制条件也更多)的形式

$$G = -dU_M/dc \qquad (2.8b)$$

这就是裂纹前缘处单位宽度的机械能释放率。于是，G 也可以处理为类似于表面张力的一个普遍化的线力。因为 G 与加载方式无关，我们就可以在不失普遍性的前提下仅仅考虑恒定位移加载的情况。这时，式(2.8b)可以简化为

$$G = -\left(\frac{\partial U_E}{\partial c}\right)_{u_0} \qquad (2.9)$$

这就定义了(固定边界加载条件下)裂纹前缘单位宽度的应变能释放率。必须注意的是，尽管我们提到了表面能和表面张力，在定义式(2.8)和(2.9)的过程中却并没有涉及任何形式的裂纹扩展准则。

上述分析同时也为我们提供了一种确定 G 的实验方法。可以写出以下公式

$$G = \frac{1}{2}P^2 d\lambda/dc, \qquad (P \text{ 保持恒定}) \qquad (2.10a)$$

$$G = \frac{1}{2}\left(\frac{u_0^2}{\lambda^2}\right)d\lambda/dc, \qquad (u_0 \text{ 保持恒定}) \qquad (2.10b)$$

借助于一个合适的荷载–位移监测系统，我们可以在一个指定的裂纹尺寸范围内根据式(2.1)获得一个经验的柔度标定函数 $\lambda(c)$。有意思的是，当 u_0 为常数时，由式(2.6b)可知裂纹扩展将导致弹性应变能的降低；而当 P 为常数时，由式(2.4b)则可以看出弹性应变能实际上随着裂纹扩展而增大。在固定边界加载条件下，应变能的释放是裂纹扩展的驱动力；而在重物加载条件下，裂纹扩展则由外加荷载势能的降低来驱动。式(2.10)也说明了这一点，当系统受到一个偏离最初平衡荷载的扰动时，两种情况下裂纹的响应是不同的。由式(2.3)可知，$\lambda(c)$ 总是表现为一个增函数，于是可以看到，在裂纹扩展过程中，u_0 保持为常数时的 G 值总是比 P 保持为常数时的 G 值要小一些。因此，固定边界加载总是会导致一种比较稳定的构型。

还有一些更有效的分析方法可以用于评价 G。这些方法很多都是以下文中关于裂纹尖端应力场的分析为基础建立起来的。

2.3 裂纹端部场和应力强度因子 K

2.3.1 裂纹扩展模式

在对平面裂纹问题进行连续应力分析之前，有必要对如图2.3所示的裂纹

表面位移的三种基本模式加以区分。Ⅰ型(张开型)对应于在拉应力作用下发生的裂纹面的垂直分离；Ⅱ型(滑开型)对应于裂纹面之间发生的垂直于裂纹前缘方向的纵向相对剪切；Ⅲ型(撕开型)则对应于裂纹面之间发生的平行于裂纹前缘方向的侧向相对剪切。在Ⅱ型和Ⅲ型这两种剪切模式下发生的扩展在一定程度上分别有点类似于刃位错和螺位错的滑移运动。

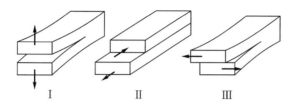

图 2.3　三种基本的断裂模式：(Ⅰ)张开型；(Ⅱ)滑开型；(Ⅲ)撕开型

三种类型中，第一种与高脆性材料中的裂纹扩展方式最为接近。在 2.8 节中我们将看到，一条脆性裂纹总是倾向于寻找一个能够使得剪切荷载最小的方向发生扩展。看来这与由穿越裂纹面的内聚键依次受到拉伸而断裂所导致的裂纹扩展过程是一致的。真正的剪切断裂在一些情况下也可以观察到，如裂纹沿着弱界面(如单晶中的劈裂面、多晶中的晶粒界面或相界面等)发生的受到一定约束的扩展、裂纹扩展方向与主拉应力方向成一定角度、金属和高分子聚合物的断裂(倾向于发生延性撕裂)以及岩石的断裂(巨大的地质压力抑制了张开型断裂)等。对于本书将要讨论的绝大多数(并不是全部)断裂过程来说，张开型是主要的，剪切型则是次要的。因此，如果没有特别说明，所有的断裂力学参数都是对应于纯Ⅰ型加载的。

2.3.2　裂纹尖端的线弹性场

现在我们来讨论理想均匀连续弹性固体中一条缝状平面裂纹的尖端附近应力场和位移场的分析解。解决这类线弹性问题的经典方法是寻找一个合适的应力函数，它满足所谓的双调和方程(包括了平衡条件、应变相容条件以及胡克定律的四阶微分方程)，并符合适当的边界条件；而应力分量和应变分量则可以直接由这个应力函数求出。对于具有一般形状的内部孔洞，分析过程可能是很复杂的，但是对于一条无限狭长的细缝，应力函数的解却具有一个十分简单的极坐标形式。关于这类裂纹的第一个应力函数分析来自包括 Westergaard 和 Muskhelishvili 在内的一些弹性力学工作者的工作，这些工作导出了现在人们很熟悉的 Irwin "近场解"(参见 Irwin 于 1958 年以及 Paris 和 Sih 于 1964 年撰写的综述)。这里必须再次强调一个关键的假设前提，这就是：在荷载作用的各个阶段，裂纹尖端后面的裂纹表面始终是没有任何约束力作用的。

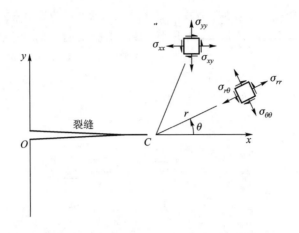

图 2.4   Irwin 细缝型裂纹尖端 C 处的应力场，
图中示出了直角坐标和极坐标分量

下面给出在如图 2.4 所示的坐标系中三种断裂模式下 Irwin 的裂纹尖端解。其中的 K 项称为应力强度因子，E 为杨氏模量，ν 为泊松比，此外

$$\kappa = (3 - \nu)/(1 + \nu), \quad \nu' = 0, \quad \nu'' = \nu \quad （平面应力状态）$$

$$\kappa = (3 - 4\nu), \quad \nu' = \nu, \quad \nu'' = 0 \quad （平面应变状态）$$

Ⅰ 型：

$$\begin{Bmatrix} \sigma_{xx} \\ \sigma_{yy} \\ \sigma_{xy} \end{Bmatrix} = \frac{K_{\mathrm{I}}}{(2\pi r)^{1/2}} \begin{Bmatrix} \cos(\theta/2)[1 - \sin(\theta/2)\sin(3\theta/2)] \\ \cos(\theta/2)[1 + \sin(\theta/2)\sin(3\theta/2)] \\ \sin(\theta/2)\cos(\theta/2)\cos(3\theta/2) \end{Bmatrix}$$

$$\begin{Bmatrix} \sigma_{rr} \\ \sigma_{\theta\theta} \\ \sigma_{r\theta} \end{Bmatrix} = \frac{K_{\mathrm{I}}}{(2\pi r)^{1/2}} \begin{Bmatrix} \cos(\theta/2)[1 + \sin^2(\theta/2)] \\ \cos^3(\theta/2) \\ \sin(\theta/2)\cos^2(\theta/2) \end{Bmatrix}$$

$$\sigma_{zz} = \nu'(\sigma_{xx} + \sigma_{yy}) = \nu'(\sigma_{rr} + \sigma_{\theta\theta})$$

$$\sigma_{xz} = \sigma_{yz} = \sigma_{rz} = \sigma_{\theta z} = 0 \qquad\qquad (2.11)$$

$$\begin{Bmatrix} u_x \\ u_y \end{Bmatrix} = \frac{K_{\mathrm{I}}}{2E} \left\{ \frac{r}{2\pi} \right\}^{1/2} \begin{Bmatrix} (1 + \nu)[(2\kappa - 1)\cos(\theta/2) - \cos(3\theta/2)] \\ (1 + \nu)[(2\kappa + 1)\sin(\theta/2) - \sin(3\theta/2)] \end{Bmatrix}$$

$$\begin{Bmatrix} u_r \\ u_\theta \end{Bmatrix} = \frac{K_{\mathrm{I}}}{2E} \left\{ \frac{r}{2\pi} \right\}^{1/2} \begin{Bmatrix} (1 + \nu)[(2\kappa - 1)\cos(\theta/2) - \cos(3\theta/2)] \\ (1 + \nu)[-(2\kappa + 1)\sin(\theta/2) + \sin(3\theta/2)] \end{Bmatrix}$$

$$u_z = -(\nu''z/E)(\sigma_{xx} + \sigma_{yy}) = -(\nu''z/E)(\sigma_{rr} + \sigma_{\theta\theta})$$

Ⅱ 型：

$$\begin{Bmatrix} \sigma_{xx} \\ \sigma_{yy} \\ \sigma_{xy} \end{Bmatrix} = \frac{K_{\text{II}}}{(2\pi r)^{1/2}} \begin{Bmatrix} -\sin(\theta/2)\left[2+\cos(\theta/2)\cos(3\theta/2)\right] \\ \sin(\theta/2)\cos(\theta/2)\cos(3\theta/2) \\ \cos(\theta/2)\left[1-\sin(\theta/2)\sin(3\theta/2)\right] \end{Bmatrix}$$

$$\begin{Bmatrix} \sigma_{rr} \\ \sigma_{\theta\theta} \\ \sigma_{r\theta} \end{Bmatrix} = \frac{K_{\text{II}}}{(2\pi r)^{1/2}} \begin{Bmatrix} \sin(\theta/2)\left[1-3\sin^2(\theta/2)\right] \\ -3\sin(\theta/2)\cos^2(\theta/2) \\ \cos(\theta/2)\left[1-3\sin^2(\theta/2)\right] \end{Bmatrix}$$

$$\sigma_{zz} = \nu'(\sigma_{xx}+\sigma_{yy}) = \nu'(\sigma_{rr}+\sigma_{\theta\theta})$$

$$\sigma_{xz} = \sigma_{yz} = \sigma_{rz} = \sigma_{\theta z} = 0 \tag{2.12}$$

$$\begin{Bmatrix} u_x \\ u_y \end{Bmatrix} = \frac{K_{\text{II}}}{2E}\left\{\frac{r}{2\pi}\right\}^{1/2} \begin{Bmatrix} (1+\nu)\left[(2\kappa+3)\sin(\theta/2)+\sin(3\theta/2)\right] \\ -(1+\nu)\left[(2\kappa-3)\cos(\theta/2)+\cos(3\theta/2)\right] \end{Bmatrix}$$

$$\begin{Bmatrix} u_r \\ u_\theta \end{Bmatrix} = \frac{K_{\text{II}}}{2E}\left\{\frac{r}{2\pi}\right\}^{1/2} \begin{Bmatrix} (1+\nu)\left[-(2\kappa-1)\sin(\theta/2)+3\sin(3\theta/2)\right] \\ (1+\nu)\left[-(2\kappa+1)\cos(\theta/2)+3\cos(3\theta/2)\right] \end{Bmatrix}$$

$$u_z = -(\nu''z/E)(\sigma_{xx}+\sigma_{yy}) = -(\nu''z/E)(\sigma_{rr}+\sigma_{\theta\theta})$$

Ⅲ型:

$$\sigma_{xx} = \sigma_{yy} = \sigma_{rr} = \sigma_{\theta\theta} = \sigma_{zz} = 0$$

$$\sigma_{xy} = \sigma_{r\theta} = 0$$

$$\begin{Bmatrix} \sigma_{xz} \\ \sigma_{yz} \end{Bmatrix} = \frac{K_{\text{III}}}{(2\pi r)^{1/2}} \begin{Bmatrix} -\sin(\theta/2) \\ \cos(\theta/2) \end{Bmatrix} \tag{2.13}$$

$$\begin{Bmatrix} \sigma_{rz} \\ \sigma_{\theta z} \end{Bmatrix} = \frac{K_{\text{III}}}{(2\pi r)^{1/2}} \begin{Bmatrix} \sin(\theta/2) \\ \cos(\theta/2) \end{Bmatrix}$$

$$u_x = u_y = u_r = u_\theta = 0$$

$$u_z = (4K_{\text{III}}/E)(r/2\pi)^{1/2}\left[(1+\nu)\sin(\theta/2)\right]$$

上面的分析解中给出的几个很有意义的结果说明了应力强度因子 K 作为断裂参数的功效:

(i) 式(2.11)~(2.13)给出的应力及位移解可以简化为一种独特的简单形式

$$\sigma_{ij} = K(2\pi r)^{-1/2}f_{ij}(\theta) \tag{2.14a}$$

$$u_i = (K/2E)(r/2\pi)^{1/2}f_i(\theta) \tag{2.14b}$$

在这种形式下,场的主要特征是可以分离的。K 因子仅仅取决于外边界条件,也就是外加荷载和试样形状(参见 2.5 节),它确定了局部场的强度。而剩下的参量则只与裂纹端部的空间坐标有关,它们确定了场的分布。这些坐标分量还可以进一步分解为一个径向分量(应力表现出随 $r^{-1/2}$ 而变化的特征)和一个角度分量(图 2.5)。

（ii）外加荷载的细节只反映在具有可加和性质的 K 项上。因此，对于任意指定的一种模式，近场解都表现出一种本征的（空间）不变性。这一不变性

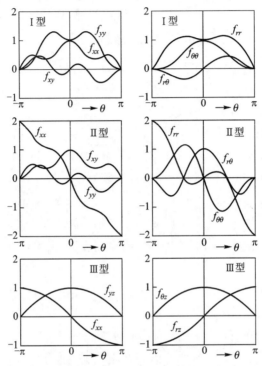

图 2.5　三种类型裂纹尖端处应力的角度分布，左边为直角坐标分量，右边为极坐标分量。注意 I 型和 II 型的正应力分量和剪应力分量的量级分别都是可比的，而III型则没有正应力分量

反映了在 $r=0$ 处线应力和线应变的奇异点的存在，这个奇异点的存在在裂纹尖端必须是完全锐利的条件下是不可避免的。下一章中我们将详细讨论这一奇异性。此外，如果需要使应力和应变与外边界条件相吻合时，在近场解中是必须将高阶项包括进去的。因此需要注意，在考虑离裂纹尖端特别近或特别远的区域时，不能应用式（2.14）。

（iii）因为对于任意一点处的所有线弹性变形可以应用叠加原理，上述（ii）中所提到的不变性意味着对于一种指定的模式，对应于各个荷载的 K 项是可以相加的。这一结果对于分析承受复杂加载方式的裂纹系统极为重要（参见2.7 节）。

（iv）在纯拉应力加载方式下，Irwin 给出的近场裂纹张开位移在裂纹内表面（$X=c-x$）上具有抛物线形式，如图 2.6 所示。这一点可以通过将 $\theta=\pm\pi$ 以及 $r=X$、$u=u_y$、$K_{\mathrm{I}}=K$（I 型）代入式（2.11）而得到证明

$$u(X) = (K/E')(8X/\pi)^{1/2}, \quad (X > 0) \tag{2.15}$$

同样，考虑到上述(ii)中所提及的 $r = 0$ 处的奇异性，式(2.15)并不能看成是实际裂纹尖端处轮廓线的物理表述(参见 3.3 节)。

和 2.2 节定义 G 一样，必须指出的是，这里 K 的定义也是在没有借助于任何形式的裂纹扩展准则的基础上给出的。

需要顺便说明一点，在材料科学领域，由于不均匀性、各向异性等因素的存在，K 场的求解可能会面临一些潜在的复杂性。特别是对于那些平面裂纹界面两侧的弹性性质呈现不对称的体系，裂纹尖端场将反映出这种不对称性。例如，如果一条裂纹是

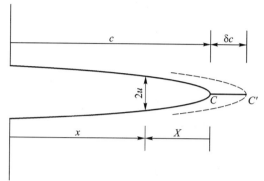

图 2.6 单位厚度试样中裂纹增量 CC' 的张开与闭合。张开的裂纹具有抛物线形状，与式(2.15)一致

两种不同的材料之间的界面，在承受纯拉应力作用时，不但将表现出 I 型应力和位移，同时也会表现出一定程度的 II 型和 III 型特征，后者的显著性取决于弹性失配的程度。这种"杂交型"的 K 场的细节在过去几十年里一直存在着争议，但是目前已经得到了明确的结论：$r^{-1/2}$ 奇异性在这种情况下依然存在，于是应力强度因子仍然具有叠加性(Hutchinson,1990)。

2.4 G 参数和 K 参数的等效性

现在我们再次利用 2.1 节关于可逆性的论述来着重讨论图 2.6 所示的裂纹增量 CC' 的张开和闭合问题。与对图 2.1 进行的分析相似，我们认为裂纹扩展半循环 $C \to C'$ 中所释放的机械能与假想的裂纹面上的约束力在裂纹闭合半循环 $C' \to C$ 中所作的功是相等的。对于固定边界条件(u 保持为常数)下直通裂纹所得到的式(2.9)足以提供一个普适的结果。

裂纹前缘单位宽度上释放的应变能可以表示为对裂纹尖端后面的裂纹表面积的一个积分，即

$$\delta U_E = 2\int_{c+\delta c}^{c} \frac{1}{2}(\sigma_{yy}u_y + \sigma_{xy}u_x + \sigma_{zy}u_z)\,dx, \quad (u \text{ 为常数}) \tag{2.16}$$

式中因子 2 的出现是因为裂纹两个相对表面的位移，而因子 1/2 的出现则是由于假想的裂纹表面约束力与相应的位移之间存在着比例关系的缘故。这里所涉及的应力分量是那些在裂纹扩展之前穿过 CC' 的应力，即相应于 $r = x - c$、$\theta =$

0 的应力，而相应的位移则是闭合前 CC' 面上的位移，即相应于 $r = c + \delta c$、$\theta = \pi$ 的位移。在式（2.11）~（2.13）中做一些必要的替代并取极限 $\delta c \to 0$，式（2.16）可以变换为

$$G = -(\partial U_{\mathrm{E}}/\partial c)_u = G_{\mathrm{I}}(K_{\mathrm{I}}) + G_{\mathrm{II}}(K_{\mathrm{II}}) + G_{\mathrm{III}}(K_{\mathrm{III}}) \tag{2.17}$$

积分后即可得到

$$G = \frac{K_{\mathrm{I}}^2}{E'} + \frac{K_{\mathrm{II}}^2}{E'} + \frac{K_{\mathrm{III}}^2(1+\nu)}{E'} \tag{2.18}$$

式中，对于平面应力状态 $E' = E$，而对于平面应变状态 $E' = E/(1 - \nu^2)$，ν 为泊松比（1.3 节）。可以看出，不同类型加载方式下得到的 G 是可以相加的。

借助于上面定义的 G 和 K，我们现在就有了一种有效的方法来量化裂纹扩展的驱动力。当然，还必须考虑裂纹的切开和愈合过程，这个过程对于完成我们的热力学操作是必要的，而且这个过程还包含了一个裂纹阻力参数。关于热力学操作的最后这一个阶段的讨论将在 2.6 节中进行。这里我们只需注意这么一点：上述的张开 - 闭合以及切开 - 愈合这两个操作可以分别以相互独立的方式进行；也就是说，和 Griffith-Inglis 分析一样，Irwin 分析中的机械能和表面能这两个参数之间也是没有关联的。

现在就可以适时地讨论一下在一些特殊的裂纹系统中的应用问题了。

2.5 特殊裂纹系统的 G 和 K

断裂实验中经常遇到的裂纹系统是多种多样的。设计实验样品时需要考虑一些因素的影响以便研究断裂过程的本质，但是，一种系统与另外一些系统之间的差别则基本上表现在几何形状方面。一般来说，断裂实验过程就是监测一条预先形成的规范的平面裂纹对可控的外加荷载的响应过程。而断裂力学方法的目的则是借助于 G、K 或者其他的等效参数来描述这种响应。

我们不准备在这里对各种试样构型进行详尽的分析，因为那是理论固体力学的内容。我们曾经间接地提到过一些较为常用的方法，如利用 G 的柔度标定结果进行直接测量（2.2 节）、将机械能的表达式直接代入 G 的定义式（2.8）或（2.9）（如 1.3 节和 1.4 节中所提到的那样）以及借助于求解裂尖场的应力函数方法确定 K（2.3 节）。这些方法和其他的一些分析方法在一些专门的断裂力学手册及工程教材中都有详细的描述（如：Rooke 和 Cartwright 1976；Tada，Paris 和 Irwin 1985；Atkin 和 Mai 1985）。

下面将讨论脆性固体实验中用到的一些较为重要的裂纹系统。这里我们只强调基本原理而并不注重理论细节，因此一般只给出 G 和 K 的基本解，而忽略掉那些因为偏离理想试样构型而产生的高阶项。我们建议那些严谨的学者们

在采用任何一种特殊的实验构型研究材料断裂问题之前最好先查阅一下与这种测试方法相关的文献。

2.5.1　均匀承载裂纹

一个连续弹性体在受到均匀外加荷载作用时的应力状态是最简单的。对预先引进了平面裂纹的试样进行均匀加载的一些例子示于图 2.7(前缘为直线的裂纹)和图 2.8(前缘为曲线的裂纹)。在二维构型中，试样厚度视为单位厚度；在三维构型中，试样厚度视为无限大。

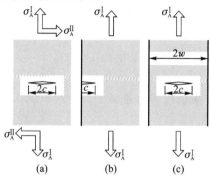

图 2.7　具有平直前缘的平面裂纹，其特征尺寸为 c，承受均匀应力 σ_A 作用。(a)无限大试样中的内部裂纹(三种模式加载均能实现，Ⅲ型加载未标示)；(b)半无限大试样中的单边裂纹(Ⅰ型加载)；(c)具有有限宽度 $2w$ 的试样中的内部裂纹(Ⅰ型加载)。所有情况下试样的厚度均为单位厚度

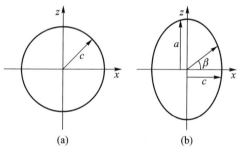

图 2.8　沿 y 轴方向承受均匀应力 σ_A 作用的无限大试样中的前缘为曲线的平面裂纹。(a)半径为 c 的饼状裂纹；(b)半轴分别为 a 和 c 的椭圆形裂纹

图 2.7a 所示为一个无限大试样，其内部含有一条长为 $2c$、双端贯穿性平直裂纹，承受均匀外加应力 σ_A 作用，承载方式分别为Ⅰ型、Ⅱ型和Ⅲ型。这一构型的应力强度因子为

$$\left.\begin{array}{l} K_{\mathrm{I}} = \psi \sigma_A^{\mathrm{I}} c^{1/2} \\ K_{\mathrm{II}} = \psi \sigma_A^{\mathrm{II}} c^{1/2} \\ K_{\mathrm{III}} = \psi \sigma_A^{\mathrm{III}} c^{1/2} \end{array}\right\} \qquad (2.19)$$

通常，我们只考虑I型加载模式，这时式(2.19)可以简化为一种更熟悉的形式

$$K = \psi \sigma_A c^{1/2} \tag{2.20}$$

式(2.19)和(2.20)中量纲为一的几何项 ψ 由下式给出

$$\psi = \pi^{1/2} \quad (无限大试样中的直通裂纹) \tag{2.21a}$$

作为对结果的一个检验，我们也可以将 Griffith 导出的能量表达式(1.7)和(1.8)(对于具有两个端部的裂纹需要引进一个因子2)代入式(2.8b)求出 G，然后利用式(2.18)在 I 型模式下确定 K_{I}。

承受均匀加载的其他裂纹系统的应力强度因子表达式只是在数值因子 ψ 上有所不同。对于图 2.7b、c 所示的直通裂纹情况，这一因子需要在考虑存在自由外表面的基础上加以修正。对于图 2.7b 所示的半无限大试样中的单边裂纹，可以直接根据式(2.21a)进行类推而得到

$$\psi = \alpha / \pi^{1/2} \quad (单边直通裂纹) \tag{2.21b}$$

式中 $\alpha \approx 1.12$ 是一个简单的边界修正因子。而对于图 2.7c 所示的有限宽度 $2w$ 的长试样中的双端裂纹，则有

$$\psi(c/w) = [(2w/c)\tan(\pi c/2w)]^{1/2} \quad (有限宽度试样) \tag{2.21c}$$

注意到在 $c \ll w$ 的情况下，$\psi(c/w) \to \pi^{1/2}$，也就是说式(2.21c)变成了式(2.21a)。

现在考虑如图 2.8 所示的无限大试样中具有弯曲前缘的裂纹。最简单的情况就是图 2.8a 所示的一条半径为 c 的饼状裂纹，这种情况下有

$$\psi = 2/\pi^{1/2} \quad (饼状裂纹) \tag{2.21d}$$

半轴长度分别为 c 和 a 的椭圆形裂纹因为表现出了裂纹尖端曲率的影响而受到关注。在这种情况下，K 随角坐标 β 而变化

$$\psi(a/c,\beta) = \pi^{1/2}[\cos^2\beta + (c/a)^2\sin^2\beta]^{1/2}/E(a/c) \quad (椭圆形裂纹)$$
$$\tag{2.21e}$$

其中的 $E(a/c)$ 是椭圆积分

$$E(a/c) = \int_0^{\pi/2} [1 - (1 - c^2/a^2)\sin^2\Phi]^{1/2}\,\mathrm{d}\Phi$$

式中的 Φ 是一个哑变量。图 2.9 示出了 $\psi(a/c,0)$ 的曲线形式。以下几个特殊情况是值得关注的：(i)当 $a/c \to \infty$ 时，椭圆形裂纹转化为图 2.7a 所示的直通裂纹，此时 $\psi(\infty,0) = \pi^{1/2}$；(ii)当 $a/c = 1$ 时，椭圆形裂纹则转化为图 2.8a 所示的饼状裂纹，$\psi(1,0) = 2/\pi^{1/2}$。由式(2.21e)还可以进一步看出，对于所有 $a/c > 1$ 的情况，$\psi(a/c,\pi/2)/\psi(a/c,0) = (c/a)^{1/2} < 1$，由此可以推断，应力强度因子的最大值总是出现在椭圆形裂纹前缘与短轴的交点处。这就意味着，在没有来自外边界的干扰的前提下，裂纹的扩展总是倾向于形成一个如图 2.8a 所示的圆形前缘。另一方面，如果裂纹扩展到与有限厚度试样的自由表面相交，则裂纹的前缘将变直，最终发育成如图 2.7a 所示的直线形状。

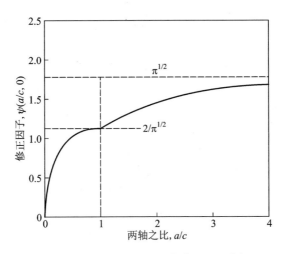

图 2.9 椭圆形裂纹在 $\beta = 0$ 处的几何修正因子 [式(2.21e)]
随裂纹椭圆度的变化关系

2.5.2 承受分布式荷载作用的裂纹

现在我们来讨论另一大类重要的裂纹构型，这类裂纹构型中，荷载是施加在裂纹的内表面上的。首先假定：对于直通裂纹，荷载表现为镜面对称的应力连续分布在裂纹平面上，即 $\sigma_{\mathrm{I}}(x,0) = \sigma_{\mathrm{I}}(x)$；而对于饼状裂纹，荷载则表现为轴对称的应力连续分布在裂纹平面上，即 $\sigma_{\mathrm{I}}(r,0) = \sigma_{\mathrm{I}}(r)$ (图 2.10)。对于无限大试样可以得到

$$K = 2(c/\pi)^{1/2} \int_0^c \left[\sigma_{\mathrm{I}}(x)/(c^2 - x^2)^{1/2} \right] \mathrm{d}x \quad (直通裂纹) \qquad (2.22a)$$

$$K = \left[2/(\pi c)^{1/2} \right] \int_0^c \left[r\sigma_{\mathrm{I}}(r)/(c^2 - r^2)^{1/2} \right] \mathrm{d}x \quad (饼状裂纹) \qquad (2.22b)$$

式中的量 $(c^2 - x^2)^{-1/2}$ 和 $(c^2 - r^2)^{-1/2}$ 为 Green 函数，用于在积分过程中考虑靠近裂纹尖端处应力的加权效应。

一个特殊的情况是裂纹表面承受了均匀的荷载作用，即 $\sigma_{\mathrm{I}} = \sigma_{\mathrm{A}} =$ 常数。此时，式(2.22a)和(2.22b)转变为 $K = \psi \sigma_{\mathrm{A}} c^{1/2}$，也就是式(2.20)所示的结果，其中的几何因子 ψ 则分别由式(2.21a)和(2.21d)给出。这说明，内壁承受等静压力作用的裂纹的扩展驱动力和承受外部均匀拉伸力作用的

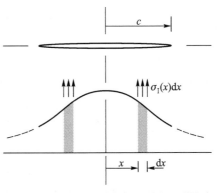

图 2.10 无限大试样内部的裂纹，裂纹内表面上承受了分布式的正应力 $\sigma_{\mathrm{I}}(x)$

情况是一样的。沿用 2.1 节中所进行的讨论，这样的推理分析可以扩展到承受更复杂远场拉伸荷载作用的无限大试样，此时，用分布在预期的开裂面上的作用应力替代式（2.22）中的 σ_I 即可很容易地写出 K 的表达式。

现在来考虑式(2.22)的另一种特殊情况：集中力作用在裂纹表面上。着重来分析如图 2.11 所示的半裂纹系统：(a)嘴部承载的单边直通裂纹，即在 $x=0$ 处作用有一个线力 $F=\sigma_I(x)\mathrm{d}x$；(b)中心承载的半饼状裂纹，即在 $r=0$ 处作用有一个点力 $P=\pi r\sigma_I(r)\mathrm{d}r$。我们可以得到

$$K = 2\alpha F/(\pi c)^{1/2} \quad \text{（单边直通裂纹）} \tag{2.23a}$$

$$K = 2\alpha P/(\pi c)^{3/2} \quad \text{（半饼状裂纹）} \tag{2.23b}$$

式中的 α 是一个与式(2.21b)中类似的边界修正因子。

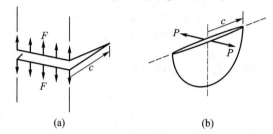

图 2.11　承受集中荷载作用的半无限大试样：(a)单边直通裂纹，线力 F 作用在裂纹嘴部；(b)表面半饼状裂纹，点力 P 作用在裂纹中心处

2.5.3　一些用于实际测试的裂纹构型

图 2.12～2.14 示出了一些最常用的断裂实验样品构型。我们重申在很多（即使不是绝大多数）时候可能会出现偏离理想构型的情况，因此，通常需要将考虑了试样特征尺寸影响的一些合适的高阶修正因子结合到相应的表达式中去。

（i）弯曲试样：单边切口梁（SENB）和双轴环压试样（图 2.12）。在试样表面中心位置切出一条特征深度为 c 的尖锐预制裂纹。对于如图 2.12a 所示的条形或圆柱形试样，荷载以支撑点灵活可调的精确四点弯曲方式施加，直通的刃形（或其他形状）切口预制裂纹处于最大拉应力位置。由简单薄梁弹性理论可以得到试样外表面外加应力 σ_A（在内跨距区域内保持恒定）为

$$\sigma_A = 3Pl/(4wd^2) \tag{2.24a}$$

在 $c \ll d$ 的条件下，式（2.24a）可以与式（2.20）给出的 $K = \psi\sigma_A c^{1/2}$ 以及式（2.21b）给出的 $\psi = \alpha\pi^{1/2}$ 相结合以给出 K 的表达式。在内跨距为零这一极限条

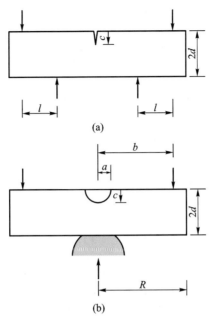

图 2.12　承受荷载 P 作用的厚度为 $2d$ 的弯曲试样。(a)单边切口梁（SENB），四点加载，l 为外跨距。深度为 c 的直通裂纹横跨整个试样宽度 w(图中没有示出)。(b)双轴弯曲圆片状试样，上表面上的荷载通过一个圆环状压头施加(或施加均匀分布的点力)，下表面以一个圆形环状压头(或圆片)支撑；a 和 b 分别为内外支撑半径，R 为试样半径，半径为 c 的半饼状裂纹位于圆片形试样的中心位置

件下，这个系统简化为三点弯曲加载。而在更严格的情况下，则需要考虑应力梯度以及切口半径因子 $\psi = \psi(c/d)$ 和 $\psi = \psi(c/\rho)$。

对于圆饼状试样，几何构型有点类似于图 2.12b 所示的双轴弯曲，上下支承体均为圆环，试样表面上有一条半饼状预制裂纹。由薄板理论可以得到

$$\sigma_A = \left(\frac{3P}{16\pi d^2}\right)\left\{(1+\nu)\left[2\ln\left(\frac{b}{a}\right)+1\right]+(1-\nu)\left(\frac{2b^2-a^2}{2R^2}\right)\right\} \quad (a \gg d)$$

$$(2.24b)$$

同样，在 $c \ll d$ 的条件下，K 的表达式可以由式(2.20)以及式(2.21d)给出的 $\psi = 2\alpha/\pi^{1/2}$ 导出。

式(2.24)是目前强度实验所采用的基本公式。

(ii) 双悬臂梁(DCB)试样(图 2.13)。一种常用的试样构型是双悬臂梁试样，这种试样可以通过对柱状试样进行对称的预开裂处理而得到。这一试样可以看成是对 Obreimoff 实验样品(图 1.6)的一种改进。事实上，对于恒位移加载方式，可以直接通过将 Obreimoff 得到的能量式(1.12)和(1.13)代入 G 的定

义式(2.8b)(由于是两个 Obreimoff 系统的叠加而需要引进一个因子 2)而得到这一系统的 G 的表达式。简单的弹性梁 ($d \ll c$) 理论使得我们能够得到关于恒力加载及恒力矩加载方式下的类似结果。这些结果可以表述为

$$G = \begin{cases} 3Eh^2d^3/(4c^4) & (h \text{ 恒定}) \\ 12P^2c^2/(Ew^2d^3) & (P \text{ 恒定}) \\ 12M^2/(Ew^2d^3) & (M \text{ 恒定}) \end{cases}$$

$$(2.25)$$

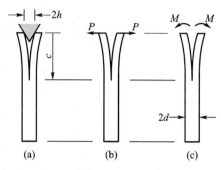

图 2.13　双悬臂梁(DCB)试样，裂纹长度为 c，试样宽度为 w(图中没有示出)，试样厚度为 $2d$。(a)恒定楔块位移(h)加载；(b)恒定点力(P)加载；(c)恒定力矩(M)加载

式(2.25)的一个很有意思的特点是 G 表现了对裂纹尺寸的不同的依赖关系：在 h 恒定的条件下，$G(c)$ 表现为 c 的减函数(稳定系统)；在 P 恒定的条件下，$G(c)$ 表现为 c 的增函数(不稳定系统)；而在 M 恒定的条件下，$G(c)$ 则保持不变(随遇系统)。评价前两种构型的优缺点需要以特定的测试要求为基础：一般说来，恒位移加载可以在试样长度范围内对裂纹扩展过程进行更好的控制。对于实验设计者来说，第三种构型也是很有吸引力的：在恒力矩加载方式下，G 与裂纹尺寸无关，这一点原则上使得我们可以避开所有与裂纹尺寸检测有关的困难；这对于许多脆性材料的测试是极为有利的，因为确定脆性材料中的裂纹前缘位置通常是很困难的。事实上，通过将试样的悬臂适当地进行锥化处理，我们也可以在恒定 h 加载或恒定 P 加载的条件下获得恒定不变的 G 值，但是这样无疑就会增大试样制备的成本。此外，还必须考虑高阶修正项的影响；端部效应会在很大程度上限制式(2.25)所适用的裂纹尺寸范围。对于由不同材料所构成的不对称梁，只需要将式(2.25)中的 $\frac{1}{Ed^3}$ 用 $\frac{1}{2}\left(\frac{1}{E_1d_1^3} + \frac{1}{E_2d_2^3}\right)$ 置换一下就可以了；但是，获得相应的 K 的表达式则需要进行复杂的数值分析，这是因为不对称性会导致 Ⅱ 型加载组元的出现(Hutchinson,1990;Hutchinson 和 Suo,1991)。

(ⅲ) 双扭(DT)试样(图 2.14)。对于薄板试样来说，双扭是一个很有用的构型。根据简单的薄板理论并作一些近似处理可以得到

$$K = \left[12(1+\nu)\right]^{1/2} \frac{Pw_0}{w^{1/2}d^2} \tag{2.26}$$

注意到这一表达式中没有出现裂纹尺寸，这一构型在恒定 P 加载的条件下具有与恒力矩加载条件下的双悬臂梁一样的随遇平衡的特点。同样，端部效应也会限制式(2.26)所适用的裂纹尺寸范围。

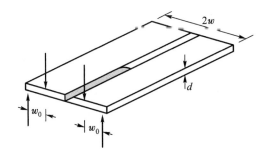

图 2.14　承受荷载 P 作用的双扭（DT）试样。w_0 为跨距，

$2w$ 和 d 分别为试样的宽度和厚度

（iv）双材料界面裂纹试样（图 2.15）。在一个双材料试样的薄层中引进一条机加工切口，然后在弯曲状态使裂纹沿着界面形成。这一试样构型之所以引起人们的兴趣，是因为在薄梁理论的近似下，平行于试样表面的平面以及未开裂试样内跨距范围内的平面都是没有应力作用的。裂纹所承受的荷载由弹性不对称性单独引起，这就导致了Ⅰ型和Ⅱ型的一个混合场。对于完全位于内跨距范围内的裂纹，如果其尺寸远大于梁的厚度，则 G 可以直接通过计算机械能而得到，即

$$G = 12\beta P^2 l^2 / (E_2 w^2 d^3) \tag{2.27}$$

式中的系数 $\beta(d_1, d_2, E_1/E_2, \nu_1/\nu_2)$ 可以写成

$$\beta = \{1/\eta_2^3 + 1/[\eta_2^3 + \eta_1^3/\lambda + 3\eta_1\eta_2/(\eta_1 + \lambda\eta_2)]\}$$

$$\eta_1 = d_1/2d, \quad \eta_2 = d_2/2d, \quad \lambda = (1 - \nu_1^2)E_2/[(1 - \nu_2^2)E_1]$$

式（2.27）与 c 无关，因此图 2.15 所示也是一类具有随遇稳定性质的试样构型。

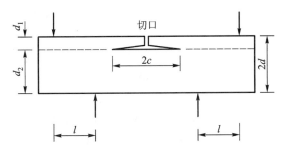

图 2.15　荷载 P 作用下的双层试样用于测量界面的断裂性能。l 为外跨距。

试样宽度为 w（图中未示出），复合梁的厚度为 $2d = d_1 + d_2$

另外一些常用的测试构型包括紧凑拉伸（CT，一种经过柔度标定的 SENB 和 DCB 的混合构型）和山形切口（Atkins 和 Mai，1985）。目前也正在发展出一些新的构型用于测试层间结构的混合型开裂行为（Hutchinson 和 Suo，1991）。

第 8 章将讨论压痕断裂技术。

2.6 平衡断裂条件：与 Griffith 概念的结合

我们现在来讨论 Griffith 能量平衡概念与 Irwin 断裂力学理论的结合问题。
2.4 节提到的热力学操作中的扩展与闭合过程提供了一个描述裂纹系统机械能
变化的方程。为了对 Griffith 的能量表达式(1.5)中所有各项进行讨论，现在我
们只需要寻找一个方程来描述表面能的变化。这就使得我们要来考虑一下热力
学操作中的最后一步，即为完成这个热力学循环所进行的裂纹切开和愈合
过程。

再次来讨论图 2.6 中的裂纹单元 CC'。相对于裂纹面积 C 来说，切开 – 愈
合过程所涉及的能量变化相当于克服界面间作用力使界面单元分离所作的可逆
功，即

$$dU_s = R_0 dC \qquad (2.28)$$

式中的 R_0 为单位面积上的本征功，则

$$R_0 = + dU_s/dC \qquad (2.29a)$$

这是一个阻碍裂纹扩展的因素(也就是说，R_0 为正值)。对于直通裂纹，式
(2.29a)可以改写为

$$R_0 = + dU_s/dc \qquad (2.29b)$$

这是针对单位宽度的裂纹前缘来定义的。与式(2.8b)中的 G 相似，R_0 可以认
为是一种表面张力。

上述公式的优势在于它在研究众多表面及界面断裂问题方面的普遍适用
性。Griffith 考虑的仅仅是一个近乎理想的均匀固体的断裂问题，而我们在这
里则排除了这一限制条件，将 R_0 处理为单位界面面积上的 Dupré 附着功 W
(Adamson,1982;Maugis,1985)。对于以界面处内聚力结合的两个相同半体(B)
的真空分离，Dupré 功可以借助于 Griffith 的本征表面能概念给出

$$R_0 = W_{BB} = 2\gamma_B \qquad (内聚力) \qquad (2.30a)$$

而对于以界面粘附力结合的两个不同半体(A – B)之间的分离，则有

$$R_0 = W_{AB} = \gamma_A + \gamma_B - \gamma_{AB} \qquad (粘附力) \qquad (2.30b)$$

注意在这里所有的 γ 都是相对于初始的结合状态(B – B 或 A – A)来定义的。
在需要考虑化学效应的时候，我们还将引进一些新的 W 项(参见第 5、6、8 章)。

应用式(2.8a)及(2.29a)，将式(1.5)写成一个微分形式则可以得到关于
裂纹扩展的一个能量平衡准则

$$dU = dU_M + dU_s = -GdC + R_0 dC = -gdC \qquad (2.31)$$

式中的 $g = -dU/dC = G - R_0$ 为净的裂纹扩展驱动力，或者说是"动力"。在

式(1.6)所描述的 Griffith 平衡状态下，$g = 0$，$G = G_C$（或 $K = K_C$），应用式(2.18)并考虑 I 型模式，可以得到

$$G_C = K_C^2/E' = R_0 \qquad (2.32)$$

于是可以看出：当 $G_C > R_0$ 时裂纹发生扩展；而当 $G_C < R_0$ 时裂纹将止裂。

以上的讨论建立了断裂力学一般方法的框架。但是，在应用式(2.32)时需要注意几个方面的问题。首先，在将所测得的 G_C 或 K_C 值与表面能或界面能等同处理时，必须确保测量临界断裂参数的实验条件是真正的平衡状态。一些看上去似乎处于静态的裂纹实际上可能是远远偏离平衡态的，而且还在以几乎测量不到的速度极其缓慢地接近平衡态（第 5 章）。同时，在上述处理过程中我们忽略了材料的各向异性效应；而很多的脆性固体（如单晶）会表现出显著的各向异性。更精确的表述需要将（G 和 K 的定义中所涉及的）弹性常数和表面能这两方面的各向异性均加以考虑。我们也忽略了材料显微结构的影响；在第 7 章中我们将看到，显微结构对裂纹扩展阻力的影响是很显著的。最后，2.3 节中给出的裂纹附近弹性场解一直存在一个奇异性问题。我们已经知道在裂纹尖端处应力和应变都将趋于无穷大，而同时我们又假定了临界的结合键断裂过程是发生在裂纹尖端这个非常小的区域内的。因此，Irwin 理论目前的这种形式还无法用于讨论实际的断裂机制。

2.7　裂纹的稳定性与 K 场的可加和性

在本章及第 1 章中曾经提到了关于裂纹平衡状态的几种类型，如不稳定的平衡状态和稳定的平衡状态（以及随遇型平衡状态）。从能量角度来分析稳定性是很重要的，因为这样的分析可以判断出一条裂纹的扩展到底是"灾难性的"还是"可控的"。长期以来一直存在着一个错误的观点，即发生"破坏"的条件是 $G = G_C$ 或 $K = K_C$。这一条件当然是必要条件，但却不是充分条件。对于失稳分析来说，要求能量 $U(C)$ 具有一个极值（$\mathrm{d}U/\mathrm{d}C = 0$）还不够，这一极值还必须是一个最大值（$\mathrm{d}^2U/\mathrm{d}C^2 < 0$）。因此，在式(2.31)中的 R_0 表现为材料常数的情况下，稳定性条件可以借助于 $G(C)$〔或者通过式(2.18)转换为 $K(C)$〕方便地表达为

$$\mathrm{d}G/\mathrm{d}C > 0, \quad \mathrm{d}K/\mathrm{d}C > 0 \quad （不稳定） \qquad (2.33a)$$

$$\mathrm{d}G/\mathrm{d}C < 0, \quad \mathrm{d}K/\mathrm{d}C < 0 \quad （稳定） \qquad (2.33b)$$

Barenblatt(1962)和 Gurney(Gurney 和 Hunt,1967)是最早注意到这一关系在描述平衡裂纹扩展方面重要性的几位学者。在第 7 ~ 10 章中，我们将会有一些机会来深入讨论稳定性准则的应用问题（尽管采用了第 3 章中提出的一个合适的修正形式来讨论裂纹扩展阻力中的屏蔽效应）。

事实上，即便是满足了式(2.33a)也不能认为会发生完全的破坏：一条不稳定的裂纹也有可能在 $U(C)$ 曲线的一些细微的具有正斜率的区域内最终发生止裂(即"pop-in"现象)。这种情况下只有进一步增大外加荷载才可能导致再次出现灾难性的失稳状态。在分析接触开裂(第8章)和夹杂裂纹(第9章)问题时会经常遇到这种情况。

采用一个特别设计的裂纹构型来说明式(2.33)所描述的基本理论可以得到一些有益的启示。这一裂纹构型同时也可以用于说明 K 因子的可加和性。考虑如图2.16所示的一条同时承受均匀外加应力 σ_A 和嘴部拉伸线力 F 的单边直通裂纹。由式(2.20)、(2.21b)和(2.23a)可以得到

$$K = K_A + K_F = \alpha\sigma_A(\pi c)^{1/2} + 2\alpha F/(\pi c)^{1/2} \tag{2.34}$$

固定 F 并取两个 σ_A 值可以分别作出两条 $K(c)$ 曲线如图2.17所示。图中使用对数坐标的目的在于突出在裂纹尺寸很大和很小这两个区域内各个幂函数项的主导作用(虚线给出的渐近线的斜率分别为 $1/2$ 和 $-1/2$)。曲线可以划分为由一个最小值点分开的两部分。

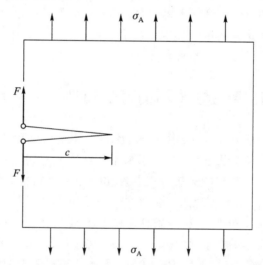

图2.16 承受远场均匀应力 σ_A 和嘴部拉伸线力 F 共同作用的单边直通裂纹

现在我们来讨论发生破坏所需要的条件。式(2.32)所描述的平衡条件在图2.17中表示为一条水平虚线 $(K = K_C)$。假定在 $\sigma_A = 0$ 时裂纹处于初始的静止状态，此时 $c_I = (1/\pi)(2\alpha F/K_C)^2$。在 $\sigma_M > \sigma_A > 0$ 这一范围内，虚线 $K = K_C$ 与实线(图中位于下方的曲线)相交于两点：一点为 $c = c_I' > c_I$，对应于一个稳定的平衡状态 $(dK/dc < 0)$；另一点为 $c = c_F$，对应于一个失稳状态 $(dK/dc > 0)$。进一步增大 σ_A 将导致 c_I' 在 $K = K_C$ 的条件下继续增大，而同时 c_F 则相应地减小，直至最终达到 $c = c_I' = c_F = c_M$。在这一点处，$K(c)$ 的最小值与平衡

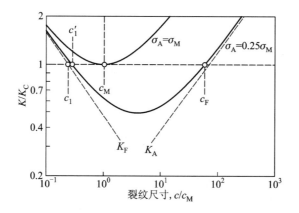

图 2.17　由式(2.34)确定的图 2.16 所示系统的归一化 $K(c)$ 曲线。倾斜的
虚线分别为 K_F 和 K_A，水平虚线为平衡条件 $K - K_C$。绘制曲线时固定 F，
并分别取 $\sigma_A = 0.25\sigma_M$ 和 $\sigma_A = \sigma_M$(失稳点)

线相交，于是系统就达到了失稳的边缘(图中位于上方的曲线)。在 F 为常数
的情况下令 $K = K_C$，$\mathrm{d}K/\mathrm{d}c = 0$，可以得到临界荷载 $\sigma_A = \sigma_M$：

$$c_M = (4\alpha F / \pi^{1/2} K_C)^2 \qquad (2.35a)$$

$$\sigma_M = 2F / \pi c_M \qquad (2.35b)$$

　　我们可以看到正是式(2.34)中的 K_F 项通过其与 K_A 相反的裂纹尺寸依赖
性导致了裂纹扩展的稳定性。一个很有意思的结果是：这个系统的临界状态与
初始裂纹尺寸没有关系，式(2.35)中没有出现 c_I。在后续章节中我们将看到
这样一种稳定性的影响在缺陷力学特性中具有十分重要的作用。

　　最后一个问题涉及承受叠加荷载作用的系统的 G 的计算。根据式(2.18)，
对于式(2.34)所描述的 I 型裂纹系统，我们可以得到

$$G = (K_A^2 + K_F^2 + 2K_A K_F) / E' \qquad (2.36)$$

这样，作为对 2.4 节中讨论的一个补充，由外加均匀荷载和嘴部拉伸线力分别
单独获得的机械能释放率($G_A = K_A^2 / E'$ 和 $G_F = K_F^2 / E'$)是不具有加和性的：式
(2.36)包含了一个正交项。这个正交项的出现是因为每一个加载系统所引起
的位移都会对另外的加载系统所作机械功作贡献。

2.8　裂纹扩展路径

　　现在让我们把讨论从裂纹扩展的能量稳定性方面转到裂纹扩展的路径稳定
性方面来。到现在为止，我们一直默认裂纹是沿着自身所在的平面发生扩展
的，而且在外力作用下，这个平面将倾向于受到最大拉应力分量作用。这些假

定在这之前一直就是解释简单裂纹系统中开裂路径的一个直观的依据。然而，事实上裂纹也可能偏离它们最初所在的平面，这种偏离有时甚至是很突然的；而且裂纹的扩展也可能发生在实际承受外加剪切荷载作用的区域。

裂纹扩展路径问题可以在 2.6 节所建立的热力学断裂准则的框架下进行讨论。我们来分析各向同性均匀固体中一条长度为 c 的简单的平面应变裂纹，让这条裂纹承受一个混合模式的加载，如图 2.18 所示。现在的问题就是确定增量扩展 $\mathrm{d}c$ 发生的方向。我们假定这个方向应该是使系统总能量减少最快的方向。根据式(2.31)，这一方向对应于动力 $g = G - R_0$ 的最大值所在的方向。对于一个各向同性的系统(R_0 与 θ 和 ϕ 无关)，问题就转化成为寻找 G 的最大值。

一开始我们必须意识到，在对一个初始的平面体系中裂纹的偏转问题进行分析的时候将在数学处理方面受到一定的限制。一旦一条裂纹开始出现离开自身所在平面的扩展时，我们将面临一个复杂的相关构型，而对于这样的构型并没有获得简单的分析解(Cotterell 和 Rice，1980)。然而，借助于平面裂纹解还是可以获得对一些一般行为的物理本质的有益认识的。因此，我们在这里只讨论如图 2.18 所示的简化的例子。

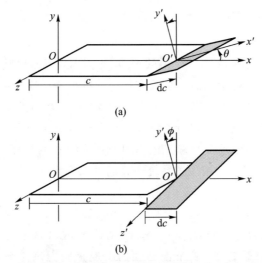

图 2.18　裂纹非平面扩展模型：(a)"倾斜"型；(b)"歪扭"型

相应地，从我们目前的意图来看，仅仅考虑图中所示的两种特殊情况就足够了。这两种情况分别是：(a)裂纹平面绕 Oz 轴发生了一个角度为 θ 的转动("倾斜"型)；(b)裂纹平面绕 Ox 轴发生了一个角度为 ϕ 的转动("歪扭"型)[*]。通过适当的张量变换，可以根据标准解式(2.11)～(2.13)获得作用在

---

　[*]　第三种情况是绕 Oy 轴发生转动，但这并不会使裂纹平面发生变化。

假想的裂纹延长面上的应力，进而进行常规的断裂力学分析。对于以下的几种加载情况，我们来说明具体的做法（Gell 和 Smith，1967）。

（i）纯 I 型加载。首先考虑图 2.18a 所示的 θ 角方向的旋转。通过变换可以得到新的平面上相关的正应力分量和剪应力分量

$$\left.\begin{array}{l} \sigma_{y'y'} = \sigma_{\theta\theta}^{\mathrm{I}} = \left[K_{\mathrm{I}} / (2\pi r)^{1/2} \right] f_{\theta\theta}^{\mathrm{I}} = K_{\mathrm{I}}'(\theta) / (2\pi r)^{1/2} \\ \sigma_{x'y'} = \sigma_{r\theta}^{\mathrm{I}} = \left[K_{\mathrm{I}} / (2\pi r)^{1/2} \right] f_{r\theta}^{\mathrm{I}} = K_{\mathrm{II}}'(\theta) / (2\pi r)^{1/2} \\ \sigma_{x'z'} = \sigma_{rz}^{\mathrm{I}} = 0 = K_{\mathrm{III}}'(\theta) / (2\pi r)^{1/2} \end{array}\right\} \tag{2.37}$$

式中的 f_{ij}^{I} 项可以直接由式（2.11）得到，而"变换的应力强度因子"

$$\left.\begin{array}{l} K_{\mathrm{I}}'(\theta) = K_{\mathrm{I}} f_{\theta\theta}^{\mathrm{I}} \\ K_{\mathrm{II}}'(\theta) = K_{\mathrm{I}} f_{r\theta}^{\mathrm{I}} \\ K_{\mathrm{III}}'(\theta) = 0 \end{array}\right\} \tag{2.38}$$

则决定了偏转后的裂纹场。这样，机械能释放率随角度的变化就可以根据式（2.18）的平面应变形式得到

$$G(\theta) = K_{\mathrm{I}}'^2(\theta)(1 - \nu^2)/E + K_{\mathrm{II}}'^2(\theta)(1 - \nu^2)/E \tag{2.39}$$

同样，对于图 2.18b 所示的 ϕ 方向的旋转，变换关系为

$$\left.\begin{array}{l} \sigma_{y'y'} = \sigma_{\phi\phi}^{\mathrm{I}} = \left[K_{\mathrm{I}} / (2\pi r)^{1/2} \right] g_{\phi\phi}^{\mathrm{I}} = K_{\mathrm{I}}'(\phi) / (2\pi r)^{1/2} \\ \sigma_{x'y'} = \sigma_{x'\phi}^{\mathrm{I}} = 0 = K_{\mathrm{II}}'(\phi) / (2\pi r)^{1/2} \\ \sigma_{x'z'} = \sigma_{z'\phi}^{\mathrm{I}} = \left[K_{\mathrm{I}} / (2\pi r)^{1/2} \right] g_{z'\phi}^{\mathrm{I}} = K_{\mathrm{III}}'(\phi) / (2\pi r)^{1/2} \end{array}\right\} \tag{2.40}$$

式中的 g_{ij}^{I} 可以由式（2.11）计算得到

$$\left.\begin{array}{l} K_{\mathrm{I}}'(\phi) = K_{\mathrm{I}} g_{\phi\phi}^{\mathrm{I}} \\ K_{\mathrm{II}}'(\phi) = 0 \\ K_{\mathrm{III}}'(\phi) = K_{\mathrm{I}} g_{z'\phi}^{\mathrm{I}} \end{array}\right\} \tag{2.41}$$

此外，由式（2.18）可以得到

$$G(\phi) = K_{\mathrm{I}}'^2(\phi)(1 - \nu^2)/E + K_{\mathrm{III}}'^2(\phi)(1 + \nu)/E \tag{2.42}$$

将函数 $G(\theta)$ 和 $G(\phi)$ 以沿自身所在平面扩展的 $G(0)$ 值进行归一化后作图示于图 2.19。注意到在 $\theta = 0$ 和 $\phi = 0$ 时 G 取得最大值。这说明裂纹总是倾向于沿自身所在平面发生扩展。因此可以说，I 型平面裂纹具有"方向的稳定性"。

（ii）剪切型与 I 型的叠加。现在考虑只受到 I 型荷载作用的初始裂纹又叠加了 II 型或 III 型荷载的情况。分析过程和上面提到的是相同的，只不过对于应力分量 $\sigma_{y'y'}$、$\sigma_{x'y'}$ 和 $\sigma_{x'z'}$，在式（2.37）中需要加上 II 型场的贡献[参见式（2.12）]，在式（2.40）中则需要加上 III 型场的贡献[参见式（2.13）]。相应得到的变换的应力强度因子为

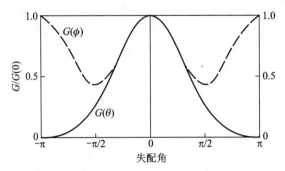

图 2.19 在纯Ⅰ型加载条件下，归一化机械能释放率随图 2.18 所示裂纹
偏转角 θ 及 ϕ 的变化关系（平面应变状态，$\nu = 1/3$）

$$\left.\begin{array}{c} K'_{\mathrm{I}}(\theta) = K_{\mathrm{I}} f^{\mathrm{I}}_{\theta\theta} + K_{\mathrm{II}} f^{\mathrm{II}}_{\theta\theta} \\[2mm] K'_{\mathrm{II}}(\theta) = K_{\mathrm{I}} f^{\mathrm{I}}_{r\theta} + K_{\mathrm{II}} f^{\mathrm{II}}_{r\theta} \\[2mm] K'_{\mathrm{III}}(\theta) = 0 \end{array}\right\} \quad (\text{Ⅰ型 + Ⅱ型}) \qquad (2.43)$$

$$\left.\begin{array}{c} K'_{\mathrm{I}}(\phi) = K_{\mathrm{I}} g^{\mathrm{I}}_{\phi\phi} + K_{\mathrm{III}} g^{\mathrm{III}}_{\phi\phi} \\[2mm] K'_{\mathrm{II}}(\phi) = 0 \\[2mm] K'_{\mathrm{III}}(\phi) = K_{\mathrm{I}} g^{\mathrm{I}}_{z'\phi} + K_{\mathrm{III}} g^{\mathrm{III}}_{z'\phi} \end{array}\right\} \quad (\text{Ⅰ型 + Ⅲ型}) \qquad (2.44)$$

和上面一样，由式(2.39)和(2.42)可以得到机械能释放率 $G(\theta)$ 和 $G(\phi)$，图
2.20 所示为这两个函数的归一化曲线。在两种情况下，施加的剪切力的作用

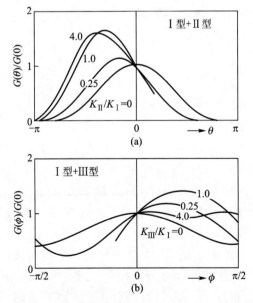

图 2.20 归一化的机械能释放率随裂纹偏转角 θ 及 ϕ 的变化关系（平面应变
状态，$\nu = 1/3$）：(a)Ⅰ型与Ⅱ型叠加；(b)Ⅰ型与Ⅲ型叠加。图中示出了保
证局部正应力为拉应力的取值范围内的完整曲线

都是使得裂纹偏离原来的平面，也即具有了"方向的不稳定性"。而且，这一偏离总是朝着剪切荷载最小的方向发生：在这个意义上，可以把剪应力视为一种"修正"，它的作用就是使偏转的裂纹回到一个与外加场引起的最大主拉伸应力相垂直的一个稳定的平面上来。

考察一下上述分析在真实的断裂事例中的应用是十分有益的。我们首先来观察如图 2.21 所示的一种情况：一个受拉应力作用的平板中一条预先存在的倾斜的裂缝，考察其尖端的扩展路径。在图中示出的方向上，作用在裂缝上的 Ⅰ 型荷载和 Ⅱ 型荷载大小相当。裂纹开始扩展时的方向是 $\theta \approx -50°$，这与图 2.20a 所示的 $G(\theta)$ 的最大值点是一致的。当裂纹扩展离开了裂缝的近场区域（$dc \ll c$）而进入到外加荷载的远场（$\Delta c > c$）处时，裂纹系统所受到的荷载则逐渐从混合型转变为纯 Ⅰ 型。如果把图 2.21 所示情况视作是一个倾斜的缺陷发育形成实际裂纹的过程模型，我们就可以得到这样的结论：对于初始的扩展来说缺陷的方向确实是一个很重要的断裂力学参数，但当裂纹扩展到缺陷的影响区以外之后，缺陷的方向就不重要了。

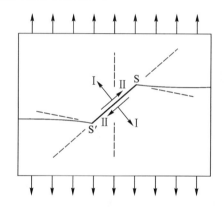

图 2.21　承受均匀拉应力作用的脆性环氧树脂平板中观察到的裂纹扩展路径。箭头所示为求解得到的作用在预先存在的裂缝 SS′ 上的各个荷载分量。注意到在裂纹刚刚开始扩展时，Ⅰ 型荷载和 Ⅱ 型荷载是相当的；而随着裂纹的进一步扩展，Ⅰ 型荷载就远远大于 Ⅱ 型荷载了。[源自：Erdogan, F. & Sih, G. C. (1963) *J. Basic Eng.* **85** 519.]

第二个实例涉及 Ⅰ 型和 Ⅲ 型混合加载条件下裂纹平面变化的物理机制。对图 2.18 的分析表明，裂纹面在 θ 方向的转动可以通过裂纹前缘的连续调整来实现，而在 ϕ 方向的转动则不能。对于后者，转动是通过裂纹前缘分裂成若干部分来实现的，裂纹前缘的各部分之间被解理台阶所分开。图 2.22 所示的显微照片揭示出了这种显著的效应。注意到这种情况下剪切所产生的扰动并不需要很大：在图 2.22 中，台阶的高度约为 1 μm，而台阶之间的间隔则

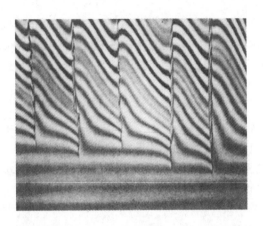

图 2.22　玻璃的断裂表面。显示出随着Ⅲ型荷载与Ⅰ型荷载比值增加时，裂纹面
开始旋转并伴随着台阶的形成。主裂纹是由下向上扩展的。照片采用干涉显微镜
拍摄，白光，视场宽度为 350 μm。［源自:Sommer, E. (1969) *Eng. Fract. Mech.* ,**1** 539.］

约为 50 μm(也就是说，旋转角只有约 1°)，相应的剪切力与拉伸力之比约
为 2%。

　　在这里需要最后说明一点。我们讨论单晶中的脆性裂纹沿着择优解理面扩
展的情况，或者层状结构中的脆性裂纹沿着弱界面扩展的情况。在这些情况
下，图 2.19 和 2.20 中应该画出参量 g：除了 G 之外，R_0 的方向依赖性也需要
加以考虑。在本章所进行的讨论中，图 2.20 中的 $G(\theta)$ 和 $G(\phi)$ 并没有出现很
尖锐的最大值(尽管弹性常数的各向异性可能会使最大值增大一些)。在单晶
中，问题就变成了讨论表面能的各向异性程度了：对于共价晶体，γ 对结晶学
取向的依赖性是适中的(如金刚石结构的最大范围是 $\gamma_{111}/\gamma_{100} = 1/\sqrt{3}$)，裂纹沿
解理面扩展的趋势通常较为微弱；而对于离子晶体，结晶学各向异性效应通
常较为显著，裂纹沿解理面扩展的趋势就非常强。对于多晶或层状复合材
料，决定裂纹偏转趋势的因素则是界面(晶界或相界)能和表面能的相对大
小(7.1 节)。

3

裂纹扩展的连续介质理论(Ⅱ)：
裂纹尖端处的非线性场

上一章中所介绍的 Irwin 为推广 Griffith 概念所做的工作为我们提供了一个处理断裂力学问题的有力工具。特别是，通过考虑释放的机械能与增加的表面能之间的平衡关系，我们得到了热力学上可靠的判据，用于判断一条理想的脆性裂纹何时将发生扩展。但是，Iwrin 的力学却没有告诉我们裂纹将如何扩展。而且，当我们讨论发生在裂纹尖端处的一些细节的时候，Irwin 的描述就显得完全不适用了。连续线弹性解中存在的奇异性与所有真实的局部断裂过程之间很难简单地统一起来。如果热力学第一定律没有问题，那么很显然，在断裂力学的描述中肯定漏掉了一些重要的内容：这里所说的并不是 Griffith 能量平衡概念本身，而是指可能影响到这个平衡的一些机制。

本章我们将讨论物体的线弹性连续性假定的适用性。真实固体的本征应力－应变特性总会有一个最大值存在，这一点即使是对于那些由聚合键的破裂直接导致断裂的理想脆性固体来说也是成立的。此外，裂纹的扩展会伴随有发生在裂纹尖端附近区域的变形过程。这样的变形过程会耗散大量的能量。如果存在一些合适的基础理论用于研究"韧化"陶瓷以及其他脆性材料行为的话，我们就必须在平衡断裂力学分析中考虑那些非线性的和不可逆的因素。

在意识到近场不可逆变形可能产生的巨大影响之后，我们做出一个严格的限制性阐述，这个阐述在后续的一些讨论中将得到不断的加强。在我们关于"脆性固体"的表述中默认键的破裂一直是裂纹扩展的本征机制。近场变形可能会通过对应力场产生影响而与裂纹尖端发生相互作用，但并不会导致上一章中所给出的基本裂纹扩展准则的改变。这就引出了裂纹尖端屏蔽这个重要的概念。这种关于尖锐裂纹图像的描述肯定是存在一些例外的，比如在延性的金属和高分子中，裂纹尖端的变形在破坏过程中起着主导的作用。为了避免涉及复杂的固体力学内容，在这里我们将不考虑这些类型的材料。感兴趣的读者可以从一些工程断裂文献中了解到关于这一问题的一些详细内容，这些内容在一些教科书上有专门的论述（Knott，1973；Broek，1982；Atkins 和 Mai，1985；Hertzberg，1988）。

原则上说，没有任何东西能够妨碍将能量平衡概念推广到非线性裂纹系统中。但是，无论是从概念上还是从数学上，非线性问题的处理都是极其困难的。考虑到这一点，我们的讨论将局限在一些最基本的处理方法上。我们从所谓的小尺度区概念出发，将耗散功项结合到复合的断裂表面能中。由这一概念导出的模型保留了以连续介质为基础的线弹性断裂力学的简便性，同时也提供了对脆性裂纹尖端结构的本征非线性特性的一种有用的新的物理认识。我们首先突出强调 Barenblatt 的内聚区模型，它采用了一种简单自然的方法消除了奇异性问题。而后，我们引进由 Rice 提出的一个有效的线积分方法，作为在宏观和微观尺度上对脆性断裂问题进行统一描述的工具。本章中所进行的分析将派生出两个平衡参数——抗开裂能量 R 和韧性 T，这两个参数将用于量化材料抵抗裂纹扩展的能力。

3.1 裂纹端部过程的非线性和不可逆性

3.1.1 裂纹尖端奇异性的起因：线弹性连续力学的失效

裂纹尖端奇异性源自两个基本假设：胡克定律和连续性假设。这里我们来说明这两个假设中存在的一些不合理性。

问题起源于我们的一个假设，即：初始状态下闭合的缝状裂纹是无限尖锐的。2.3节中提到，从数学上看，Irwin裂纹尖端将逐渐发育出一个圆滑的抛物线形轮廓(图2.6)。很容易看出[如通过对式(2.15)微分获得du/dX，而后考虑$X\rightarrow0$时的极限情况]，当无限逼近裂纹尖端处时应变应该趋于无穷大。这就是将一个定律应用于它的适用范围之外时所出现的情况：理想胡克固体的弹性应变是没有限度的，也就是说它具有"无穷大的强度"。

实际上，固体所能承受的应力水平总是存在一个最大值。把我们所考虑的理想脆性材料想象成一个均匀的、无缺陷的固体，且具有规则的原子晶格结构。考虑裂纹面上材料的一个单元体，其中相邻的原子阵列——键合。在裂纹面被向外拉开的过程中，把这么一个单元体的应力 – 伸长关系用界面内聚力函数$p_\gamma(u)$(这里的下标γ用于说明我们所考虑的是本征的表面力)来表示，则可以得到图3.1。现在来做一个符号上的规定：这里(以及下文中)我们将把正的内聚力p视作吸引力，与外加作用荷载传输到单元体上的补偿应力大小相等但符号相反。在起始阶段，应力 – 分离位移函数是线性的，而后随着裂纹的逼近并穿过，应力 – 分离位移函数出现一个最大值并最终随着材料的裂开而降低至零。由图3.1可以清楚地看出，为了完整地表征非线性应力 – 伸长特性，需要引进一个"范围"参数δ。严格地说，这个范围是无限大的，但是从实用角度出发，这个范围大约只有几个原子直径那么大。需要注意的是，与不加限制条件的胡克定律相比，即便是明显过于简化的"平均内聚应力"(如图中水平虚线所示，高度为$\bar{p}_\gamma$)，在描述这种基本的切断特性方面也具有潜在的优势。

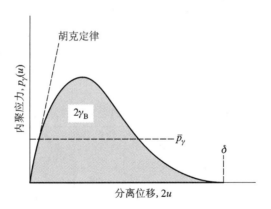

图3.1　脆性固体中两个原子面间的内聚应力与面间分离位移之间的关系。在$2u=\delta$这一范围内分离原子面所作的功成为内聚功：$R_0=W_{BB}=2\gamma_B$。水平虚线给出的是"平均"应力，$\bar{p}_\gamma=R_0/\delta$

根据上面的描述，考虑键断裂机制，一条扩展着的理想脆性裂纹吸收机械能的临界区域应该限制在将裂纹面结合起来的两个相邻原子层范围内。而相邻的原子层面则会按照相同的应力－分离位移曲线发生变形，但是这种变形是不完全的而且是可逆的（虽然在新形成的开裂表面上原子重排时会伴随有一定程度的弛豫过程），当裂纹向前扩展之后又将恢复到原来的状态。因此，图3.1中所示的伸长量可以认为基本相当于一个特征的原子面间距。这样，第2章讨论 Irwin-Griffith 断裂力学时在裂纹尖端进行微观力学分析方面遗留的问题能否解决，现在就取决于我们是否能够将上述的原子尺度范围内的一些特性结合到分析当中去了。

现在，图3.1所示的基本的非线性应力－分离位移函数成为研究脆性裂纹奇异性问题的关键。需要注意的是，这一函数的确定不涉及关于裂纹系统的任何信息。理论上说，我们可以通过对标准（无缺陷的）试样进行常规拉伸实验（如1.5节）或者通过计算原子间互作用势能来获得这个函数。确定非线性应力－分离位移函数的独立性将使得我们有可能对断裂性能进行一些预测，关于这一点我们将在第6章中讨论。

3.1.2　裂纹尖端区域的额外能量耗散

我们刚刚通过分析发现，由相隔一个晶格间距的两个表面所表现出的应力－伸长曲线可以确定本征的断裂阻力。这一曲线下方的面积就是 Dupré 附着功，即

$$R_0 = W_{BB} = \int_0^\delta p_\gamma(u)\,\mathrm{d}(2u) = 2\int_0^{\delta/2} p_\gamma(u)\,\mathrm{d}u = 2\gamma_B \qquad (3.1)$$

这与我们在式(2.30)中的定义是一致的。现在我们将 R_0 解释为一个完整固体的本征内聚力［式(2.30a)］，但是这一定义可以认为并不是限制性的(2.6节)：在第5~7章中讨论化学效应和显微结构效应的影响时将对 R_0 做出一些更普遍的解释。可以看出，R_0 中包含了图3.1所示的非线性裂纹尖端响应的所有基本特征，即切断应力 $\bar{p}_\gamma$ 和范围参数 δ。

表3.1　一些代表性的脆性材料的断裂参数

材　　料	化学式	$E/$ GPa	$T/$ (MPa·m$^{1/2}$)	$R/$ (J·m^{-2})	$2\gamma_B/$ (J·m^{-2})
金刚石	C(111)	1 000	4	15	12
硅	Si(111)	170	0.7	3.0	2.4
碳化硅	SIC(基础面)	400	2.5	15	8
石英	SiO$_2$(玻璃)	70	0.75	8.0	2
蓝宝石	Al$_2$O$_3$($\bar{1}$010)	400	3	25	8
云母	KAl$_2$(AlSi$_3$O$_{10}$)OH$_2$ (基础面)	170	1.3	10	

材　　料	化学式	$E/$ GPa	$T/$ (MPa·m$^{1/2}$)	$R/$ (J·m^{-2})	$2\gamma_B/$ (J·m^{-2})
氧化镁	MgO(100)	250	0.9	3	3
氟化锂	LiF(100)	90	0.3	0.8	0.6
氧化铝	Al$_2$O$_3$(pc)	400	2~10	10~250	
氧化锆	ZrO$_2$(pc)	250	3~10	30~400	
碳化硅	SiC(pc)	400	3~7	25~125	
氮化硅	Si$_3$N$_4$(pc)	350	4~12	45~400	
氧化铝复合材料		300~400	4~12	40~500	
氧化锆复合材料		100~250	3~20	30~3 000	
纤维增强陶瓷复合材料		200~400	20~25	1 000~3 000	
延性粒子弥散陶瓷复合材料		200~400	10~20	250~2 000	
水泥浆		20	0.5	10	
混凝土		30	1~1.5	30~80	
碳化钨	WC/Co	500~600	10~25	300~1 000	
钢	Fe+添加剂	200	20~100	50~50 000	

注：第一组为单晶，按从共价性到离子性的变化顺序排列，并注明了解理面；第二组为多晶(pc)；第三组为陶瓷复合材料；第四组为金属。数据包括：实验测得的杨氏模量 E、韧性 $K_C = T$、开裂阻力能量 $G_C = R$(真空值)以及理论表面能 $W_{BB} = 2\gamma_B$。

　　然而，上述的理想情况与所测得的实际固体的断裂表面能之间并不总是一致的。表 3.1 对一系列材料的表面能理论值 $2\gamma_B$ 与实验测得的机械能释放率值 $G_C = R$ 进行了比较。如果这两个数值之间的差异不超过一倍，则可以认为这样的差异没有实际意义，这是因为，G_C 的测试值会由于许多难以考虑的复杂因素的影响而带有一定的不确定性，这些复杂因素包括试样的制备、晶体的各向异性、显微结构、应变速率和环境等。此外，γ_B 的理论计算也会存在一些偏差。然而，这些数据已经足以精确地证明：除了那些形成断裂表面所消耗的能量之外，在某些情况下还会有其他一些形式的能量消耗，特别是在多晶材料、复合材料和金属中。这些明显偏离理想脆性($G_C \gg 2\gamma_B$)的材料被认为是"韧性"的。这里不得不指出，韧性是结构材料一个必备的性质。

　　尽管存在另外的能量耗散机制，我们还是要指出，根据本章前言所做的阐述，表 3.1 中列出的大多数材料还是属于本征的脆性材料。也就是说，裂纹基本上表现为尖锐裂纹，只是在近场区域内可能存在一些次要的吸收能量的机制。尽管这些机制可以通过在裂纹尖端处形成对外加荷载的屏蔽作用而对裂纹扩展驱动力产生显著的影响，但是它们并不参与具体的表面分离过程。这一由 Thomson 首先提出的屏蔽概念是目前"韧性"陶瓷断裂力学模拟研究的重要基础(第 7 章)。这样，如果自上而下地考察表 3.1 列出的各组材料，韧性逐渐增大的趋势就可以看成是那些次要的能量耗散机制的作用在逐渐增大。直到金属材料这一组，那些机制的作用极为明显，以至于裂纹失去了其本征的尖锐性而开始以另一种完全不同的、撕裂型的方式发生扩展。

3.2　Irwin-Orowan 对 Griffith 概念的推广

早期的断裂力学工作者所遇到的一个主要问题是如何将那些非线性和不可逆性的基本组元结合到线弹性断裂力学框架中去。在这方面的一个显著进展是由 Irwin 和 Orowan 取得的(参见 Irwin,1958)，他们分别独立地从数学上提出了一个关于将裂纹系统划分为两个区域的想法。如图 3.2 所示，外区是线弹性的，它将外力传递到内区(图中的阴影区)；而所有的能量吸收过程(包括本征的键破裂过程)都发生在内区。在内区与外区相比尺寸小到可以忽略不计(即小尺度区近似)的假设条件下，就可以像先前所做的那样在数学上分离出临界条件下的各个能量项：

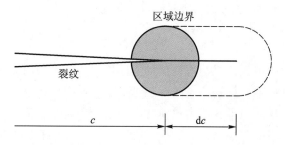

图 3.2　Irwin-Orowan 的小尺度区模型。表面分离过程被限制在前端区(阴影区域)内发生，前端区的尺寸远远小于裂纹尺寸。在裂纹在尺寸为 c(相应的面积为 C)的基础上向前扩展 dc(相应的面积增量为 dC)的过程中，裂纹前缘形成了一个"弱的"变形层(虚线围成的区域)

（i）本征的内区分离功是由一个包围着内区的 K 场提供的，因此与远场荷载的细节无关。在稳态扩展(此时内区只是简单地随着裂纹尖端一起移动)条件下，这个功就是特征的材料能量参数。

（ii）系统的机械能释放率是由外区的弹性构型决定的。所有的可逆应变能都储存在这个区域，所以与(不变的)内区的细节无关。在这种情况下线弹性断裂力学是适用的。

借助于上述分析，我们就可以采用一种简便的方式对 Griffith 概念进行修正。考虑图 3.2 所示的总表面积为 C 的裂纹发生了一个增量为 dC 的扩展。首先，排除那个小到可以忽略的内区，我们可以像处理 2.2 节中的可逆系统一样，精确地写出机械功率 dU_M。其次，排除外区，我们给出与裂纹面分离相关的表面功率 dU_S。然后，类似于式(2.31)，系统总的能量变化可以写成

$$dU = dU_M + dU_S = -GdC + RdC = -gdC \qquad (3.2)$$

这里我们对机械能释放率的定义和式(2.8a)是完全一致的，即

$$G = -dU_M/dC \qquad (3.3)$$

但是把式(2.29a)中的 R_0 替换成了一个更具普遍意义的裂纹扩展阻力能量

$$R = +dU_S/dC \qquad (3.4)$$

和 R_0 一样，R 是一个正值(在 $dC>0$ 的条件下有 $dU_S>0$)。平衡条件为裂纹扩展动力 $g = -dU/dC = G - R$ 为零；也就是；$g = 0$，$G = G_c$。这就得到了式(2.32)的一个略加修正后的形式

$$G_C = K_C^2/E' = R \qquad (3.5)$$

裂纹扩展阻力能量(断裂表面能)R 是表征材料韧性的最常用参数之一。此外，在耗散组元为零这一极端情况下，R 即为理想脆性固体的 R_0：$R = R_0 = W_{BB} = 2\gamma_B$。

尽管 Irwin-Orowan 表述是一个非常有用的一般化的表述，这一表述仍然有一些明显的局限性。首先，这个模型只适用于内区尺寸确实很小的情况。而在实际应用中，这一要求即使是在陶瓷材料中也并不总能得到满足。其次，尽管建立了一个定义阻力 R 的基础，但是关于 R 应该取什么值的问题并没有得到解决。和 R_0 不同，R 是不能预先确定的，因为对耗散机制的认识并不完整。

进一步说，与普遍采用的假设相反，耗散能量项可能并不是绝对与本征表面能无关。这里我们需要注意到 Irwin-Orowan 模型中常见的一个表达式 $R = 2\gamma_B + R_P$，式中的 R_P 为"塑性功"。通常假定，R_P 远远大于 $2\gamma_B$，以至于后者可以被认为是一个可有可无的量(特别是对于韧性的金属和高分子材料来说)。但是，这样的假定是非常危险的：事实上这两项可能是相互关联的，γ_B 对 R 起到的是一个成倍放大的作用而不仅仅是对 R 的一种加和性的补充，因此，γ_B 在裂纹能量中应该起主导作用。在第 7 章中我们将看到，这样的耦合作用事实上表现为一类裂纹尖端屏蔽作用，经常发生在具有本征尖锐裂纹尖端的理想脆性材料中。

3.3 Barenblatt 内聚区模型

本征脆性断裂问题研究中最重要的一个小尺度区模型是由 Barenblatt 于

1962年建立的。这一模型采用如图3.1所示的非线性内聚力函数来描述裂纹扩展阻力,以体现出原子尺度上断裂过程的本质;然后假定内聚力沿着裂纹面分布在一个足够大(相对于原子尺度而言)的区域内而不是无限集中在一条线(裂纹前缘)上,这就使得线弹性断裂力学的连续性基础得以保留。这一模型假定内聚力只作用在裂纹面上(与3.1.1节所讨论的情况一样),而裂纹则是狭长的切口状裂缝(延续Irwin模型)。大约在同一时期,Dugdale(1960)也针对塑性固体提出了一个类似的模型,在那个模型中,Barenblatt的原子间作用应力被一个塑性屈服应力所取代。下面我们将看到,奇异性在内聚区模型中不复存在了。但是,这一模型在消除奇异性的同时,也在裂纹尖端的数学定位方面引进了一定程度的随意性。

3.3.1 Barenblatt 裂纹的力学分析

考虑如图3.3所示的一条连续裂纹,其尖端位于C。我们把作用于裂缝表面上导致界面真空分离的非线性内聚应力$p_y(u)$变换为一个在区域CZ内光滑分布的函数$p_y(X,0) = p_y(X)$,区域CZ的长度为$X = X_z = \lambda \ll c \ll L$,$L$为试样的特征尺寸。在区域$CZ$内,这些闭合应力与外场通过线性材料传递进来的张开应力相平衡。而$\lambda \ll c \ll L$这一条件则是为了使得Barenblatt的两个假定(Barenblatt,1962)得以成立:

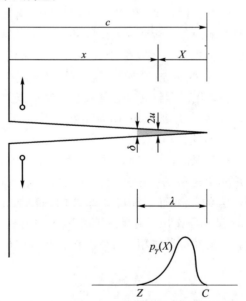

图 3.3　Barenblatt 内聚区模型。平衡状态由外加荷载与内部
作用于CZ处的内聚应力函数$p_y(x)$之间的平衡所决定

（ⅰ）"裂纹边界区（内聚区）的宽度与整条裂纹的尺寸相比要很小"；

（ⅱ）"内聚区处裂纹面的剖面（轮廓）的形状……并不依赖于所施加的（外加）荷载，而且对于指定的材料在给定的条件下总是一样的……"。

满足了这两个假定，我们就可以避开一些由通常是不可解的非线性问题所带来的复杂性，尽管后面我们将看到这两个假定中的第二个显得有点多余。

现在就可以对这个体系进行线弹性断裂力学分析了：我们可以分别描述外部应力和内部应力对裂纹尖端 K 场的贡献，而这两部分的贡献是可以分别给出一个应力强度因子的。Barenblatt 模型的关键点在于：这两个应力强度因子在 C 点处都会呈现为奇异点，但是这两个奇异点具有相反的符号，在平衡状态下可以相互抵消。这样的抵消效应就使得先前在讨论圆滑的裂纹尖端轮廓时所遇到的概念上的困难（3.1.1 节）不复存在了：CZ 处非线性区的抑制效应将使得裂纹尖端在 C 点闭合成为一个光滑的尖端。

为了使这一描述建立在一个定量的基础上，我们首先需要得到作用在裂纹面上的内聚力的应力强度因子 K_0。这可以根据无限大样品中直通裂纹的通式（2.22a）很容易地得到。在 $0 < X \leqslant \lambda$，$X = c - x$ 这一范围内，代入 $\sigma_{\mathrm{I}}(x,0) = -p_\gamma(X)$，我们可以得到在小尺度区范围（$\lambda \ll c$）内有

$$K_0 = -\left(\frac{2}{\pi}\right)^{1/2} \int_0^\lambda p_\gamma(X) \, \mathrm{d}X / X^{1/2} \tag{3.6}$$

外加应力和内部应力对 K 的贡献是可以叠加的，因此，净应力强度因子为

$$k = K_{\mathrm{A}} + K_0 \tag{3.7}$$

Barenblatt 平衡的条件是 $k = 0$，也就是 $K_{\mathrm{A}} = -K_0$。注意到式（3.7）右边的第二项是一个负值（反映了它的闭合应力属性），为方便起见，定义一个等量但符号相反的参数 $T_0 = -K_0$ 作为平衡状态的一种表征

$$T_0 = \left(\frac{2}{\pi}\right)^{1/2} \int_0^\lambda p_\gamma(X) \, \mathrm{d}X / X^{1/2} \tag{3.8}$$

我们把这个参数称为本征韧性[*]。这样，裂纹扩展的临界条件就可以简化为

$$K_{\mathrm{C}} = T_0 \tag{3.9}$$

式（3.8）中的参数 T_0 是一个特征材料参数。在 $\lambda \ll c \ll L$ 这一条件得以满足的情况下，T_0 与裂纹尺寸 c 无关，与外加荷载作用方式以及宏观的试样尺

---

[*] 这个定义是参考 Barenblatt 定义的"内聚模量"而给出的。内聚模量由公式中的积分项给出，也就是说，内聚模量与这里定义的本征韧性相差 $(\pi/2)^{1/2}$ 倍。

寸相关的一些参量也不会对 T_0 产生影响[*]。作为材料抵抗裂纹扩展能力的一种量度，T_0 可以与式(3.1)中的 R_0 互换使用，这一点通过式(2.32)给出的 I 型裂纹的 $K_C - G_C$ 等效关系可以很容易地加以说明

$$T_0 = (E'R_0)^{1/2} \tag{3.10}$$

对于平面应力状态，$E' = E$；而对于平面应变状态，$E' = E/(1 - \nu^2)$。

现在让我们把注意力从裂纹尖端应力强度因子转移到裂纹张开的轮廓线方面。内聚应力的贡献可以写成(Barenblatt,1962)

$$u_\gamma(X) = -\left[2/(\pi E')\right] \int_0^\lambda p_\gamma(X') \ln \left| (X'^{1/2} + X^{1/2})/(X'^{1/2} - X^{1/2}) \right| dX' \tag{3.11}$$

式中，X 为场点，该点处的位移是计算的对象；而 X' 则为源点，该点处作用有应力函数 $p_\gamma(X')$。这一位移解可以与远场加载的 Irwin 裂纹的位移 $u_A(X)$ 叠加，后者则可以通过将平衡条件 $K_A = T_0$[式(3.8)]代入式(2.15)而得到

$$u_A(X) = [4/(\pi E')] X^{1/2} \int_0^\lambda p_\gamma(X') dX'/X'^{1/2} \tag{3.12}$$

这一表达式仍然保留有奇异点以及抛物线形的裂纹轮廓，$u_A(X) \propto X^{1/2}$。内聚区中净的位移场就是式(3.12)和(3.11)的加和

$$u(X) = u_A(X) + u_\gamma(X) = \left(\frac{4}{\pi E'}\right) \int_0^\lambda p_\gamma(X') \left[\left(\frac{X}{X'}\right)^{1/2} - \frac{1}{2} \ln \left| \frac{X'^{1/2} + X^{1/2}}{X'^{1/2} - X^{1/2}} \right| \right] dX' \tag{3.13}$$

和本征韧性[式(3.8)]一样，裂纹尖端附近的轮廓(3.13)也与裂纹尺寸无关；也就是说，它具有恒定性。

正如下面我们将看到的那样，这一位移方程的普遍分析解是无法获得的。但是，在一些特殊的情况下我们得到一个分析解，至少也可以得到一个近似解。我们最感兴趣的是非常接近细缝边界 C 点处裂纹轮廓线的形状。如果我们假定闭合应力 $p_\gamma(X')$ 在这个区域内的作用并不是最大的[由这些应力必须在 C 点处消失这一事实(图3.3)可以说明这一假定是合理的]，则可以得到一个合理的近似条件 $X \ll X'$。在这一近似条件下，我们可以把式(3.13)中的对数项展开

$$\ln \left(\frac{X'^{1/2} + X^{1/2}}{X'^{1/2} - X^{1/2}} \right) \approx 2 \left(\frac{X}{X'}\right)^{1/2} + \frac{2}{3} \left(\frac{X}{X'}\right)^{3/2} + \cdots$$

---

[*] 为验证几何因素对 T_0 不产生影响，这里为感兴趣的读者留下一道习题：以饼状裂纹为对象，在式(2.22b)中采用合适的 Green 函数重新推导式(3.8)。

这样，式(3.13)方括号中的 $X^{1/2}$ 项就被抵消了，而位移函数则可以简化为

$$u(X) = [4/(3\pi E')]X^{3/2}\int_\lambda^0 p_\gamma(X')\,\mathrm{d}X'/X'^{3/2} \qquad (3.14)$$

这样裂纹就会按照 $u(X) \propto X^{3/2}$ 这一关系在尖端处汇合于一个必然的顶点，如图3.4所示。这时，在裂纹尖端附近区域$(X{\rightarrow}0)$的应变 $\mathrm{d}u/\mathrm{d}X$ 是平稳地趋近于零的(而在 Irwin 的分析中[式(2.15)]，对于裂纹表面无应力作用情况下得到的圆滑裂纹尖端轮廓线，这个应变是趋于无穷大的)，这就证明了线弹性断裂力学的适用区域一直可以延伸到区域的边界处[*]。

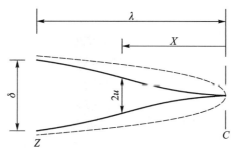

图3.4　内聚区 CZ 中的裂纹轮廓线[实线，式(3.13)]与 Irwin 的抛物线形轮廓[虚线，$u \propto X^{1/2}$，式(2.15)]的比较。内聚力使得轮廓线在裂纹尖端 C 处形成 Barenblatt 顶点[$u \propto X^{3/2}$，式(3.14)]

　　以上关于平衡状态下应力强度因子和裂纹表面间位移场公式的推导建立了一个在连续性近似的限制范围内描述裂纹尖端结构的基础。遗憾的是，我们对函数 $p_\gamma(X')$ 并没有明确的认识。在3.1.1节中我们曾提到(对于所考虑的材料，如果知道了关于其适当的界面势能函数的所有重要信息)有可能预先确定函数 $p_\gamma(u)$(参见图3.1)。但是，临界状态下的 T_0[式(3.8)]和 $u(X)$[式(3.13)]是通过 $p_\gamma(u)$ 相互联系的，因此必须同时求解。这样我们就遇到了一个无法获得普遍的精确解析形式的非线性积分问题。在下一章中我们将看到，这是在非线性断裂问题中经常遇到的一个难题。另一方面，如果我们只考虑宏观的平衡条件(即外加荷载与宏观的裂纹尺寸之间的关系)，且 Barenblatt 的两个假定都成立，就完全不必考虑 $u(X)$ 了：我们可以简单地把式(3.9)所定义的 T_0 视作材料常数，并最终通过式(3.10)将其与表面能相联系。

---

　　[*]　注意式(3.14)中积分的上下限与式(3.13)是相反的，以保证 $u(X)>0$。此外也要注意：这时为了保证积分的结果不是无限大，就必须要求 $X{\rightarrow}0$ 时 $p_\gamma(X){\rightarrow}0$。

在内聚区中应力保持处处相等这一特殊情况下，可以获得一个分析解[*]。将 $p_\gamma(X) = \bar{p}_\gamma$（图 3.1）代入式（3.8）并求积分，我们得到

$$T_0 = (8/\pi)^{1/2} \bar{p}_\gamma \lambda^{1/2} \tag{3.15}$$

对这个关系式可以做一些变换以给出 Barenblatt 区域的长度

$$\lambda = (\pi/8)(T_0/\bar{p}_\gamma)^2 = \pi E' R_0 / 8 \bar{p}_\gamma^2 \tag{3.16}$$

做这一转换时我们使用了式（3.10）将 T_0 变换成 R_0。同样，将 $p_\gamma(X) = \bar{p}_\gamma$ 代入式（3.13）则可以得到位移场

$$u(X) = (4\bar{p}_\gamma/\pi E')\left[\left(\frac{X}{\lambda}\right)^{1/2} - \frac{1}{2}\left(1 - \frac{X}{\lambda}\right)\ln\left|\frac{\lambda^{1/2} + X^{1/2}}{\lambda^{1/2} - X^{1/2}}\right|\right] \tag{3.17}$$

在内聚区的边界点 Z 处，$2u = \delta$，$X = \lambda$，结合式（3.16），式（3.17）可以简化为

$$\delta = 8\bar{p}_\gamma \lambda/\pi E' = T_0^2/E'\bar{p}_\gamma = R_0/\bar{p}_\gamma \tag{3.18}$$

在 Barenblatt 假定所考虑的范围内，式（3.16）和（3.18）所给出的内聚区尺寸 λ 和 δ 都是与裂纹尺寸和几何形状无关的，适合于作为裂纹尖端基本参数使用。这两个参数同时也与本征内聚能 $R_0 = 2\gamma_B$ 成正比。作为对上述分析的一个验证，我们注意到由式（3.18）给出的结果 $\bar{p}_\gamma\delta = T_0^2/E' = R_0$ 与图 3.1 所示曲线下方的面积是一致的，后者也给出了 $R_0 = \bar{p}_\gamma\delta$ 这一结果。这么一来，由 Barenblatt 的 Green 函数方法所得到的解与 Griffith 能量平衡方法就取得了一致。

现在来分析一下典型脆性固体的 λ 和 δ。令 $R_0 \approx 2\gamma_B$，$\bar{p}_\gamma \approx E/10$（1.5 节），由表 3.1 所列数据可以估测得到：$\lambda \approx 0.1 \sim 1$ nm，$\delta \approx 0.1 \sim 0.4$ nm。即使是考虑了在分析过程中引进的近似条件，Barenblatt 区尺寸 λ 只相当于几个原子尺寸这一点也很难支持前面的一个近似处理，即：把作用在裂纹面上的离散的原子间力模拟为光滑分布的聚合应力，即使是考虑真空裂纹的情况。处于在原子尺度上的裂纹张开位移 δ 则凸显了邻近裂纹尖端的区域内裂纹面之间的本征狭窄性。

最后讨论一个并不十分肯定的问题。非零的内聚区长度是消除 K 奇异点的关键。这个长度提供了一个描述一维方向上能量集散的数学概念，也就是说，机械能向表面能的转换是完全集中在这个长度范围内的。现在的问题是：图 3.3 中的裂纹尖端到底在哪个位置？有人也许会认为是 C 点，表面上看，这点处的裂纹张开位移应该为零。有人会认为是 Z 点，也即内聚应力作用区的外端。当然，也有人会把内聚力达到最大值的那一点作为裂纹尖端。因此，消除奇异点的同时也带来了在确定裂纹位置方面的一些不确定性。

---

[*] $p_\gamma(X)$ 保持为常数将使得先前的关于 C 点处应力为零的要求无法满足。但是，这对我们的讨论影响不大。我们只需考虑靠近 Z 点的区域中的位移而忽略靠近 C 点的一个非常小的区域，这就避开了 C 点处位移无穷大的问题。

3.3.2　连续细缝概念的根本局限：Elliot 裂纹

上面提到的问题事实上指出了 Barenblatt 模型一个根本的局限性。Barenblatt 保留了 Irwin 关于裂纹的一个表述，考虑的是如图 3.3 所示的终止于边界线 C 的一条无限狭长的细缝状裂纹。这条边界线由位移条件 $u = 0$ 确定。然而，在界面的应力 – 分离位移函数（图 3.1）中 $u = 0$ 必须对应于 $p_\gamma = 0$。把 C 精确定义为内聚应力为零的那一点与实际情况显然不符，一个很直观的事实是：C 点前方的裂纹面单元体应该受到一定程度的弹性约束，也就是说这些单元体应该处于 $p_\gamma(u)$ 曲线的线性区域。因此，C 点应该在 $x = \infty$ 处。

这就是连续细缝假设的另一个令人遗憾的缺陷。正如 3.1 节所指出的那样，一条脆性裂纹的真实特征应该在考虑离散结构中两个逐渐分离的晶面的基础上加以更精确地描述。相应地，应该采取一些措施将晶面间距作为一个基本的尺度参数应用于应力 – 分离位移函数的描述。

这样的措施出现在 Elliot 于 1947 年提出的一个赝晶格模型中。在这一模型中，裂纹系统被处理为间距为 b_0 的两个弹性半空间。如图 3.5 所示的"Elliot 裂纹"保留了裂纹面间作用力可以模拟为光滑分布的内聚应力函数这一假设。

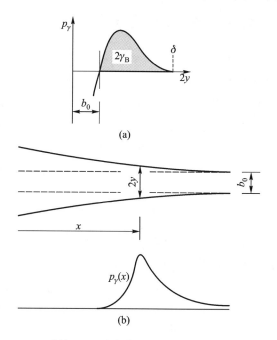

图 3.5　Elliot 裂纹。(a) 在变换 $(2y = 2u + b_0)$ 后的坐标系统中的应力 – 分离位移函数（与图 3.1 对比）；(b) 晶格平面坐标系统以及应力分布函数 $p_\gamma(x)$

因此，可以采用类似 Barenblatt 分析中出现的大多数方法那样由本征分离函数 $p_y(y)$ 出发确定 $p_y(x)$，但是这时的零应力点取在 $2y = b_0$。与物理本质上所要求的那样，裂纹面上内聚力为零的点则自然地位于 $x = \infty$。把简单的非线性力函数 $p_y(u)$ 视作一个常规的边界值问题，Elliot 就可以从弹性理论的基本方程出发获得一个自适应的（数值）解。

Elliot 模型把离散的晶格间距作为关键因素加以考虑，就使得我们的认识可以更加接近物理实质。但是这样一来，在数学上就会遇到一些新的问题：细缝解的简单性和普适性不复存在了。特别是，Irwin 应力强度因子公式的效能在这里就发挥不出来了，而在第 2 章中这种效能是加以再三强调而且在 Barenblatt 分析总也是得到了应用的。在采用准连续的键合晶面代替单一的细缝边界之后，我们失去了形成 K 场的基础。尽管理论上说可以通过使在 $x \to \infty$ 处的呈渐近线变化的位移解与相应的 Barenblatt 裂纹的远场解恰当地匹配而获得一个"有效的" K，但严格地说，对于 Elliot 裂纹我们无法定义一个应力强度因子。

出于这些因素的限制，我们把对裂纹尖端结构的分析推迟到第 6 章去讨论，这里我们再回到细缝形裂纹的描述上来。

3.4　裂纹尖端处与路径无关的积分

讨论进行到这里，引进由 Eshelby 最早提出、后来又经过 Rice(1968a,b) 加以发展的一个灵巧而有效的数学工具可以使讨论更为方便。这一数学工具在本书关于非线性断裂力学的讨论中的功效在于：它能够把各个尺度下的连续性表述统一起来，而且能将热力学观点和力学观点联系起来。此外，它还能以一种方式将稳态裂纹扩展的平衡条件与裂纹轮廓线方程分离。Rice 的完整数学处理过程包括了很严格的公式推导，但是这里我们只涉及它的一些基本原则。

Rice 的想法源自能量变化原理，因此与 Irwin 断裂力学有密切的联系。考虑如图 3.6 所示的长度为 c 的直通裂纹。系统的机械能可写成以下形式

$$U_M = U_E + U_A = \int_A \upsilon dA + \int_S \boldsymbol{T} \cdot \boldsymbol{u} ds \qquad (3.19)$$

式中 S 是连接裂纹上下表面的一条曲线，dA 是曲线 S 所包围的区域 A 的面积单元，而 ds 则是 S 上的一个圆弧单元；υ 为应变能密度，$\boldsymbol{T}$ 为作用在 S 上的应力矢量，$\boldsymbol{u}$ 为相应的位移矢量。考虑一个发生了可逆变形的裂纹系统，当裂纹端部发生了一个虚位移 dc 时的机械能变化（经过多次的计算后）可以写成

$$-\frac{dU_M}{dc} = \int_S \left[\upsilon dy - \boldsymbol{T} \cdot (\partial \boldsymbol{u}/\partial x) ds \right] \equiv J \qquad (3.20)$$

这就定义了 Rice 的线积分 J。J 的一个特征是：对于任意的可逆变形过程，无

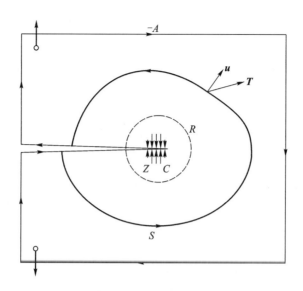

图 3.6　平面静态系统(单位厚度)中围绕裂纹尖端 C 的线积分路径
S。围绕闭合路径 $S-A$(箭头所示)的 J 积分值为零。围绕极圆 R 和
内聚区 CZ 可以获得特殊的 J 积分

论是线性的还是非线性的，这一定义均能成立；但是积分路径 S 必须远离尖端 C。

考虑一种特殊情况：在外边界 A 上所测得的外加荷载的响应是线弹性的。这种情况与 3.2 节和 3.3 节所考虑的小尺度区近似一致。在这种情况下，式 (3.20)完全等同于 Irwin 的机械能释放率

$$J = J_A = G \tag{3.21}$$

需要强调这一情况的特殊性：如果非线性区特别大，就无法确定式(3.21)中完全线性的参数 G，而且 G 与 J 之间也不再存在可互换性。本节的最后将详细说明这一点。

J 积分具有一些有趣的性质，这些性质都源自其与积分路径无关的特性。如果一条回路完全包围了弹性材料的某个区域，而这个区域中既没有体力或者面力作用也没有奇异点，那么应用 Green 定理可以证明：线积分式(3.20)的值为零。我们来考虑图 3.6 中箭头所示的回路。假定这一回路所穿过的裂纹表面区域在内聚区 CZ 以外，即 $\boldsymbol{T}=\boldsymbol{0}$，$dy=0$；回路的这部分区域对积分的特定贡献为 0。这就得到了 $J_S + J_{-A} = 0$，其中 J_S 和 J_{-A} 分别表示围绕图 3.6 中的内路径 S 和外路径 A 的积分值。这一关系可以写成：$J_S = -J_{-A} = J_A$。如果采用习惯约定，所有的路径都是从裂纹下表面开始，围绕 C 点按逆时针方向转动最后达到裂纹上表面而终止。这样我们就可以看到 J 必然是与 S 无关的。因此，我们可以任意选择一条我们所喜欢的路径。这种灵活性就表明了这一方法的效能。

为了说明这一点，我们来考虑两条特殊的路径，这两条路径的选择使得我们可以很容易地在完全不同的尺度下对断裂能量进行对比。第一条路径是将 S 减小为一个围绕 C 的半径为 r 的圆形 R，与裂纹系统的特征尺寸相比 r 很小，但与内聚区特征尺寸相比 r 则特别大（也即 $\lambda \ll r \ll c$）。这时采用一个极坐标系统是合适的，将 $\mathrm{d}s = r\mathrm{d}\theta$、$\mathrm{d}y = r\cos\theta\mathrm{d}\theta$ 代入式(3.20)得到

$$J = J_R = r\int_{-\pi}^{\pi}\left[\upsilon(r,\theta)\cos\theta - \boldsymbol{T}(r,\theta)\cdot\partial\boldsymbol{u}(r,\theta)/\partial x\right]\mathrm{d}\theta \qquad (3.22)$$

在这个区域，2.3.2 节中给出的 K 场确定了 R 处的应力－应变关系。用式(2.11)中Ⅰ型裂纹的解来表示式(3.22)中 υ、$\boldsymbol{T}$ 和 $\partial\boldsymbol{u}/\partial x$ 的相关分量，进行积分就得到

$$J_R = K^2/E' \qquad (3.23)$$

结合式(3.21)和(3.23)，就再一次证明了早先在式(2.18)中所说明的线性 G 和 K 之间的重要的等效性。

我们所考虑的第二条路径是将 S 从 R 再进一步减小到与 CZ 区域的边界相重合（图3.6）。这个区域中作用有闭合应力。这个回路的轮廓线从裂纹的下表面开始到裂纹尖端处，然后再沿着裂纹的上表面返回到内聚区的端部处 $X = X_z$，$2u = 2u_z$。这一轮廓线上的任意一点处都存在这样的关系：$\mathrm{d}y = 0$，$\mathrm{d}s = \mathrm{d}x = -\mathrm{d}X$，$T = p(X) = p(u)$。这样，式(3.20)的积分就可以简化为

$$J = J_z = 2\int_0^{X_Z}p(X)(\partial u/\partial X)_{c,\lambda}\mathrm{d}X = \int_0^{2u_z}p(u)\mathrm{d}(2u) \qquad (3.24)$$

这是一个完全普适的结果。没有任何细节限制它只能用于小区域尺寸（除非我们需要将 J_z 与 G 或 K_A^2/E' 等同起来），或者只能应用本征的内聚力。

在进行下一步的讨论之前，需要对 J 和 G 的可定义性做进一步的评论。我们提到，只要 J 积分路径上的应力－应变特性是可逆的，那么这条路径内除了含有线性材料外也可以含有非线性材料。但是，如果路径内含有非线性材料而且 S 与尖端 C 之间的距离足够大，我们就不能认为 J 和 G 是同等的。在如图3.7所示的荷载－位移(u_0－P)曲线上可以清楚地看出这一点。裂纹尺寸为 c 时所对应的曲线为 OA，而裂纹尺寸为 $c + \mathrm{d}c$ 时所对应的曲线为 OD。图(a)中的 u_0－P 关系是线性的，而图(b)中的 u_0－P 关系则是非线性的。这样，裂纹扩展 $\mathrm{d}c$ 的过程中所释放的机械能就由图中所示的阴影区域的面积给出。显然，这一面积的大小是取决于加载方式的[①]，如恒位移加载（固定 u）的 OAB 和恒外力加载（固定 P）的 OAD。尽管式(3.20)定义的 J 在图3.7a、b两种情况下都普遍适用，但根据第2章中的讨论，$G = G(u_0, P)$ 则要求 u_0－P 关系必须为线

---

① 原文为"这一面积是与加载方式无关的"，疑有误。——译者注。

性，就像式(2.1)所做的明确的定义以及2.5节中对特殊试样 G 表达式的推导中所要求的那样。这就使得 J 可以被视为一个"非线性等效"条件下的 G，因此是一个更通用的断裂参数。

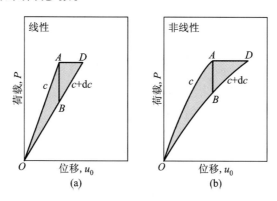

图 3.7　含裂纹体的荷载－位移函数：（a）线性响应；（b）非线性响应。阴影区域给出了裂纹扩展过程中释放的机械能。只有在（a）所示情况下，J 与 G 之间才存在等同关系

但是，参数 J 的应用也有一个局限性。如果对裂纹系统卸载，所产生的响应必须是可逆的，这就要求荷载－位移关系是一个单值函数。然而，具有较大的包含有耗散机制的非线性区的大多数材料都会表现出不可逆性。实际上，Rice-Eshelby 方法是可以推广到那些具有滞后的应力－应变特征的材料的，只是严格地说，这样的推广需要对式(3.20)中的积分进行一些修正。

在 3.6 节讨论屏蔽效应时，我们将使用 J 积分的最简单形式，但是需要注意的是，这样的讨论会存在一些偏差，在耗散体系中的应用需要谨慎。关于线积分的严格分析事实上是固体力学领域的内容。

3.5　能量平衡方法与内聚区方法的等效性

对 3.3 和 3.4 节所得到的结果需要进行进一步的评论，以说明能量平衡方法和内聚区方法在描述理想脆性固体平衡断裂过程方面的相对优势。有些学者认为，Griffith 的能量平衡概念因为是从宏观裂纹系统的角度展开分析，所以只能给出裂纹扩展的必要条件而不能给出充分条件。根据这一观点，关于裂纹扩展的决定性因素似乎应该是裂纹尖端结构的微观细节。而另一类观点则认为能量平衡概念建立在不可争辩的热力学原理基础上，因此不仅满足了充分性要求，而且还为确定平衡状态奠定了一个坚实的基础。事实上，正如我们在 3.3.1 节中所预示的那样，这两种方法(在连续性理论范围内)是完全等效的。

这一等效性可以通过采用上一节中的 J 积分结果对具有较小的 Barenblatt 区的裂纹进行分析而得到很严格的说明。考虑通过外边界的积分路径[式 (3.21)]和围绕内聚区($p=p_\gamma$, $2u_z=\delta$, 参见图 3.3)的积分路径[式(3.24)], 我们得到平衡条件如下

$$G_C = J_A = J_Z = \int_0^\delta p_\gamma(u) \, \mathrm{d}(2u) \tag{3.25}$$

注意到式(3.25)中的积分项正好是式(3.1)所定义的本征内聚功 $R_0 = -G_0$。于是我们就可以直接通过内聚应力函数 $p_\gamma(u)$ 而重新得到 Griffith 方程

$$G_C = R_0 = W_{BB} = 2\gamma_B \tag{3.26}$$

但是，与 Barebbaltt 的第二条假设的要求不同，在得到式(3.26)的过程中并没有要求给出这一函数的确切形式。借助于组态能量空间概念，这个体系仅仅取决于初始表面状态(未分离状态)和终了表面状态(完全分离状态)之间的差异，并不需要了解这两个状态转换路径的任何细节。

这里就借助了路径无关积分的功效。在分析等效性的过程中，我们避开了所有与内聚区模型有关的数学上的复杂性，尤其是那些与非线性积分方程(我们需要再次指出这些方程通常是无解的)相关的数学复杂性。这样的避开是可能的，因为我们所处理的对象是一个与描述宏观裂纹几何形状的所有参数都无关的裂纹尖端。在这些特定的条件下，内聚区积分(3.25)的上限——基本的原子间距离参数 δ 可以在不考虑宏观裂纹系统的前提下确定(3.1.1 节)。换句话说，裂纹扩展驱动力方程式(3.8)和裂纹轮廓线方程式(3.13)在数学上是相互没有关联的。

总而言之，非线性脆性断裂问题可以在不同尺度上加以研究，由 3.4 节中给出的积分 J_A、J_R 和 J_Z 就是不同尺度的典型代表。已经证明与这些积分相对应的材料参数 R_0 和 T_0 是等效的。当然，在文献中也出现了许多其他的断裂参数。关于这些断裂参数合理性的检验总是建立在与 Griffith 能量平衡概念相一致的理论基础上的。

3.6 裂纹尖端屏蔽: R 曲线或 T 曲线

在 3.3 节和 3.5 节中，我们考虑了这么一个理想的脆性裂纹系统，在这个系统中，作用力只有作用在外边界上的外加张开载荷和裂纹尖端内表面上的内聚闭合应力。针对这个系统，我们能够同时在宏观尺度和微观尺度上建立 Griffith 关系 $G_C = R_0 = W_{BB} = 2\gamma_B$。但是，正如 3.1.2 节所提到的那样，这一关系并不总是能够借助于实验结果加以验证。通常，实验测得的裂纹扩展阻力能量 R 总是高于可逆的内聚能 R_0。于是，就提出了 Irwin-Orowan 耗散区模型来

说明这一差异。然而，在如何预先确定 R 中的耗散项方面，Irwin-Orowan 模型是无能为力的。这个模型是一个纯现象的模型。根据 Thomson 的工作（参见 Weertman 于 1978 年以及 Thomson 于 1986 年发表的综述），我们认为耗散过程是通过对裂纹尖端施加一个对远场外加应力的屏蔽作用而对净的韧性产生影响的。这些耗散过程对基本的表面分离过程没有任何直接的影响；相应地，脆性裂纹的本征"尖锐性"也没有受到影响。屏蔽这个术语在本书后续章节中会多次出现，因此，这里我们介绍一些相关的基本力学理论。

还是考虑早先那种脆性裂纹系统，但是我们在这里允许离散的"源库"（应力源、能量库）加剧由本征内聚力所导致的闭合。这些最终由材料显微结构所确定的"源库"是由裂纹近场激活的。因此，它们的活性被假定局限于一个环形区域 $r_0 < r < r_\mu$ 内，如图 3.8 所示。半径 r_0 确定了裂纹尖端的一个弹性"包围区" $\lambda \ll r_0 \ll d$，其中 λ 就是先前所定义的 Barenbalt 内聚区长度，d 则为应力源的特征间距。考虑到"源库"单元的离散性是这么一个"弹性包围区"存在的基本要求，我们把环形区域内这些相同的"源库"单元的影响用一个均匀应力分布来表示，这样就可以沿用断裂力学表述的连续性基础。需要注意的是：一条运动着的裂纹将形成一个半宽 $w = r_\mu$ 的"尾流区"，在这个尾流区内，"源库"可能保持着它们的残余活性状态。

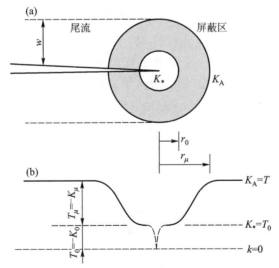

图 3.8　包围区屏蔽模型。（a）在屏蔽区（阴影区域）以外，可以测得整体的 K_A（或 G_A），而裂纹扩展的基本条件则由包围区的 K_*（或 G_*）决定。运动着的裂纹将形成一个尾流区，在这个尾流区中残余应力继续发挥作用。（b）有效 K 场沿裂纹尖端前部和后部的径向坐标的变化。可以看出在 $r_0 < r < r_\mu$ 这个区域内的耗散过程对 K 场的修正效应（注意裂纹尖端处 $K = 0$，满足 Barenblatt 平衡条件）

3.6.1 平衡关系

首先，我们通过对3.3节中推导过程的推广，将屏蔽区的贡献 K_μ 与外加应力的贡献 K_A、内部聚合区的贡献 K_0 进行线性叠加来确定一些平衡的应力强度因子关系。这种修正的 K 场示于图3.8。现在，K 的表达式的具体形式就取决于我们的"观察者"们所依据的"参考系"了。

（i）在裂纹尖端处观察。一个"站在"裂纹尖端 C 处的观察者能感受到所有各方面对净应力强度因子 k（根据作用在裂纹上的"外部"机械力导出）的贡献。对于这么一位观察者，平衡条件是净场为零，即

$$k = K_A + K_\mu + K_0 = 0 \quad （内聚区） \tag{3.27a}$$

（ii）在包围区观察。位于 $r_0 \gg \lambda$ 这个区域内的观察者所感受到的本征内聚力项是一个由式(3.8)所定义的材料阻力参数，$T_0 = -K_0$，因为是吸引力所以表现为负值。这位观察者仍然感觉到屏蔽项是有效的外力场 K_* 的一部分。因此，平衡关系式(3.27a)就转变为

$$K_* = K_A + K_\mu = T_0 = (E'R_0)^{1/2} \quad （包围区） \tag{3.27b}$$

我们强调一点：在内聚区很小这一限制条件下，本征韧性 T_0 是一个与裂纹尺寸无关的量。

（iii）在更远处观察。最后一位观察者是站在 r_μ 以外的区域进行观察的。这种情况下，他对屏蔽项的感受又不一样了，他会认为屏蔽项是材料阻力参数的一个非本征组元，$T_\mu = -K_\mu$。同样，这里出现的负号也是一种约定，我们认为屏蔽效应通常（不是总是）是使裂纹闭合的。相应的平衡关系式就决定了临界的应力强度因子

$$K_A = K_R = T_0 + T_\mu \equiv T \quad （远场区） \tag{3.27c}$$

式中的下标 R 用于表示在阻力中含有屏蔽项。我们把 T 简单地称为材料韧性。通常，这个参数是裂纹尺寸的函数，$T = T(c)$，也可以受其他一些因素的影响，这取决于屏蔽区形成的历史。不过，对于任意一类特定的屏蔽机制来说，采用第一性原理计算仍然可以很容易地确定这个参数。

接下来我们从能量释放率角度来导出类似的平衡关系。为获得这个关系，我们来分析图3.9所示的三条封闭回路上的 J 积分。这一经过精心设计的盘旋状的回路构型使得我们能够将一些重要的因素分离开来。最内部的一个回路被包含在弹性包围区内部，并沿着裂纹表面穿过了本征内聚区，半径为 $r_2 \gg \lambda$。中间的回路则沿着裂纹尖端处屏蔽区的内边界和外边界形成，并在裂纹尖端尾部伸展了一个距离 $r_5 \gg r_3$，从而包括了一个与裂纹尖端尾流区相交的扇形区。最外面的回路则完全位于屏蔽区外的弹性材料中，具有一个扇形区 $r_8 \gg w$。我们直接写出

$$J_1 + J_2 = 0$$
$$J_3 + J_4 + J_5 + J_6 = 0 \left.\right\}$$
$$J_7 + J_8 = 0$$
$$(3.28)$$

对于最内部和最外部的回路,我们(借助于路径方向的符号约定)定义线性系统中的"边界"关系如下(参见 3.4 节和 3.5 节)[*]

$$J_1 = -J_{-1} = -J_Z = G_0$$

$$J_8 = J_A = G_A$$

对于相邻的区域,我们(通过路径无关性质)可以类似地得到"连接"关系

$$J_2 = -J_3$$

$$J_6 = -J_7$$

将这些边界关系和连接关系代入式(3.28),我们就可以像在前面推导相应的 K 关系[式(3.27)]那样,从二个不同的观察者的角度来讨论平衡条件。

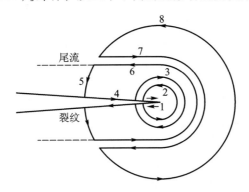

图 3.9 具有屏蔽区的裂纹系统中的 J 积分构型。最内部的回路
1—2 描述了弹性包围区轮廓,这个区域中作用有 Barenblatt 内聚
力。中间的回路 3—4—5—6 描述了屏蔽区轮廓。最外面的回路
7—8 则用于反映外加荷载的作用

(i)在裂纹尖端处观察。恰好处于裂纹尖端处的观察者把所有的 J 都视为机械能释放率。如果我们定义

$$G_\mu = J_\mu = J_4 + J_5 \qquad (3.29)$$

则对应于裂纹扩展驱动力为零时的平衡条件可以写成

$$g = -dU/dc = G_A + G_\mu + G_0 = 0 \quad (内聚区) \qquad (3.30a)$$

由外加荷载导致的能量释放率将被由屏蔽区和内聚区共同导致的能量释放率所平衡;也就是说,能量被屏蔽区和内聚区吸收了。式(3.29)告诉我们 G_μ 可以

---

[*] $r_8 \gg w$ 这一要求使得我们可以忽略区域 5 对 J_A 所产生的微弱的影响。

单独借助于图 3.9 中的扇形区 4 和 5 加以确定。下一节中我们将分别讨论这两个扇形区的物理意义。

（ii）在包围区观察。在包围区内 $r_0 = r_2$ 处的观察者会把本征的内聚力项视作材料阻力参数：$R_0 = -G_0$，而屏蔽项的作用则被视作是对外加荷载引起的机械能释放率的一个补充

$$G_* = G_A + G_\mu = R_0 = T_0^2/E' \quad \text{（包围区）} \tag{3.30b}$$

与式（3.27b）所示的相应的 K 关系一样，"$G_* = R_0 = $ 常数" 即为在所考虑的包围区 K 场中的能量平衡条件。

（iii）在更远处观察。在 $r_\mu = r_8$ 处的观察者把屏蔽项也考虑为材料的内部阻力，即 $R_\mu = -G_\mu$。因此，在满足了定义远场 G_A 所需的前提条件 $r_\mu \ll c$ 的前提下，裂纹扩展的临界条件可以写成

$$G_A = G_R = R_0 + R_\mu \equiv R \quad \text{（远场区）} \tag{3.30c}$$

同样，式中的下标 R 用于表示裂纹阻力能量 R 中包括了屏蔽项的贡献。再次注意到 R_μ 定义为一个负的能量释放率，恰好对应于一个耗散过程。式（3.30c）就把我们带回到了 3.2 节中提到的描述裂纹扩展的 Irwin-Orowan 方程。但是，在这里耗散组元的起源已经十分清晰了；这样，在屏蔽机制得以明确的条件下，理论上说 R 就可以预先得到确定。和式（3.27c）所示的对应参数 T 一样，尽管十分接近于材料性质，参数 R 通常也是裂纹尺寸的参数，$R = R(c)$，同时其他的一些几何因素也可能会对 R 产生影响。

我们重申式（3.27）和（3.30）中三个不同的分式之间是等效的，这三个分式的出现只是因为我们在观察系统时所选择的尺度水平不同。第一个分式是最基本的形式，是 Barenblatt 概念的简单推广，将净驱动力为零（$k = 0$ 或 $g = 0$）作为了裂纹扩展条件。第二个分式则将包围区的 K 场或者 G 场（$K_* = K_A + K_\mu$，$G_* = G_A + G_\mu$）与本征材料参数（$K_* = T_0$，$G_* = R_0$）联系起来，是比较实用的一个形式。这个分式是对应于一个对内聚区或屏蔽区的细节不敏感的区域（$\lambda \ll r \ll c$）而得到的。第三个分式，尽管其理论上重要性程度最低，但却是最实用的一个形式。这是因为这个分式所考虑的是远场作用（即外加荷载），实验师们测定裂纹扩展临界条件（$K_R = T_0 + T_\mu = T$，$G_R = R_0 + R_\mu = R$）时所考虑的也只是这个远场作用。如果说前面提到的第一个观察者是"物理学家"的话，那么这最后一个观察者就是"工程师"。

在本小节的最后，让我们来分析一下屏蔽项 $T_\mu = -K_\mu$ 和 $R_\mu = -G_\mu$ 之间的内在联系。我们在长裂纹假定下进行这一分析，以保证 $G_A = K_A^2/E'$ 和 $G_* = K_*^2/E'$ 这些关系能够成立。将这些关系代入式（3.27c）和（3.30c），并消去 G_A 和 K_A，我们得到

$$T_\mu = (E'R_\mu + K_*^2)^{1/2} - K_* \quad (\lambda \ll d < r_\mu \ll c) \tag{3.31}$$

这一方程具有两种令人感兴趣的极端情况，取决于 T_μ 和 K_* 的相对大小

$$T_\mu = (E'R_\mu)^{1/2} \quad (T_\mu \gg K_*, \text{"强屏蔽"}) \tag{3.32a}$$

$$T_\mu = E'R_\mu/2K_* \quad (T_\mu \ll K_*, \text{"弱屏蔽"}) \tag{3.32b}$$

可以看出，除了在强屏蔽极限情况下，T_μ 和 R_μ 之间的函数关系与 K_A 和 G_A 之间的关系不再相同。在一般情况下前者会出现一些交叉项。在弱屏蔽极限情况下，这些交叉项因为 K_* 的存在而变得更为明显。

3.6.2　稳定性条件

屏蔽区的存在对裂纹的稳定性会产生很显著的影响（Mai 和 Lawn，1986）。它甚至可以将一个在其他情况下可能失稳的构型变成一个完全稳定的构型。这种稳定性是阻力曲线（R 曲线）或者韧性曲线（T 曲线）行为的一个重要特征。由 2.7 节的讨论，一条面积为 C 的裂纹其失稳条件是 $d^2U/dC^2 < 0$，也就是 $dg/dC > 0$。由式（3.30）可以得到 $g = G_A - R$，或者由式（3.27）得到 $k = K_A - T$，我们可以导出

$$dG_A/dC > dR/dC, \quad dK_A/dC > dT/dC \quad \text{（失稳条件）} \tag{3.33a}$$

$$dG_A/dC < dR/dC, \quad dK_A/dC < dT/dC \quad \text{（稳定条件）} \tag{3.33b}$$

式（3.33）与式（2.33）是很相似的，只是这里方程的右边通常不等于零。我们需要再次提醒的是，在表现出大尺度范围非线性行为的体系中，必须用 J 来替代 G。

现在我们通过图示方式来说明包含在式（3.33）中的一些原则。图 3.10 示出了一种假想的具有非单一韧性的材料的 R 曲线 $R(c)$（曲线 a）和等效的 T 曲

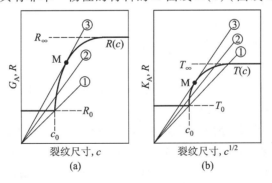

图 3.10　具有屏蔽效应的材料的（a）R 曲线及（b）T 曲线形状。曲线 $R(c)$ 和 $T(c)$ 为韧性函数，直线①、②和③为对应于不断增大的外加荷载 σ_A 的 $G_A(c)$ 和 $K_A(c)$ 函数。从 $c = c_0$ 处的切口端部开始，裂纹经历了一个断裂前的稳定扩展阶段，最终在对应于 $c = c_M$ 的切线点（M）处发生破坏

线 $T(c)$（曲线 b）[*]。考虑一条在均匀拉伸力 σ_A 作用下由长度为 c_0 的一条尖锐的无任何约束力作用的起始切口扩展形成的长度为 c 的直通裂纹。由式（2.20）我们得到 $K_A = \psi\sigma_A c^{1/2}$，进而有 $G_A = (\psi_2\sigma_A^2/E')c$。图中的加载线①、②和③分别代表了荷载逐渐增大时的情况。进一步假定 $R(c)$ 和 $T(c)$ 是 c 的单调增函数。这时的平衡条件为外加荷载线与材料韧性曲线相交（$G_A = R$，$K_A = T$）。对于加载线①，裂纹在 $c = c_0$ 时处于扩展的边缘，是稳定的（$dG_A/dC < dR/dC$，$dK_A/dC < dT/dC$）。当发展到加载线②时，裂纹发生扩展，但是仍然保持为稳定状态。最终，对于加载线③，裂纹在 $c = c_M$ 处到达临界点，此后裂纹的扩展将是不稳定的（$dG_A/dC > dR/dC$，$dK_A/dC > dT/dC$）。最后的这种情况就是所谓的断裂"切线条件"，这一条件定义了"强度"：$\sigma_A = \sigma_F = \sigma_M$。

在由"Griffith 裂纹"处发生断裂的假想材料的强度方面，这些曲线能告诉我们一些什么呢？假定我们用本征缺陷来代替起始的切口，而本征缺陷在形成过程中经历了完整的 R 场或 T 场；也就是说，缺陷的形成过程中，当其尺寸 c_F 超过了离散的源–库之间的特征距离 d 时，屏蔽效应开始发挥作用（在图3.10 中对应于 $c_0 = d$）。这时，在一个很宽的 c 范围内，强度 σ_F 只取决于 c_M，而与 c_F 完全无关（参见 2.7 节）。在 $c_F < c_M$ 的情况下[①]，裂纹在最终失稳之前首先会发生一个突进，而后在 R 曲线或 T 曲线上止裂，除非 c_F 非常小，以至于加载线位于图 3.10 的加载线③以上。在后面这种情况下，裂纹在 $\sigma_A = \sigma_F > \sigma_M$ 的条件下发生扩展，而且不经历一个断裂前的稳定扩展阶段。在 $c_F > c_M$ 的情况下，类似的无限制的裂纹扩展也会在 $\sigma_A = \sigma_F < \sigma_M$ 的条件下发生。除了 c_F 的下限和上限这两种极限情况，裂纹阻力曲线的稳定作用为强度特性赋予了一定程度的裂纹容限。

3.7　特殊的屏蔽构型：桥接界面和前端区

由前面的讨论可以得出的结论是：非理想的韧性材料的断裂力学需要借助于阻力曲线或者等效的韧性曲线框架进行合适的描述。这么一个框架需要对屏蔽组元 R_μ 或者 T_μ 进行分析。现在来考虑两类特殊的屏蔽效应。这两类屏蔽效应分别对应于两种极限的稳态构型：图 3.9 中的扇形区 J_4 和 J_5 中的一个不存在了，而另一个则决定了 $J_\mu(= -R_\mu)$［式（3.29）］。这两种极限情况将构成我

---

[*]　一些研究者尤其是那些具有固体力学背景的研究者更倾向于采用由式（3.27c）和（3.30c）给出的"K_R 曲线 $K_R(c)$"和"G_R 曲线 $G_R(c)$"作为这些韧性函数的另一种表述术语。

①　原文为"$c_F < d$"，疑有误。——译者注

们在第 7 章中分析陶瓷材料增韧过程的基础。

3.7.1 桥接界面

对于第一类构型，我们假定屏蔽应力 $p_\mu(x,0) = p_\mu(x) = p_\mu(X)$ 作用在裂纹内表面的区域 OZ 上，区域 OZ 的长度为 $X_z = c - x_z \gg \lambda$；屏蔽应力与 Barenblatt 内聚约束力 $p_\gamma(X)$ 相叠加（但不是重叠，与我们关于弹性包围区的表述相一致）。我们将这一"桥接"约束力的分布情况示于图 3.11。图 3.11 中还示出了相应的本构函数 $p_\mu(u)$。

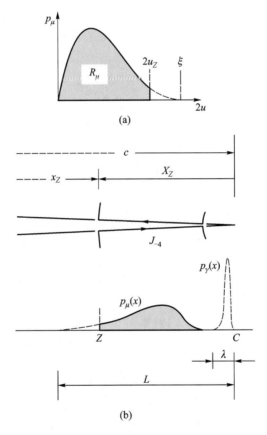

图 3.11 裂纹界面桥接导致的屏蔽效应。(a)在 $2u = \xi$ 范围内的应力-分离位移函数；(b)沿作用有桥接约束力 $p_\mu(X)$ 的裂纹表面的 J 积分路径。桥接约束力 $p_\mu(X)$ 作用在 $\lambda \leqslant X \leqslant X_z$ 这一区域中，其中 $\lambda \ll L$［作用于 $0 \leqslant X \leqslant \lambda$ 区域内的 Barenblatt 内聚约束力 $p_\gamma(X)$ 包含在路径内，图中虚线所示］。裂纹阻力能量的增量由图(a)所示曲线下方 $0 \leqslant 2u \leqslant 2u_z$ 范围内的面积确定。在 $2u_z = \xi$、$X_z = L$ 时，系统达到稳定状态

这一构型可以采用 J 积分加以分析。图 3.9 中的扇形区 5 在这里不发挥作用了，也就是说 $J_5 = 0$。因此式（3.29）变为 $J_\mu = J_4 = -J_- = -R_\mu$。沿着扇形区 4，我们有：$dy = 0$，$ds = dx = -dX$，$T = p_\mu(x) = p_\mu(X) = p_\mu(u)$。于是在 $\lambda \ll X_z$ 的限制条件下，我们得到

$$R_\mu = J_{-4} = -2\int_{c-x_Z}^{c} p_\mu(x)(\partial u/\partial x)\,dx = 2\int_0^{x_Z} p_\mu(X)(\partial u/\partial X)\,dX$$

$$= \int_0^{2u_Z} p_\mu(u)\,d(2u) \tag{3.34}$$

具有式（3.24）中 J_z 的形式。

式（3.34）的效能在于它以一种简单的方式说明了屏蔽效应的根本来源。在对应于图 3.10 中 R 曲线或 T 曲线上升部分的瞬变状态下，在裂纹向前扩展的同时内聚区的边界保持不变，x_Z 为常数，而 $(\partial u_z/\partial c)_{x_z} > 0$。于是，$R_\mu(c)$ 就由图 3.11a 中 $p_\mu(u)$ 曲线下方 $2u_Z$ 范围内的面积决定。在对应于图 3.10 所示 R 曲线或 T 曲线的上平台 $R_\infty = R_0 + R_\mu^\infty$（或 $T_\infty = T_0 + T_\mu^\infty$）的稳定状态下，内聚区边界随前进着的裂纹尖端发生平移，$X_Z = $ 常数 $= L$，$2u_Z = $ 常数 $= \xi$，于是式（3.34）转变为

$$R_\mu = \int_0^\xi p_\mu(u)\,d(2u) \quad （稳定状态） \tag{3.35}$$

也就是 $p_\mu(u)$ 曲线下方的总面积。

上述公式推导过程中有两点需要加以讨论。

（i）裂纹阻力与位移之间的分离。给定了作为约束力源的 $p_\mu(u)$ 的基本本构关系，我们就可以在不需要任何关于约束区内裂纹轮廓 $u(X)$ 的信息的前提下求解出式（3.34）中的 $R_\mu(u_z)$。我们也可以采用另一种办法，利用式（2.22）所示的 Green 函数形式［与 Barenblatt 关系式（3.8）比较一下］求解 $T_\mu(c) = -K_\mu(c)$。但是，这样做就需要同时求解位移方程 $u(X) = u_A(X) + u_\mu(X) + u_\gamma(X)$。这就使得我们遇到了一个（在不引进简化近似的情况下）不可求解的非线性积分方程。实际上，我们仍然需要求出 Z 点处的 $u(X)$，从而将 $R_\mu(u_z)$ 转换成更常用的函数 $R_\mu(c)$；但是至少，位移方程在这时就在数学上与韧性方程毫无关联了，我们仅仅只需要 Z 点处的解。进一步说，在稳定状态下，积分上限可以在不借助于任何关于位移方程的解的前提下给出，因为临界范围参数 ξ（对应于闭合力降低为零）是可以通过屏蔽的本构过程独立确定的。确实，理论上说，完整的本构方程 $p_\mu(u)$ 可以在完全不依赖裂纹系统的前提下加以描述，如通过对材料的微观力学特性的详细分析。

（ii）小尺度区域限制与 R 曲线的非单值性。在 J 积分分析过程中没有任何细节限制式（3.34）中的 $R_\mu(u_z)$ 只能应用于小尺度区域（$L \ll c$）。另一方面，根据 3.4 和 3.6.1 节的讨论，较大的区域尺寸其实是宏观柔度函数中非线性响

应的一种表现，而这种非线性响应使得 Griffith-Irwin 无法为 G 给出一个合适的定义。从实验角度说，在这样的情况下我们只能进行 J 积分分析（通过柔度测量）或 K 分析［采用前面（i）所提及的方法或者通过式（3.31）］。最重要的是，尽管 $R_\mu(u_z)$ 与构型无关，但是 $R_\mu(c)$ 却通常不是这样的。这是因为裂纹轮廓 $u(X)$ 肯定是依赖于初始切口尺寸（图 3.10 中的 c_0）和裂纹系统的其他特征尺寸的：对于不同的试样构型来说，约束力作用区域并不是自相似的。小尺度区域只有一个例外，那就是一个"无限大"试样中的"半无限大"起始切口，这种情况下 Barenblatt 的两个假设前提成立。

像在 3.3 节中讨论 Barenblatt 区域那样，采用"平均屏蔽应力" $\bar{p}_\mu$ 这样的近似来讨论式（3.35）是有意思的（与图 3.1 中的 $\bar{p}_\gamma$ 对比）

$$R_\mu^\infty = \bar{p}_\mu \xi \tag{3.36}$$

如果屏蔽效应与本征内聚能（图 3.1）相当，也即 $R_\mu^\infty \sim R_0$，则有 $\bar{p}_\mu \xi \sim \bar{p}_\gamma \delta$。利用典型值 $\delta \approx 1$ nm，$\bar{p}_\gamma \approx 10$ GPa（3.3 节），我们可以发现，如果界面约束力作用在 $\xi \approx 1$ μm（陶瓷材料显微结构的特征尺寸）这样的范围内，那么所需的屏蔽应力并不是很大，$\bar{p}_\mu \approx 10$ MPa。

3.7.2 前端区

第二类构型考虑的是位于裂纹端部周围的一个扩张的前端区，这个前端区对尾流层施加了一个持久的影响。这个区域中的体应力 σ_μ 和体应变 ε_μ 由一个本构关系 $\sigma_\mu(\varepsilon_\mu)$ 确定，如图 3.12a 所示。应力 - 应变曲线表现出一定的滞后性，对应于尾流区的残余扩张。在 $y =$ 常数且与前端区相交的平面上体积单元的 $\sigma_\mu(x)$ 和 $\varepsilon_\mu(x)$ 示于图 3.12b。区域宽度 w 给出了一个边界，在此边界外体积单元的响应位于 $\sigma_\mu(\varepsilon_\mu)$ 曲线的弹性部分。

同样，这个构型也可以借助于 J 积分进行分析。现在图 3.9 中的扇形区 4 没有受到约束力作用，也即 $J_4 = 0$。于是式（3.29）就简化为 $J_\mu = J_5 = -R_\mu$。沿着扇形区 5 后退到前端区的尾部［$dx = 0$，$\varepsilon_\mu(x) =$ 常数］，我们得到在 $0 \leqslant y \leqslant w$ 这一范围内 $v(y) = \int \sigma_\mu(\varepsilon_\mu) d\varepsilon_\mu =$ 常数。因此 J 积分变成

$$R_\mu = -J_5 = -2\int_w^0 v(y) dy = 2w \int_0^{\varepsilon_\mu} \sigma_\mu(\varepsilon_\mu) d\varepsilon_\mu \tag{3.37}$$

于是，像上一小节所讨论的那样，屏蔽能量由本构的 $\sigma_\mu(\varepsilon_\mu)$ 曲线下方的面积决定。理论上说，只要给定了这条曲线，我们只需要确定扩张区的尺寸 w 即可获得 R_μ 的一个解。在实际应用中，情况则稍微有些复杂，如果允许系统在应力 - 应变空间内进行滞后卸载（图 3.12a），我们就无法保证 J 积分的有效性（3.4 节）。严谨的读者可以从其他一些文献上找到更严格的分析过程（Budi-

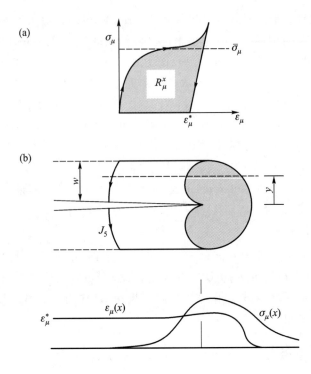

图 3.12　前端区扩张导致的屏蔽。(a)应力－应变函数 $\sigma_\mu(\varepsilon_\mu)$：$\sigma_\mu$ 为平均应力而 ε_μ 则为残余应变。(b)通过尾流区的 J 积分路径。底部给出了 y = 常数这个平面上扩张应力 σ_μ 和应变 ε_μ 的分布情况。(a)中曲线下方的面积给出了稳定状态下裂纹阻力能量的增量

ansky，Hutchinson 和 Lambropoulus，1983）。

　　这里也存在一个难以解释的问题，那就是前端区到底是怎样形成的。稳定状态是显而易见的。尾流区发育完善，平均应力 $\bar\sigma_\mu$ 和合适的积分上限 $\varepsilon_\mu = \varepsilon_\mu^*$ 可以通过扩张过程的本构微观力学分析分别独立地确定。相应的限制区尺寸 $w = w_c$ 可以根据近场弹性解（7.3 节和 7.4 节）进行估算（也可能仅仅是一个近似的估算）。因此，类似于式（3.36）的推导，稳态阻力 $R_\infty = R_0 + R_\mu^\infty = $ 常数（以及相应的 T_∞）可以由下式给出

$$R_\mu^\infty = 2\,\bar\sigma_\mu\varepsilon_\mu^*\, w_C \quad （稳定状态） \tag{3.38}$$

我们注意到：尽管前端区的形状应该唯一地取决于本构关系，但是式（3.38）所示的稳态解的导出却不需要关于这一形状的任何信息。对于瞬变状态，情况就相对要复杂得多。对于初始静态裂纹处形成的前端区扩张的最初阶段，式（3.37）是不适用的，这是因为此时尚没有形成尾流区。在这个初始阶段，屏蔽的贡献为零，这是因为扇形区 5（我们可以按照我们的要求将其移动到接近

图 3.12b 所示的前端区边界）没有包含任何超出弹性极限的材料，也即它还没有进入图 3.12a 所示 $\sigma_{\mu}(\varepsilon_{\mu})$ 曲线的不可逆区域，因此，卸载阶段的应力－应变曲线下方的面积为零。当前端区发育到足够成熟时，裂纹开始扩展。这一阶段决定了 R 曲线或 T 曲线，就需要对尾流区域内扩张区持续变化的形状进行描述。如何进行这样的描述是理论断裂力学中一个很值得考虑的问题。

4

裂纹的失稳扩展：动态断裂

到目前为止，我们所讨论的仅仅是静态的裂纹系统。现在，如果一个非平衡的力作用在一个含裂纹体内部的任意一个体积单元上，这个体积单元将被加速，相应地就将获得动能。这时的裂纹系统就变成了一个动态系统，Griffith 和 Irwin-Orowan 的静态平衡条件也就不再适用。在某些特定的情况下，如在可控的断裂表面能测试实验中，稳态裂纹缓慢地生长，动能与系统的机械能相比可能是非常小的。这样的系统可以被看成是准静态的，在这种情况下，静态解仍然可以足够精确地描述裂纹扩展的临界条件。

裂纹系统变为动态可能有两种途径。第一种途径是裂纹扩展达到失稳长度时，系统依靠包围着迅速分离的裂纹壁的材料所具有的惯性而获得动能。即使在固定荷载条件下也可能会形成这种动态的裂纹系统。"奔跑着"的裂纹的扩展速度不断增大直至达到其极限值，后者则由弹性波的速度决定。在大多数（但并不是全部）试样中，这样"奔跑着"的裂纹将材料分离为两个或者更多的碎块。第二种动态裂纹系统出现的途径是外加荷载随时间迅速变化，如冲击加载。在这种情况下，动态响应可能受到荷载脉冲的特征持续时间的限制。以上两种情况中，我们更感兴趣的是第一种，因为它更加接近于裂纹尖端附近区域实际发生的能量耗散过程。

处理动态断裂问题的一种通用方法是由 Mott 于 1948 年在对 Griffith 概念进行推广的基础上提出的。这一方法非常简单：只要求在系统总能量表达式中增加一个动能项，然后寻找使总能量保持不变的一种状态。但是，对动能项本身的确定以及对所得到的裂纹运动方程的求解通常却并不简单。因此，在本章中我们只对一些相对较为简单的情况进行详细的分析。

这样，在断裂问题中就引进了时间因素。我们讲把这里所讨论的动态过程限制在物体的连续性假设范围内。在第 5 章中，我们讲讨论另一种与时间有关的裂纹扩展，它起因于逾越原子尺度上离散势垒的热激活过程。

4.1 Mott 对 Griffith 概念的推广

我们现在再一次考虑能量平衡表述（1.2 节、2.6 节及 3.2 节），这里我们去掉了裂纹系统必须为静态系统这一假定。采用 Mott 的方法（Mott,1948），我们在如图 4.1 所示直通裂纹系统的总能量中简单地增加了一个惯性项 U_K

$$U = U_M + U_S + U_K \tag{4.1}$$

假定在裂纹扩展过程中，没有能量穿过系统边界，也即对于所有的 c，$g = -\mathrm{d}U/\mathrm{d}c = 0$（"赝平衡状态"），调用式 (2.8)和(2.29)，我们得到

$$G - R_0 = \mathrm{d}U_K/\mathrm{d}c \tag{4.2}$$

于是，动能项的出现可以看成是抵消由这两个相反的广义力的失衡所产生的多余能量的一种手段。

为了得到动能项 U_K 的一般表达式，考虑如图 4.1 所示的平面裂纹系统中(x, y)处的一个单位厚度的体积单元。这个体积单元的质量为 $\rho\mathrm{d}x\mathrm{d}y$，其中 ρ 为密度。它的速率是$(\dot{u}_x^2 + \dot{u}_y^2)^{1/2}$，其中 $u_x = u_x(c,t)$ 和 $u_y = u_y(c,t)$ 为位移分量。注意到在常力加载条件下$(\partial u/\partial c)_c = 0$，该单元体的速率与裂纹扩展速率之间可以通过变换方程 $\dot{u} = (\partial u/\partial c)_t v$ 联系起来。考虑区域 D，其尺寸由在裂纹扩展时间段 t 内从裂纹尖端处发出的携带"信息"的弹性波运动距

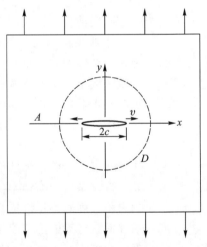

图 4.1 动态平面裂纹系统。裂纹前缘以速率 v 发生扩展。D 表示在瞬间 t 从裂纹前缘接收应力波"信息"的一个区域。试样在裂纹所在平面上的面积为 A，厚度为单位厚度

离决定，而总的动能就由对这个区域中所有的上述单元体进行积分而给出

$$U_K = \frac{1}{2}\rho v^2 \iint_D \left[(\partial u_x / \partial c)^2 + (\partial u_y / \partial c)^2 \right] dx dy \qquad (4.3)$$

于是，问题转化为根据弹性固体运动方程计算位移随裂纹长度变化关系。这是一个非常难解的问题，即使是对最简单的裂纹系统进行求解，也需要引进一些简化的假设条件。

动态问题中能量平衡概念的更正式的表达式可以借助于 2.4 节中提到的裂纹闭合方法或者 3.4 节中介绍的路径无关积分导出（Freund，1990）。

4.2　拉伸试样中的扩展裂纹

Mott 在 1948 年的论文中考虑了承受均匀拉伸作用的裂纹这一特殊情况，基于量纲分析导出了动能的表达式。他在分析中预先假设了以下条件：（ⅰ）扩展着的裂纹其尖端附近区域内的应力与应变可以由静态弹性理论方程合理地确定（"准静态近似"）；（ⅱ）区域 D 覆盖了整个试样（裂纹扩展速率比弹性波传播速率小）；（ⅲ）断裂表面能不随裂纹扩展速率而变化。在后面的讨论中我们将发现这些假定的合理性是值得推敲的。虽然 Mott 的分析并不是很严格，但它也具有很特别的优势：它着重强调了快速扩展着的裂纹的一些重要特征，在数学上却并不十分繁琐。

动态裂纹问题的一个有意思的特点是裂纹扩展速率会随着扩展的持续而发生变化，特别是可以对裂纹扩展速率的上限值进行预测。这是因为前面已经提到，与局部应力场相关的一些信息向裂纹尖端前方材料内部传播的速率是受弹性波的传播速率限制的。由此看来，2.2 节中所讨论的加载方式就成为一个重要的因素：在重物加载情况下，可以预期恒定的外加应力将使得（失稳）的裂纹系统迅速达到极限速率；而在固定边界加载情况下，有限尺寸的试样中裂纹扩展导致柔度增大，必然会使得外加作用力减小，这就降低了达到极限速率的可能性。

4.2.1　常力加载

考虑一个具有单值韧性的均匀固体，含有一条长度为 $2c$ 的内部直通裂纹，裂纹所在平面的试样截面面积为 A，$A \gg c^2$（图 4.1）。我们首先分析这么一种情况：使外加应力逐渐增大到 Griffith 失稳水平，然后在裂纹从初始尺寸 $2c_0$ 开始扩展后便保持外力不变。这就是 2.2 节中的重物加载构型。由 1.3 节给出的静态解，式（4.1）可以直接写成

$$U = -\pi c^2 \sigma_A^2 / E' + 2R_0 c + U_K(c), \qquad (c \geqslant c_0) \qquad (4.4)$$

式中的 E' 采用与式（1.8）中相同的定义。起始时，裂纹在 $c = c_0$ 处保持静止，

$U_K = 0$，因此满足式(1.11)所示的平衡关系。这一平衡关系可以用于获得 U 的常数值，并消去 R_0，这样就可以得到以下的一个动能表达式

$$U_K(c) = (\pi c^2 \sigma_A^2 / E')(1 - c_0/c)^2 \qquad (4.5)$$

因为根据式(4.2)，这一函数的极值代表了 Griffith 条件 $G = R_0$ 得以满足所对应的裂纹长度，因此很显然，在 $c = c_0$ 处的初始的失稳构型是常力加载条件下唯一的平衡状态。用式(4.5)作图可以得到图4.2中最左侧的曲线($\alpha = 0$)。

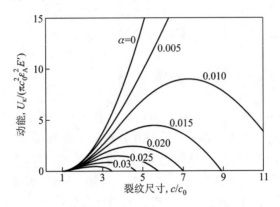

图 4.2　对于图 4.1 所示的系统，由式(4.9)所得到的动能随裂纹尺寸的变化关系。参数 α 是初始裂纹长度与试样尺寸比值的一个量度。$\alpha = 0$ 对应于重物加载条件，$\alpha > 0$ 对应于固定边界加载条件

为了借助于速率确定动能，有必要求出式(4.3)中的积分值。为实现这一目的，Mott 采用了一个基于几何相似性的推论过程：裂纹的空间场应该与裂纹长度 c(小于区域 D 的尺寸)成比例，这样式(4.3)积分项中的尺寸参数 x、y、u_x 和 u_y 都正比于 c。但是位移也应该与固体的应变成正比，因此参量 $\partial u / \partial c$ 就正比于 σ_A / E'。于是我们就可以写出动能为

$$U_K = \frac{1}{2}(k'\rho c^2 \sigma_A^2 / E'^2) v^2 \qquad (4.6)$$

式中的 k' 是一个数值常数。

4.2.2　常位移加载

现在假定和前面一样先将一个拉伸样品加载到 Griffith 失稳状态，但这时在裂纹扩展过程中我们将边界保持在一个固定的位移上，也就是样品处于"固定边界"加载方式。一个简便的计算方法可以用于获得这一构型的解(Berry,1960)。我们已经确定了裂纹的形成能为 $\pi c^2 \sigma_A^2 / E'$。在裂纹形成之前样品中的"零水平"应变能为 $A\sigma_A^2 / 2E'$，因此总能量为 $(A + 2\pi c^2) \sigma_A^2 / 2E'$，相应的"有效弹性模量"为 $E/(1 + 2\pi c^2/A)$。作用在裂纹面上的外加应力随着

裂纹的扩展将按照以下的柔度方程逐渐减小

$$\sigma_A(c) = \varepsilon_A E' / [1 + \alpha(c/c_0)^2] \qquad (4.7)$$

式中，ε_A 为外加的恒定应变。量纲为一的参量

$$\alpha = 2\pi c_0^2 / A \qquad (4.8)$$

则表示了裂纹尺寸相对于样品尺度的大小。注意在 $\alpha \to 0$ 的极限条件下，式(4.7)中的模量就如所预期的那样转变成了重物加载情况下的模量。

现在我们可以像前面一样，采用式(4.4)所给出的系统的初始条件，但利用式(4.7)获得一个用应变 ε_A 表示的动能表达式

$$U_K(c) = \pi c^2 \varepsilon_A^2 E' \{ 1 / [1 + \alpha(c/c_0)^2]^2 - (c_0/c)(2 - c_0/c)/(1 + \alpha)^2 \} \qquad (4.9)$$

采用不同的 α 值，做出这一函数的曲线如图4.2所示。这些曲线先是经过了一个极大值，这个极大值对应于静态加载条件下的平衡构型 $C - R_0$ [式(4.2)]；而后曲线开始向横轴下降，说明这一系统是稳定的。从物理角度看，这表示当裂纹偏离其初始(不稳定的)的平衡尺度之后，将扩展到势能较低的第二个(稳定的)平衡长度，但由于存在惯性的缘故，裂纹的扩展将会有些过头。如果裂纹系统是完全可逆的，则这个平衡长度会在图4.2所示的合适的曲线与横轴的两个交点之间无规则地振荡。但是，在实际情况中，张开和闭合这两个半循环中的耗散过程会消耗多余的动能，从而在完全扩展的裂纹前面形成一个残余的(未愈合的)裂纹界面。我们需要注意两个极限情况：$\alpha \to 0$，不会发生止裂现象，对应于重物加载时的情况；$\alpha \to \infty$，对应于"大"裂纹，这时不稳定性非常不明显。

此外，我们可以将 Mott 的动能方程(4.6)与式(4.7)相结合给出一个以速率表示的表达式

$$U_K = \frac{1}{2} k' \rho c^2 \varepsilon_A^2 v^2 / [1 + \alpha(c/c_0)^2]^2 \qquad (4.10)$$

4.2.3　极限速率

现在考虑图4.1中的裂纹系统所能获得的扩展速率。令常力加载情况下式(4.5)与式(4.6)相等，常位移加载条件下式(4.9)与式(4.10)相等，我们得到

$$v(c) = v_T f(c/c_0, \alpha), \qquad (f \leqslant 1) \qquad (4.11)$$

式中的 v_T 为极限速率

$$v_T = [2\pi E' / (k'\rho)]^{1/2} = (2\pi/k)^{1/2} v_1 \qquad (4.12)$$

式中，k 为另一个量纲一的常数，$v_1 = (E/\rho)^{1/2}$ 为纵向声波速率。量纲一的函数 f 由下式给出

$$f(c/c_0, 0) = 1 - c_0/c \quad (重物加载) \qquad (4.13a)$$

$$f(c/c_0, \alpha) = \{1 - (c_0/c)(2 - c_0/c)[(1 + \alpha c^2/c_0^2)/(1 + \alpha)]^2\}^{1/2}$$
$$（固定边界加载）\tag{4.13b}$$

不同 α 值时式(4.11)的曲线形式如图 4.3 所示。在最极端的常力加载情况下 [式(4.13a)]，裂纹扩展速率在较大的 $c(c \gg c_0)$ 时逐渐逼近 v_T；在其他情况下，最大速率随着 α 的增大而减小。

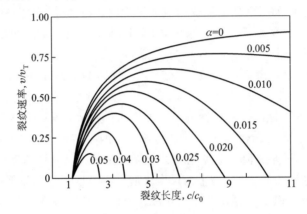

图 4.3　图 4.1 所示系统的裂纹扩展速率随裂纹长度的变化关系。注意在 $\alpha = 0$（重物加载极限情况）时逐渐逼近极限速率 v_T，而在 $\alpha > 0$（固定边界加载情况）时，裂纹在 $c > c_0$ 处止裂，$v = 0$

4.3　接近极限速率时的动态效应

上面的分析表明，对于弹性固体中受拉伸应力作用的快速扩展裂纹，其扩展速率将受到在弹性介质中传播的声波的速率限制，但是上面的分析并没有给出一个绝对数值：式(4.12)中的常数 k 尚未确定。Roberts 和 Wells(1954)指出，如果图 4.1 中的区域 D 像前一节中 Mott 分析所假定的那样延伸到了大尺度样品的最外围，那么系统的惯性[以及式(4.6)和(4.10)中的 k']相对于获得一个合理的极限速率来说就显得太大了。采用高速摄影、超声技术(图 4.4)、电测技术(如在因裂纹扩展而使得试样表面上的一些导电条纹被切断的情况下测量电阻的增大情况)等实验手段确定了裂纹扩展速率，结果表明许多脆性固体的极限速率可以接近于应力波的速率(Kerkhof, 1957；Schardin, 1959；Field, 1971)。为了使理论分析与这一量级的速率相一致，就必须考虑决定区域 D 尺度上限的一些动力学因素。

还有一些其他的与快速扩展的脆性裂纹相关的现象动摇了前面分析中所做的假定的合理性，需要从动力学角度加以解释。首先，在许多脆性材料尤其是

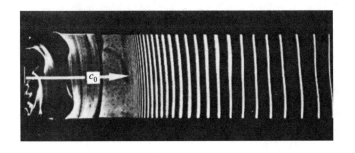

图 4.4　玻璃拉伸试样的断裂表面显示出裂纹扩展接近了极限速率。固定在试样上的传感器产生出横穿裂纹面的超声波。每个波都轻微地对裂纹尖端场产生扰动，从而在扩展路径上造成一系列小的起伏，得到了裂纹前缘位置的可视记录。图中示出了初始裂纹尺寸 c_0。试样的长度为 180 mm，超声波频率为 1 MHz。用反射光进行观察。［源自：Kerkhof，F. & Richter，H.（1969）*Second Internat. Conference on Fracture*，Brighton，Chapman and Hall，London，paper 40.］

那些不受高度择优解理面限制的固体中，会观察到加速扩展的裂纹出现分叉现象。准静态断裂力学对这些现象无法做出解释。其次，在高裂纹速率下，裂纹尖端处的所有塑性过程（主要是那些在脆性更高的共价 – 离子性固体中，参见 6.6 节）都被抑制了，这是因为基本的位错过程本身也是受到一些动力学因素影响的（7.3.1 节）。此外，我们可以预期，在高裂纹速率下其他的一些显微结构尺度上的裂纹尖端屏蔽机制（第 7 章）也会受到类似的影响。

所以，我们来进一步讨论一下裂纹扩展的一些动力学特征。我们的讨论将很少涉及理论上的那种极端复杂性，建议读者可以去阅读一些专业性的论文或书籍（Erdogan，1968；Freund，1990）以获得对这一问题更严格、更深入的认识。下面的讨论显得有些肤浅，仅仅是为了说明这一问题的一些主要特征。

4.3.1　极限速率的估算

前面提到，图 4.1 中的区域 D 具有一个有限的尺寸，这一尺寸以外的材料不受裂纹加速扩展的影响。将区域 D 的边界视作一个半径为 r 的圆，其圆心位于裂纹的原点。Roberts 和 Wells 估计这个半径约为弹性波在时间 t 内传播的距离，即 $r \approx v_1 t$，其中 t 为裂纹以极限速率扩展长度 c 所需的时间，即 $c \approx v_T t$。结合式（4.12），可以得到 $r/c \approx v_1/v_T \approx (k/2\pi)^{1/2}$。通过对式（4.3）中的积分项进行数值计算确定其随 r/c 的变化关系，就可以得到关于 k 的第二个条件。对 k 与 r/c 之间存在的这两个函数关系联立求解就可以唯一地确定式（4.12）中的未知参数，从而给出极限速率 $v_T \approx 0.38 v_1$。采用典型的 v_1 值，我们得到：$v_T \approx 1 \sim 5 \text{ km} \cdot \text{s}^{-1}$。

这一过于简单的计算最多只能看成是对极限速率量级的一个十分粗略的估计。不同的处理方法会得到不同的 v_T/v_1 值。事实上，就连是哪一种形式的弹性波速率起主导作用这一点也是不确定的。例如，很多人认为任意的运动着的不连续表面所能达到的最高速率就是 Rayleigh 表面波的速率（泊松比为 0.25 时，这一速率为 $0.58v_1$）。

进一步说，任何的分叉或者屏蔽过程对韧性确实有贡献，因此，可以预料这些因素将阻碍裂纹扩展速率达到其理论极限。然而，可以注意到随着裂纹的扩展直至最终趋近于稳态极限[即式(4.2)中 $G \to dU_K/dc$]，常力加载的能量方程式(4.4)各项中，与机械能项（正比于 c^2）相比，表面能项（正比于 c）将变得微不足道。因此在高速扩展时，屏蔽对韧性的贡献变得无关紧要。对于裂纹分叉来说，情况则有所不同，随着裂纹扩展的加速，裂纹分叉的作用得到了强化。

4.3.2　裂纹分叉

裂纹分叉记录了动能耗散的不同阶段。图 4.5 所示的玻璃拉伸断裂表面就是一个示例。在起源于一个表面缺陷之后，裂纹开始在一个相对较为光滑的表

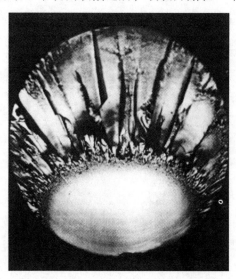

图 4.5　在拉伸方式下断裂的玻璃棒的断裂表面，可以看出从断裂源处（下边界）向外扩展依次形成了镜面区、雾化区和羽毛区。在反射光下观测。棒的直径为 4.5 mm。[源自：Johnson, J. W. & Holloway, D. G. (1966) *Phil. Mag.* **14** 731.]

面上加速扩展("镜面区")。在扩展的某一个临界阶段，裂纹开始沿着其前缘发生分叉，导致了显著的表面粗糙化("羽毛区")，但此时裂纹前进的速率并没有明显变慢。一些研究者还在这两个区域之间区分出一个过渡区("雾化区")，在这个过渡区中发生的是一些小尺度的次生断裂过程。当从侧面对裂纹面进行观察时，就可以发现分叉的发生是非常突然的，如图4.6所示。在拉伸应力作用下使预制了裂纹的显微镜载玻片发生断裂，图4.6绘出了断裂过程中所观察到的裂纹扩展路径情况，图中是以初始裂纹尺寸 c_0 从小到大的顺序（也就是断裂应力 σ_A 从大到小的顺序）进行排序的。很容易证明，指定的分叉点 $c = c_B$ 处的应力强度因子[式(2.20)]为

$$K_B = \psi \sigma_A c_B^{1/2}, \qquad (K_B > T_0) \qquad (4.14)$$

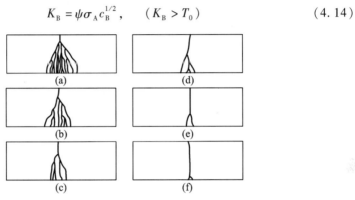

图4.6　在拉伸方式（拉伸方向为水平方向）下断裂的载玻片中观察到的裂纹扩展路径（复制图），可以看出裂纹的分叉。试样在上部的边棱处预制了裂纹，从(a)到(f)相应切口深度逐渐增大。[源自：Field, J. E. (1971) *Contemp. Phys.* **12** 1.]

其对于指定的固体来说是一个常数。对很宽范围内的材料采用不同的测试构型系统地测试了雾化区、镜面区和羽毛区处的分叉情况，证实了这一结论。

　　与脆性断裂相关的文献中已经提出了一些导致裂纹分叉的可能原因。以下我们来考虑其中的三种。

　　(i) 动态裂纹尖端场的畸变。Yoffe、Broberg 以及其他研究者的理论分析表明：一条扩展着的裂纹其尖端处近场的状态是随裂纹扩展速率而变化的（参见 Freund, 1990）。很多这样的分析考虑的是无限大试样中一条恒速扩展的裂纹，从而使得一个一般难以处理的问题得以简化。这样的处理过程包括了寻找弹性介质运动方程的稳态解（也即 2.3 节中裂纹尖端场静态解的一种动态类比）。因为这样的分析过程对所施加的初始条件以及（随时间而变的）边界条件十分敏感，因此获得一个一般性的结论并不容易。但在考虑高速扩展时裂纹尖端局部应力的重新分布方面，各种分析方法似乎表现出某些普遍

的一致性。

图 4.7 给出了在一些选定的相对裂纹扩展速率下 $\sigma_{\theta\theta}$ 分量的计算结果。如

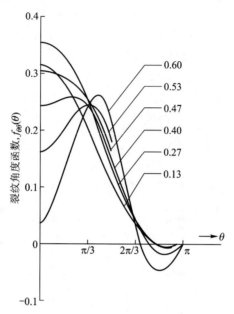

图 4.7　不同归一化裂纹扩展速率 v/v_1（图中已注明）下，动态裂纹尖端处应力 $\sigma_{\theta\theta}$ 随角度函数 $f_{\theta\theta}(\theta)$（参见正文）的变化关系。［源自：Erdogan, F. (1968) *Fracture*, ed. H. Liebowitz, Academic Press, New York, Vol. 2, Chapter 5.］

果我们定义一个"动态应力强度因子" $K' = K(v_1/v)^{1/2}$，那么角函数 $f_{\theta\theta}(\theta) = \sigma_{\theta\theta}(2\pi r)^{1/2}/K'$ 就具有与静态解［式（2.14a）］相同的形式。图 4.7 显示的一个相关的特征是：当速率逼近理论极限速率 $v_T \approx 0.38 v_1$ 时，最大局部张应力从原来的裂纹面 $\theta = 0$ 急剧地漂移到 $\theta = 50° \sim 70°$ 的倾斜面上。根据我们在 2.3 节中对裂纹扩展途径的讨论，可以很容易地证明机械能释放率的角分布也会表现出类似的趋势。这就是所谓的 Yoffe 假定（Yoffe, 1951）：（在各向同性材料中）裂纹的分叉是裂纹场动态特性的必然结果。（在高度各向异性晶体中，裂纹不容易离开其解理面，从而就抑制了裂纹的分叉，除非裂纹扩展速率很高。）Yoffe 假定似乎可以定性地解释在许多脆性固体中观察到的裂纹分叉特征（Field, 1971）。

但是，这一解释在定量细节上还存在一些问题。实际上，分叉倾向于发生在 $v/v_1 \approx 0.2 \sim 0.4$ 这一裂纹扩展速率范围内，而这样的裂纹扩展速率比我们从图 4.7 中预测得到的结果要低。此外，在图 4.6 和其他一些情况下观察到的裂纹分叉角也比预期的角度小。可以意识到，如此明显的偏差很难归因于图 4.7 中动态场计算中存在的不确定性。

（ii）次生断裂。第二种可能性也与主裂纹的尖端场的条件有关，但所考虑的是次生断裂。次生断裂起源于扩展着的裂纹尖端前部，并向后发展与主裂纹尖端相连。这一考虑具有一个潜在的有吸引力的特点，那就是它可以用于解释雾化区到羽毛区的过渡。在裂纹前缘前方成核之后，微开裂开始蔓延并被主裂纹的前缘所吸收，这就形成了雾化区。随着裂纹加速，主裂纹场增强，微开裂进一步在主裂纹前方形成并发育成为分离的实体，这就导致了羽毛区的形成。

对这一模型的推敲引出了对其普适性的质疑。一些脆性高分子中，可以作为微开裂源的不均匀区域是其显微结构的一部分，在这些材料中观察到了次生的微开裂现象。但是，在本质上并不存在内部缺陷源的一些均匀材料如玻璃和单晶中却没有观察到次生微开裂现象。此外，次生裂纹的成核及其相互作用的相关力学原理是很复杂的（见 7.3.2 节），这就使得无法将理论与实验进行定量对比。

（iii）应力波分叉。这种可能性与近场有关，但与试样几何构型之间的关系更为密切。它的基本特征是很独特的。我们已经知道快速扩展着的裂纹伴随着弹性扰动区的向外扩展（图 4.1）。正如我们已经讨论过的那样，在大试样中，这样的扰动可能并不会扩展到外边界。另一方面，在小试样中，应力波不仅可能扩展到边界处，而且还有可能在边界处产生反射，从而与扩展着的裂纹尖端产生相互作用。此外，在系统内部某些位置还可能会激发出一些次生的应力波，例如，通过显微结构不均匀性（如微裂纹、正在发生相变的颗粒等，见第 7 章）或者借助于加载系统产生的脉冲作用。这些相互作用会引起特征"Wallner 线"的形成（Field,1971），自然形成的 Wallner 线类似于图 4.4 中所示的那些由超声调制技术导致的起伏图案。和超声波引进的那些表面痕迹一样，Wallner 线可以被认为是裂纹扩展的一种可视的记录。

但是，如果相互作用非常强，那么所产生的裂纹偏转也会非常突然，从而导致裂纹瞬间止裂的极端情况；在晶态固体中，裂纹前缘可能会完全偏转到相邻的解理面上。特别是对于那些可能产生出合适强度的应力波样式的小试样来说，这可能是一种非常有效的裂纹分叉模型。

关于脆性材料中动态断裂问题的研究不但具有学术意义，而且也具有实用价值。工程设计师们对伴随着裂纹扩展而形成的声发射给予了极大的关注，试图将其应用于无损检测。稳定性问题也是很重要的，尤其是当它与裂纹止裂联系起来时。在材料技术的许多领域，失稳裂纹扩展事实上是表面制备技术中一个重要的手段。一些半导体器件的制备、宝石的切割等都要求得到一个相当完好的解理表面，在这些情况下，任何可能造成裂纹分叉的条件（如常力加载、冲击加载等）都应该避免。相反，在诸如陶瓷的研磨、矿石的粉碎这样的表面修整工艺过程中，则要促成这些条件的实现。

4.4 动态加载

在上一节中简单地提到了冲击加载可以作为使裂纹系统中产生应力波的一种手段。当外加正应力使得裂纹系统的边界以接近于声波的速率发生位移时，就可以产生应力波（Kolsky, 1953）。所产生的脉冲的形状取决于这些初始边界条件的时间特征，而此后脉冲向材料内部的扩展则仅仅取决于本征波速（由弹性介质的合适的波动方程所确定）。在穿过了裂纹系统之后，扩展着的脉冲最终将在对面边界上发生反射（反射也可能发生在裂纹的内边界上，这一原理通常用于超声探伤技术）。除了最简单的试样构型之外，这都将使得裂纹处的应力样式（无论在空间上还是在时间上都）显得极为复杂。随之发生的裂纹响应的一些特征在相应的静态加载情况下是遇不到的。

借助于如图 4.8a 所示的（理想的）冲击棒系统，在尽可能简化几何复杂性的情况下，可以对这里所包含的基本原理进行适当的说明。抛射体（长度为 L，入射速率为 v_1）和试样（长度大于 $2L$，初始速率为零）是由同一根原始棒料（截面积为 A，密度为 ρ）制成的。试样中含有一条预制的横向边缘裂纹（有效长度为 c_0）。试样尺寸的选定原则是：使应力脉冲可以看成是一束平面波（波速为

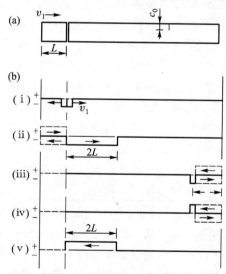

图 4.8　含裂纹的冲击棒的动态加载。(a)抛射体(左)撞
击含有预制裂纹的试样(右)；(b)在冲击的阶段(i)至阶
段(v)系统中产生的应力脉冲

v_1)发生纵向传播，而且在初始裂纹处不发生明显的干涉($L^2 \gg A \gg c_0^2$)。

首先分析图 4.8b 所示的在抛射体撞击下试样中产生的应力图案。在刚刚接触时，$t = 0$，弹性扰动开始传播进入两个棒中。在一个时间间隔 $t < 2L/v_1$ 之后[图 4.8b 中的(i)]，每个扰动的前缘从界面处算起已经传播了一个距离 v_1t。在这个时间间隔内，每个棒中都有质量为 $\rho A v_1 t$ 的一部分材料获得了动量 $\rho A v_1 v_i t/2$，结果加载时的总动量在整个撞击过程中保持守恒(相当于每个棒都相对于各自的质量中心产生了一个 $v_i/2$ 的压缩位移速率)。所以，用于给每个棒提供动量的力可以由运动方程给出

$$P = \mathrm{d}(\rho A v_i v_i t/2)/\mathrm{d}t = \rho A v_1 v_i \qquad (4.15)$$

由上式即可得到应力脉冲的高度

$$\sigma_P = P/A = \frac{1}{2}\rho v_1 v_i = \frac{1}{2}E v_i/v_1 \qquad (4.16)$$

式中 $E = \rho v_1^2$ 为杨氏模量。很显然，当 $v_i \approx v_1$ 时可以得到很大的应力。

最后，抛射体中的压缩波将到达非加载端面，而后反射回来形成拉伸波。入射脉冲和反射脉冲重叠后相互抵消，从而保持了边界不受应力作用。在 $t = 2L/v_1$ 时[图 4.8b 中的(ii)]，这样的抵消过程完成了，冲击界面处于"卸载"状态。同时，一个长度为 $2L$ 的脉冲沿着试样传播，然后同样在样品的远端发生类似的反射[图 4.8b 中(iii)]。当反射脉冲沿着棒反向传播时，净应力变成了拉应力[图 4.8b 中(iv)]。最后，形成了一个长度为 $2L$ 的完整的拉应力脉冲[图 4.8b 中(v)]。这样的反射过程将不断地在棒的两端反复进行，直至能量被材料内摩擦耗尽。

现在来分析预制裂纹对这种拉应力脉冲的响应。裂纹承受均匀拉应力 σ_P 作用的时间为 $2L/v_1$(要求该裂纹离试样端面的距离不小于 L，否则受拉应力作用的时间将随着离端面距离的减小而线性减小，直至在端面处变成 0)。如果这个场的强度超过了在正常的静态加载时保持 Griffith 平衡所需的水平，裂纹就将发生扩展。根据脉冲作用时间的不同，会出现两种可能的结果：(i)作用时间较短时，断裂是不完全的，随着拉应力脉冲的每一次通过，裂纹将以台阶式一步一步地扩展；(ii)如果作用时间较长，断裂不但表现为完全断裂，而且"陷"在棒的分离部分中的任何一点动量都将使得这部分断件飞出("散裂"或者"碎裂")。

为了说明这一效应的大小，考虑一个完全由玻璃组成的系统，其中含有一条长度为 $c_0 = c_F = 1$ μm 的 Griffith 裂纹。使裂纹发生扩展所需的临界应力可以由 Griffith 的数据(1.3 节)估算得到，$\sigma_P \approx 300$ MPa。将这个数据连同 $E = 70$ GPa、$v_1 = 5$ km·s^{-1} 代入式(4.16)可以得到相应的临界冲击速度为 $v_i \approx 50$ m·s^{-1}。(这是抛射体在自由落体 125 m 之后所能获得的速度。)假定裂纹被迅速加速到

其稳态的极限值，则在拉应力脉冲一次通过时所产生的裂纹扩展量近似等于极限速率与脉冲持续时间的乘积，即 $v_T(2L/v_1) \approx L$（这里利用了 4.3 节中得到的 $v_T \approx v_1/2$）。如果按照我们最初的假设 $L^2 \gg A$，这一扩展就已经足以导致断裂。

这里我们所考虑的仅仅是最简单的可能的抛射体－试样构型。在更普遍的情况下出现的复杂性包括：初始的扰动并不表现为矩形脉冲，而是在三维方向上传播，并且包含了剪切和膨胀分量；在边界中波的反射在系统中会造成一个错综复杂的扰动图像；试样中分布有大量的微裂纹，每一条微裂纹都可能独立地对应力波产生响应。对这些因素进行分析涉及关于几何波构型的极为复杂的推导。尽管如此，我们在实际应用中还是可以对任意一个可能的裂纹系统的动态加载进行一定程度的控制：在对边界条件（几何构型、自由边界或者固定边界等）进行仔细评估的基础上，将脉冲施加到一个合适的位置，使得反射的应力波能够"聚焦"在预先选定的内部目标区域内；进而，通过适当地改变脉冲的持续时间（机械撞击条件下约为 1 ms，化学爆炸条件下约为 1 μs，激光感应脉冲条件下约为 1 ns），就可以在一定程度上调整裂纹的扩展量。这些原理在工业生产过程中得到了应用，其中一个重要的例子就是岩石的爆破。

4.5 断裂粒子发射

在结束本章之前，我们来简要讨论一个确实值得关注的现象：断裂粒子发射。断裂粒子发射指的是在脆性固体的快速断裂过程中光子和粒子从裂纹尖端处大量地喷射出来。在第 1 章中对 Obreimoff 的云母实验进行概要性评述的过程中曾经顺便提到了它的一种表现形式——摩擦发光。人类对摩擦发光现象的认识至少有两个世纪的历史，主要是在碾压矿石和其他的脆性团聚体的过程中所观察到的那些可见的放电现象。

在 20 世纪 80 年代以前一段很长的时间里，物理学界对断裂粒子发射的研究基本上只是出于一种好奇心。之后，Dickinson 对这一现象的起因进行了认真的研究（Dickinson，Donaldson 和 Park，1981；Dickinson，1990）。Dickinson 的课题组已经报道了在半导体、无机晶体、玻璃以及金属、复合材料及高分子表面上的氧化物涂层中所观察到的发射现象。所检测到的粒子种类的多样化是令人惊奇的：光子、电子、负的或者正的离子、中性的原子和分子团、在可见光和无线电波段内的光子辐射等。目前还没有关于中子发射的报道。所有这些都指向了尖端附近裂纹界面处的高度的激发状态。

常用的实验构型使用一个具有固有自发断裂特性的断裂试样（4.2.1 节），如弯曲试样（2.5.3 节）。测试几乎总是在高真空条件下进行的，并且将一些探测器安装在新形成的断裂面附近。这些探测器包括电子和光子倍增器、质谱仪、无线电天线、声换能器、电流探测器等。大多数材料中会发生多种粒子的发射，特征衰变时间从几纳秒到几分钟不等。离子晶体倾向于在新出现的分离面上形成电荷畴，然后喷射出的电子被加速到远远超过 1 keV 的能量水平。图 4.9 所示的云母弯曲试样的例子显示出了在断裂时随着衰减时间的延续电子和正离子的喷发过程。具有岩盐结构的晶体一般是在即将达到临界荷载时发射，表现出了超前的活性(9.2 节)。

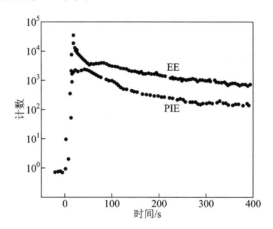

图 4.9　云母发生断裂后，粒子［电子(EE)和正离子(PIE)］发射随时间的变化关系。［源自：Dickinson，J. T. ，Donaldson，E. E. & Park，M. K. (1981) *J. Mater. Sci.* **16** 2897. ］

　　在经过十年左右的观察积累之后，Dickinson 获得了一个概括性的(虽然并不通用)模型：

　　(a) 在断裂过程中，达到一个高激发状态的新鲜表面上发生了电荷的分离。这一电荷可能是在原子尺度上局部化的，也可能分布在裂纹尖端后面的表面区域。

　　(b) 随着裂纹面的分离，微观放电现象随之发生，导致电子、光子和无线电波开始发射。放电可能因为中性粒子向裂纹尖端处内聚区的移动而得到加剧。没有发生进一步的碰撞即进入到探测器中的这些粒子就是在真实的裂纹分离过程中记录下来的发射物。

　　(c) 在裂纹尖端后面狭窄的分离界面上，带相反电荷的表面之间形成了一个强烈的电场，使得发射的电子被加速到了一个高的能量水平。这一点在离子固体中尤为明显。

　　(d) 某些被发射的粒子(尤其是那些加速电子)与裂纹面相碰撞，使得离子和原子逸出(电子激发的解吸附作用)。这就是后发射阶段所观察到的现象。

　　断裂粒子发射现在正在被物理学家和化学家们用于研究高激发状态表面上

发生的基本弛豫现象。材料学家则在考虑它在脆性部件的无损检测方面的作用，特别是针对那些表现出早期激发的材料。最乐观的创业者设想着通过监测设在地质断层带上的站点处的早期活性，将断裂粒子发射现象发展为一种地震预测手段。无论它的最终用途是什么，这一现象终归是脆性断裂过程中导致键破裂的作用力的一个有力的证明。

我们将断裂粒子发射放在讨论动态断裂问题的这一章中，是因为这一现象通常是与裂纹的快速扩展相关的。但是，它是一个真正的动态过程吗？过剩的动能是激发的一个基本组元吗？或者说激发仅仅是基本的键破裂的一种表现形式吗？外部环境中的粒子会起到什么样的作用？目前，在可控的环境中对缓慢扩展的稳定裂纹的系统实验研究尚未进行。

5

裂纹扩展的化学过程：
断裂动力学

在第 2 章和第 3 章讨论 Griffith-Irwin 断裂力学时，我们假定平衡的脆性断裂性能是由真空表面能决定的。实际上，大多数断裂过程都是发生在存在有化学相互作用的环境中。环境会对裂纹扩展产生十分有害的影响，最明显的表现之一就是*速率依赖性扩展*，这类扩展即使在远低于"惰性强度"的外加应力持续作用下也可能发生，裂纹扩展速率的大小处于可以测量的范围内，但数值非常低以至于可以被认为是极不活跃的。我们采用"动力学"（典型的速率范围从 $\approx$ m·s^{-1} 到 $\approx$ nm·s^{-1} 甚至更低）这一术语以便与真实的动态断裂（速率范围为 $\approx$ m·s^{-1} 到 $\approx$ km·s^{-1}）相区别。动力学裂纹扩展（有时也称为"慢裂纹扩展"或"亚临界裂纹扩展"）因为其对外加荷载（由 G 和 K 表征）极其敏感而受到了关注。它同时也受到环境介质的浓度、温度以及其他的一些外部变量的影响。

这样的动力学行为如何与 Griffith 概念取得一致呢？在一个确

定的驱动力作用下以一个恒定的速率扩展的裂纹似乎对应于一个稳态条件，而 Griffith 所明确考虑的则是平衡状态。实验发现随着 G 或者 K 的降低，裂纹扩展速率呈降低趋势，在某个阈值处，运动停止。在卸载过程中，系统依然会促使裂纹闭合，在一些合适的条件下甚至会出现裂纹的愈合，即使是在环境介质存在的情况下。这就使得 Griffith 的平衡概念中又增加了一个新的因素，这个因素是很特殊的，是一个几乎静止的动力学状态，这一状态相当于一个发生在平衡点附近的往复波动；然而，愈合通常是不完整的，这时使裂纹发生重新扩展所需的荷载要比裂纹初始扩展的荷载值小。张开－闭合循环表现出一定的滞后性。这样的滞后性就使得 Griffith 热力学方法核心内容中的可逆性概念受到了挑战。

　　本章中，我们试图将我们的断裂力学基础加以推广以考虑化学效应。一开始，我们还是将讨论限制在理想的脆性固体范围内。我们考虑 Orowan 的一个建议，即吸附作用可以通过降低表面能（或界面能）来减小脆性固体的平衡扩展驱动力。这一建议可以借助于 Dupré 的附着功概念合理地结合到我们先前进行的推导过程中。然后，我们考察 Rice 的一个分析，通过引进热力学第二定律推广了 Griffith 理论，使之能用于处理动力学问题。Rice 的分析将裂纹扩展速率问题处理为一个"受约束的准平衡状态"，在这一状态下应力增强的扰动驱动裂纹以一个稳态的速率向前扩展（或向后闭合）。对应于零速率的静止状态确定了一个阈值。接下来，将物理上独立的屏蔽项引入 G 或者 K，采用第 3 章中的分析方法，提出了处理具有阻力曲线或韧性曲线行为的材料问题的一般方法。我们进一步考察了实验证据[通常以裂纹扩展速率与机械能释放率或应力强度因子的关系曲线（$v-G$ 或 $v-K$）的形式表示]是如何支持这些基本想法的。然后我们考察了动力学裂纹生长激活势垒模型。最终的结论是：至少在稍微偏离静止状态的情况下，键破裂是脆性断裂过程的主导因素这一观点在裂纹尖端化学问题研究中是成立的。

　　尽管认识到了键破裂是裂纹扩展过程中的一个主要的动力学环节，但也存在其他的一些辅助性的环节导致了裂纹扩展的速率特性。的确，在化学动力学系统中多重过程是几乎无一例外地占据主导位置的（Glasstone，Laidler 和 Eyring，1941）。特别是，在内聚区发生任何的吸附相互作用之前，活性介质必须沿着扩展着的裂纹的界面传输。我们将说明这样一个传输过程可以成为速率控制过程，特别是在远离阈值的情况下，吸附速率会非常大以至于可以视作是瞬时发生的。

　　我们在本章中所采用的方法是将现象学的激活势垒模型与 Griffith-Irwin 断裂力学的连续性框架结合起来，并与尖锐裂纹概念相一致。我们必须始终牢记这一方法在处理实际的离散性问题时具有一定的局限性。对化学效应问题的最终解释必须建立在原子尺度上。在下一章中，我们将讨论这些最终解释。

5.1 Orowan 对 Griffith 概念的推广：附着功

最早的研究脆性断裂化学的理论是由 Orowan 于 1944 年提出的。Orowan 当时试图解释这么一个现象：在持续荷载作用下，玻璃试样在空气中（特别是在潮湿的空气中）的强度往往比真空中的强度低大约三分之二。他认为，在进入到裂纹界面之间并被吸附到内聚区（附着区）内壁的过程中，环境分子降低了固体的表面能。将 Griffith 强度方程[式(1.11)]中的 γ 减小到原来的十分之一，所观察到的强度降低的量级就可以得到合理解释了。Orowan 还推测：与玻璃的强度实验数据表现出明显的时间依赖性（"疲劳"）这一现象相一致，这样的降低还应该受限于活性分子向临界的吸附区扩散的速率。除了方法简单这一点之外，Orowan 方法的优点还在于它保留了 Griffith 的能量平衡概念：现在，为了维持一个平衡状态，我们不但要调控 G（通过调整外加荷载），而且还要调控 γ（通过调整环境）。

在 2.6 节讨论的基础上，我们通过分析流体环境（E）中分离两个固态半体（B）所需的 Dupré 附着功来发展 Orowan 理论。对于如图 5.1 所示的对环境敏感的裂纹系统，类似于先前对真空分离所得到的结果[式(2.30a)]，我们有

$$R_0 = W_{BB} = 2\gamma_B \quad （真空） \tag{5.1a}$$

$$R_E = W_{BEB} = 2\gamma_{BE} \quad （环境） \tag{5.1b}$$

式中，γ_{BE} 为固体 – 流体的界面能，也即在初始的内聚状态（B – B）下形成单位面积界面（B – E）所需的能量。于是，在 Griffith 平衡关系式(2.30) ~ (2.32)中用 R_E 取代 R_0、用 γ_{BE} 取代 γ_B 就可以方便地得到平衡条件。

采用与 3.1.1 节讨论内聚问题时相同的方法，借助于描述附着过程的可逆表面分离函数解释式(5.1)是有益的，也就是说，考虑了表面间作用力的非线性本质，但是将结合分离平面的流体介质和固体这两部分都视作基本上是连续的。相应地，我们在图 5.2 中给出了函数 $p_\gamma(u)$（每单位面积分离平面上附着表面间的互作用力，正号表示吸引力，与先前的约定一致，参见图 3.1）和 $U_\gamma(u)$（共轭的互作用附着能，即 $p_\gamma(u)$ 曲线下方的面积）。图中也示出了真空分离情况下相应的函数作为基准（与图 3.1 比较）。在脆性断裂这一特定条件下，对于一个如图 5.1 所示的允许流体介质不受约束地到达互作用区的裂纹系统，图 5.2 与常规的连续介质描述是一致的。于是，$R_E = W_{BEB} = 2\gamma_{BE}$ 就定义为使系统沿着图 5.2b 中的实线从 $2u = 0$ 时的初始状态（完整闭合状态）转变为 $2u = \infty$ 处（或者严格地说，在附着相互作用力的某个截断距离处）的终了状态（被吸附的张开状态）所做的功。

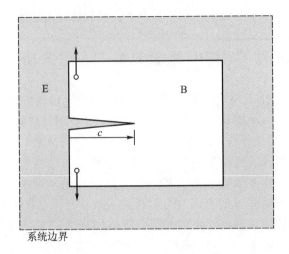

图 5.1　与活性的流体环境(E)相接触的含裂纹体(B)。连续性假设允许流体可以不受约束地到达附着区

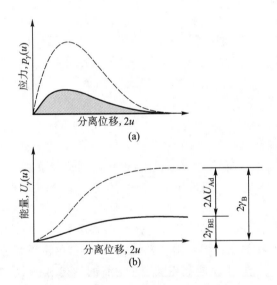

图 5.2　在流体介质中连续固体发生单位面积表面分离时的复合界面函数:(a)表面力;(b)附着能。实线对应于在流体介质中的表面分离过程,虚线则对应于真空中的表面分离过程。环境的作用相当于"屏蔽"了裂纹壁之间的吸引力,相应地使附着功从 $W_{BB} = 2\gamma_B$ 降低到 $W_{BEB} = 2\gamma_{BE}$ [(a)中的阴影区域]

现在我们可以通过考察另一条守恒的途径来获得相同的终了状态。首先，我们(任意地)为图 5.2b 中的 $U_\gamma(u)$ 在最小值处设置一个零水平，对应于初始固体中基础键的"原始状态"。我们通过三个步骤来获得这条途径：(i)从处于原始状态(初始状态，$U_i = 0$)的物体开始；(ii)在真空中沿图 5.2 中的虚线从 $2u = 0$ 到 $2u = \infty$ 将 B—B 分离成两部分，需要的能量相当于固体的本征表面能(中间状态，$U_* = 2\gamma_B$)；(iii)允许环境粒子进入到系统中并可逆地吸附到自由表面上，对应于图 5.2 从虚线到实线的过渡，这时分离面的每单位面积上获得了一个吸附能(终了状态，$U_f = 2\gamma_B - 2\Delta U_{Ad}$)。因为这一路径与前面所考虑的情况具有同一个终点，我们可以写出

$$R_E = W_{BEB} = U_f - U_i = U_f = 2\gamma_B - 2\Delta U_{Ad} = 2\gamma_{BE} \qquad (5.2)$$

所以，固体的内聚力因为环境相互作用而降低的前提是 $\Delta U_{Ad} > 0$；也即发生了吸附。值得注意的是，上面的分析并没有排除 $\Delta U_{Ad} > \gamma_B$ (也就是 $\gamma_{BE} < 0$)这一情况的出现，这时就需要做功以使 B—B 界面发生闭合。

对图 5.2b 所示的能量函数产生影响的这个与路径无关的参量是 3.5 节关于真空断裂问题的 J 积分分析中得到的一个重要结论的再现："我们可以直接由内聚力函数 $p_\gamma(u)$ 导出 Griffith 平衡条件，而无需了解这一函数的确切形式"。于是，我们可以看出，对于环境敏感系统，(和与环境无关的系统一样，)只要所考虑的路径上没有出现偏离平衡的细节，那么结果就应该是由终点处的情况唯一决定。初始(闭合)状态对应于固体的原始状态，其能量就是原始键所具有的能量，可以根据固体化学理论加以确定，而不需要任何关于环境状态的信息。终了(张开)状态对应于固体 – 流体界面，这种情况下的能量需要根据吸附化学原理确定，特别是 Gibbs 吸附方程(Adamson，1982)

$$\mathrm{d}(\Delta U_{Ad})/\mathrm{d}(\ln p_E) = kT\Gamma(p_E) \qquad (5.3)$$

式中，k 为 Boltzmann 常数，T 为绝对温度，Γ 是环境粒子 E 在 B—E 界面上产生的额外贡献，p_E 则为粒子的活性(气体分压)。Gibbs 方程提供了一个在不需要了解裂纹尖端几何构型的前提下确定化学浓度对断裂能量影响的方法。

我们重申，上面关于流体介质中固固分离过程的分析是建立在可逆热力学基础上的，与脆性裂纹的 Griffith 表述完全一致。当 $G > 2\gamma_{BE}$ 时，裂纹获得了一个向前的速率；反过来，当 $G < 2\gamma_{BE}$ 时，裂纹则获得一个负速率(裂纹发生愈合)。然而，除了这些不等式之外，我们的讨论没有给出关于非平衡状态的任何特殊的描述。例如，这个讨论就无法解释为什么速率能够达到一个稳态值，也无法解释这么一个普遍观察到的现象，即：在外加荷载撤除后，脆性裂纹通常不会发生自发的闭合和愈合。在我们的讨论中，一些重要的因素被遗忘了。

同时，式(5.1) ~ (5.3)可以作为将化学项结合到 Griffith-Irwin 断裂力学中的一个基础：

（i）等温条件。对于一个指定的材料－环境系统，如果已知关于 $\Gamma(p_E)$ 的一条合适的吸附等温线，就可以对式（5.3）进行分析。最常用的是 Langmuir 的气体等温线（Adamson, 1982）。对于平衡的吸附－解吸附过程，表面闭合率为

$$\theta(p_E) = \Gamma(p_E)/\Gamma_m = p_E^\eta/(p_0^\eta + p_E^\eta) \tag{5.4}$$

式中，Γ_m 为表面完全闭合时的额外贡献，η 是 B 的每单位表面上吸附物 E 分子的位置占有率，p_0 是一个特征压力。最后一项是吸附活性的一种逆表征：在 p_0 足够小（$p_0 \ll p_E$）的情况下，我们可以认为在适中的压力（"强的化学吸附互作用"）条件下事实上已经形成了完全的闭合（$\theta \to 0$）。将式（5.4）代入式（5.3）并积分，同时引用式（5.1）和（5.2），我们得到

$$R_E(p_E) = W_{BEB}(p_E) = W_{BB} - (2\Gamma_m kT)\ln(p_E/p_0\theta^{1/\eta}) \tag{5.5}$$

因此，附着功随着压力的增大而减小，与我们直观的预期结果是一致的。

在冷凝物润湿了表面以至于裂纹前缘附近的界面处形成了一个毛细管的情况下，W_{BEB} 中将包含有一个额外的、正的 Laplace 压力项，在饱和真气压中这个压力等于凹凸面液体的表面张力。

（ii）界面。将式（5.1）用下式取代就可以很容易地将附着功概念推广到环境介质 E 中两个不同的半体 A 和 B 界面的情况［与式（2.30b）比较］

$$R_E = W_{AEB} = \gamma_{AE} + \gamma_{BE} - \gamma_{AB} \tag{5.6}$$

（iii）韧性参数。对于真空中的裂纹，由式（3.10）给出的 Barenblatt 韧性与裂纹扩展阻力能量之间的等效性可以推广到化学环境中的裂纹系统

$$T_E(p_E) = [E'R_E(p_E)]^{1/2} \tag{5.7}$$

在 Barenblatt 关系式（3.8）中，我们只需要对 $p_\gamma(X)$ 做一些修正以考虑活性的环境对界面作用力的影响。我们把这样的修正放到后面的 6.5 节中去讨论。与式（5.5）中的 $R = R_E(p_E)$ 相一致，我们预期 T_E 随着化学浓度的增大而减小。

5.2　Rice 对 Griffith 概念的推广

在上一节的讨论中，我们借助于 Dupré 的附着功概念推广了平衡状态的 Griffith 描述，使之包括了化学的影响。但是 Griffith 理论受到热力学第一原理的严格限制，因此，当裂纹系统偏离平衡状态超过一定程度之后，Griffith 理论就无法对裂纹系统的响应作出描述。它处理不了动力学问题。

Rice（1978）指出，在一个更普遍化的不可逆热力学框架下重新说明 Griffith-Irwin 概念，就可以消除上面提到的限制。Rice 动力学理论的要点可以概括如下：如果产生的扰动足够小，以至于所获得的裂纹扩展速率与声波速度相比可以忽略，则相应的速率过程就可以视作"受约束的平衡状态"中的一个阶段，

这时裂纹系统呈现一个"在系统的所有内部变量都被冻结在它们的瞬时值时就可以获得的"准平衡状态。这时就需要引进热力学第二定律了：对于以任意速率扩展的裂纹，熵产率一定不会随时间而减少。于是我们就不得不考虑键破裂过程中存在的耗散因素。而最终，就必须根据在原子尺度上的局部势垒的稳态起伏来分析这个耗散项。但是，宏观热力学仍然可以用于对容许的稳态速率进行有效的(即使是有限的)解释。

下面给出对 Rice 理论的一个并不十分严谨的推导。我们再次分析与内部环境 E 相接触的一个含裂纹物体 B 这么一个系统(与图5.1比较)，只是在这里我们考虑热量 Q 从一个具有固定绝对温度 T 的外部热源处等温传递通过系统的边界，如图5.3所示。热力学第一定律要求：在裂纹扩展导致一个面积增量 dC 的过程中，系统内能的增加量等于相应输入的热量

$$dU = \delta Q \tag{5.8}$$

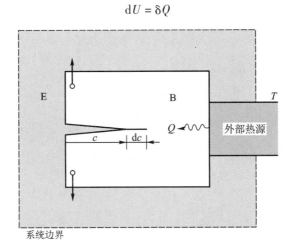

图5.3 一个含有内部流体环境(E)的裂纹体(B)系统与一个具有固定绝对温度 T 的外部热源相接触。Q 为裂纹 c 形成过程中输入系统的热量

(由1.2节,我们规定系统的边界包括了外加荷载所做的功,因此在这样任意的无穷小的裂纹扩展过程中系统所做的净机械功为零。)根据热力学第二定律,热焓与系统熵 S 之间的关系为

$$dS = \delta Q/T + \Lambda dt \tag{5.9}$$

式中，$\Lambda \geq 0$ 为熵增的时间速率，也即超出了维持一个可逆的状态变化所需的熵的变化率。对于理想的脆性固体，如式(2.31)所述，系统的内能分解为机械能项($dU_M = -GdC$)和表面能项($dU_S = R_E dC$)，再加上一个考虑状态变量 S 的变化的项

$$dU = -(G - R_E)dC + TdS \tag{5.10}$$

结合式(5.8)~(5.10)，我们获得不可逆裂纹扩展过程的熵增率

$$\Lambda = \int (G - R_E) v ds / T \geq 0 \qquad (5.11a)$$

式中 $v = dc/dt$ 为裂纹前缘任意一点 s 处的法向速率。

现在假定裂纹前缘每一点处的状态由局部的裂纹扩展驱动力 $g = G - R_E$ 决定，式(5.11a)中的熵增率线积分就简化为

$$gv = (G - R_E) v \geq 0 \qquad (5.11b)$$

这就是 Rice 的观点。因为考虑了动力学状态，所以这一不等式所建立的断裂准则比 $G_C = R_E$ 更为通用。如果 $g > 0$，则 $v \geq 0$，也就是说 $G > R_E$，这时裂纹只能向前扩展；反之，如果 $g < 0$，则 $v \leq 0$，也就是说 $G < R_E$，这时裂纹只能向后运动。（但必须注意这一不等式并不排除在 $G \neq R_E$ 的前提下出现 $v = 0$ 的情况，这一点我们将在下面加以讨论。）这意味着对于理想的脆性固体而言存在一个有限的机械能释放率的动力学区域，在这个区域中我们可以定义一个准平衡状态 $G = R_E'$

$$R_E' = R_E \pm \Delta R_E, \quad (R_E^- \leq R_E' \leq R_E^+) \qquad (5.12)$$

式中，$\Delta R_E \geq 0$ 是一个耗散组元，而 R_E^- 和 R_E^+ 分别为裂纹向前扩展和向后运动的边界。（超出了这个有限区域，系统就变成了一个动态系统。）于是，这就间接地指出存在一个稳态裂纹扩展速率函数 $v(G)$，这一函数具有一个明确的阈值：在 $G = R_E = W_{BEB} = 2\gamma_{BE}$ 时 $v = 0$。注意在上述的推导过程中没有任何细节会妨碍我们将讨论推广到真空中的裂纹系统。但是，不借助于进一步的仔细分析，我们就可以断言（在下一章中还将证实）：在化学效应很明显的情况下，$R_E^- \leq G \leq R_E^+$ 这一区域是很显著的。图5.4右边的"原始"曲线示出了简单的速率函数，包括了上述讨论中所提到的基本特征。

现在，$v = 0$ 时的裂纹扩展 Griffith 条件就可以被看成是式(5.11b)的一个非常特殊的情况：在 $g = 0$、$G = G_C = R_E$ 时的一个真实的热力学平衡。在 $G = R_E$ 时，式(5.11a)中的熵增率为零，说明即使是在一个发生相互作用的环境中，Griffith 裂纹理论上也可以以一种可逆的方式发生扩展和愈合。这一关于在静止点处可逆性原则的理论推断进一步证实了5.1节提及的 R_E 与可逆表面能或界面能之间的一致性。作为一个必然的结果，与 Griffith 平衡之间的偏差（以乘积 gv 作为量度）越大，式(5.12)中的耗散组元 ΔR_E 的量级就越大。

在本章的前言及5.1节结束前都曾简单地提到了关于裂纹扩展不可逆性的一个可以由 Rice 理论加以分析的问题。这就是实验通常能够观察到的一个事实：裂纹愈合如果确实发生了（见第6章），那么就总是倾向于偏离图5.4所示的"原始" $v - G$ 曲线负方向所预期的趋势。此外，如图左侧的"愈合"曲线所示，在使裂纹闭合之前有时需要将 G 降低到一个低于 R_E 的水平。此后再

进一步增大 G，裂纹往往就会沿着第二条曲线的正方向重新发生连续扩展。这一点我们将在 5.7 节和 6.5 节中分别给出实验验证和理论验证。前面的讨论中已经提到，在 $v=0$，$G<R_E^-$ 条件下出现这么一个不确定的区间与不等式(5.11)是一致的。这至少可以在一定程度上解释这么一个实际存在的现象：新形成的 Griffith 裂纹在卸载阶段通常不发生自愈合。

Rice 的热力学理论的实际功效在于它采用了一个简单的方式来说明动力学可以结合到 Griffith 能量平衡概念的框架中，而不需要对不可逆机制进行特别的分析。它所依据的只是 $v-G$ 或 $v-K$ 曲线(5.4 节)建立过程的基本的合理性。另一方面，热力学无法指出 $v-G$ 函数应该表现为什么形式。这一描述也考虑了在卸载(以及后续的重新加载)过程中裂纹可逆性存在的本征的滞后效应。同样，对于这一滞后的程度却无法预测。而至于那些在原子尺度上加以分析的物理过程的最终细节的认识，则只能在借助于理论上更为有效的统计力学方法对离散势垒的本质进行更深入的研究之后才能获得

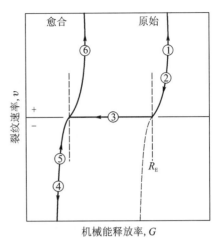

图 5.4 $v-G$ 函数示意图。(+)和(−)分别代表裂纹向前发生扩展和向后发生闭合。右边的曲线对应于在流体环境中原始裂纹界面上发生的张开 - 闭合响应；左边的曲线则对应于在同样的环境中发生的愈合 - 重新扩展响应。初始的加载①使得裂纹按照右边曲线的正方向在原始固体内扩展。在卸载阶段②裂纹到达阈值 $G=R_E=2\gamma_{BE}$，从而维持静止状态③，直至 G 进一步减小到与左边曲线相交，在那里裂纹开始沿代表愈合的曲线负方向发生滞后的逐渐闭合④，也就是绕开了原始曲线的负方向那一段(虚线所示)。在重新加载阶段⑤，裂纹将按照愈合曲线的正方向沿着愈合的界面发生扩展⑥

了。这方面的内容我们将在第 6 章处理原子过程时加以更进一步的讨论。

5.3 裂纹尖端化学及屏蔽效应

到目前为止我们对断裂化学问题的处理都假定所考虑的是理想脆性固体，而且在其附着区之外的区域内没有能量耗散组元存在。在第 3 章中曾经提到，事实上实际的脆性固体与这种理想情况是有偏差的，在实际材料中，包围裂纹前缘的一些屏蔽区内往往会发生一些次生的(但是通常是实质性的)能量损失。借助于阻力曲线或者韧性曲线(R 曲线或 T 曲线)，我们已经了解了在平衡断

裂特性中这一屏蔽效应是如何表现的。现在我们来分析在动力学特性中相应的影响。

考虑如图 5.5 所示的一条屏蔽裂纹。从裂纹尖端附着区处分析，机械能释放率或者应力强度因子就是"包围区"的 G_* 或者 K_*，而不是远场区的 G_A 或者 K_A(3.6.1 节)。从第 3 章对 R 曲线进行的分析中可以知道，基准韧性 R_E 即使与消耗在屏蔽区中的能量相比有些偏小，在断裂力学过程中所起的作用也仍然是占主要地位的。这是因为从物理上说最终决定裂纹扩展条件的就是(结构上保持不变的)附着区中发生的根本的分离过程。此外，我们在第 7 章中将证实，包围区的场强度可能决定了屏蔽区的尺寸，这时 R_E 是作为一个乘积项而不是加和项出现在 R_μ 中的。有意思的是，能量耗散区在断裂动力学中的唯一作用是在不改变基本的键破裂过程的前提下对裂纹尖端进行力学屏蔽，这一说法最早是针对延性的金属提出的(Hart,1980)。

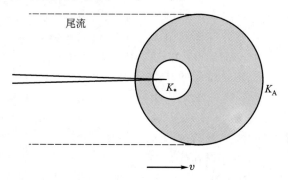

图 5.5　以速率 v 传播着的一个具有屏蔽区(阴影部分)的裂纹。在内部的弹性包围区中，裂纹扩展的基本条件由 K_* (或者 G_*)唯一确定。根据屏蔽 – 尾流区中次生能量库源的活性不同，远场韧性可能增大 $\left[K_A > K_* (G_A > G_*)，\text{真实的屏蔽}\right]$，也可能减小 $\left[K_A < K_* (G_A < G_*)，\text{反屏蔽}\right]$

我们下面来对上述讨论做一些推导(Lawn,1983)。首先，我们从站在包围区的观察者这个角度来写出动力学裂纹扩展过程一般的基本关系

$$\left.\begin{array}{l} v = v(G_*) \\ v = v(K_*) \end{array}\right\} \quad (\text{动力学过程}) \qquad (5.13)$$

其零速率的阀值为

$$\left.\begin{array}{l} G_* = R_E \\ K_* = T_E \end{array}\right\} \quad (\text{平衡状态}) \qquad (5.14)$$

然后，借助于一套将内部的包围区和外部的远场区的力学条件结合起来的独立

关系式，将屏蔽效应引进来。这套关系式可以表示为式（3.30）和（3.27）的非平衡形式

$$\left.\begin{array}{l} G_* = G_A + G_\mu \\ K_* = K_A + K_\mu \end{array}\right\} \tag{5.15}$$

式中的 G_A 和 K_A 为远场值，$-G_\mu = R_\mu$ 和 $-K_\mu = T_\mu$ 分别表示屏蔽对材料韧性的贡献。

简单地说，屏蔽的效果可以看成是远场 v-G_A 函数在 v-G 图上沿着横轴发生一个相应的平移，如图 5.6 所示。对于一个给定的材料-环境体系，因为 $R_\mu = R_\mu(c)$ 函数所表现出的对裂纹尺寸的依赖关系，这一平移的程度会随裂纹的"历史"而发生变化。平移取决于裂纹系统所表现出的 R 曲线行为的程度：对于初始的"短裂纹"（靠近 R 曲线的下端），平移程度相对小一些；对于"长"裂纹，平移则较为明显，而且整条速率曲线的形状相对于不可变包围区 v-G_* 曲线来说会发生一些变化。因此，具有 R 曲线行为的材料其远场速率曲线不是唯一的。这一有说服力的结论对于那些希望根据常规的长裂纹速率数据来预测具有小缺陷材料的寿命的人来说是特别有用的（第 10 章）。

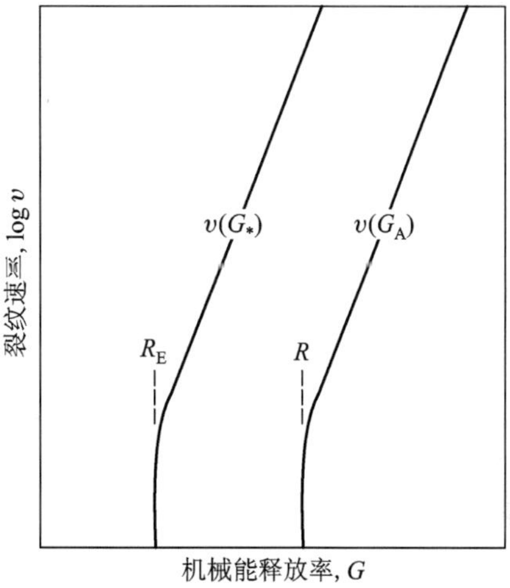

我们前面已经提到了包围区场的强

图 5.6 裂纹扩展速率函数示意图：没有屏蔽效应的本征的不可变包围区 v-G_* 曲线以及有屏蔽效应、取决于裂纹历史的远场 v-G_A 曲线。可以看出屏蔽的影响可以由 G_A 的平移反映出来（或者 v-K_A 曲线上 K_A 的平移）

度对屏蔽区尺寸具有决定作用，因此我们也可以预期 G 的平移量应该是以某一种比较敏感的方式与 R_E 有关。这一观点与普遍的一个说法是相反的，即：如果本征表面能与屏蔽的贡献相比小到了可以忽略的程度，那么就可以将其从断裂能项中除去（3.2 节）。无论如何，这样的观点将使得我们更加关注由式（5.13）所表示的裂纹尖端基本关系：这些关系显然不但确定了裂纹扩展速率响应的 G 的范围，而且也确定了这一响应的环境敏感性。

5.4 裂纹扩展速率数据

现在我们来考察材料学文献中出现的一些裂纹扩展速率的实验数据。对与

特定的理论模型相关的一些动力学变量(如外加应力、材料组成或显微结构、温度)的系统研究非常少。关于"慢"裂纹扩展的第一个证据可能是由苏联学者根据 Obreimoff 实验(1.4 节)在云母中发现的。接下来在工程金属方面做了大量的工作(Johnson 和 Paris,1968)。20 世纪 60 年代后期,玻璃科学家特别是 Wiederhorn(1967,1970)开始对水性环境中硅酸盐玻璃进行了一系列的研究。Wiederhorn 的工作构成了后来陶瓷材料领域中采用断裂力学技术(2.5 节)测定 $v - G_A$ 或 $v - K_A$ 曲线的坚实基础。

我们选择一些正式发表的裂纹扩展速率曲线进行分析。我们的选择主要是为了说明那些不具有 R 曲线效应($G = G_A = G_*$,$K = K_A = K_*$)的典型脆性材料、透明玻璃以及单晶中本征扩展速率函数的一些显著特征。我们将很少提及韧性较好的多晶陶瓷和金属,这些材料中会表现出屏蔽的重要作用。速率曲线是采用对数坐标绘制的,以适应裂纹扩展速率表现出的典型的宽范围。这里我们只考虑裂纹在原始材料中的扩展,而把与裂纹愈合以及可逆性相关的问题放到 5.7 节中去讨论。

首先考虑潮湿环境中的钠钙玻璃、蓝宝石和云母(图 5.7 ~ 5.9)。这三个例子表现出了共同的特征:

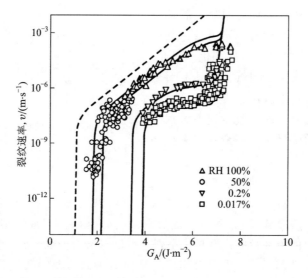

图 5.7　不同相对湿度(RH)的空气(实线)和水(虚线)中钠钙玻璃的裂纹扩展速率曲线。数据采用 DCB(固定荷载)技术和压痕技术在 25℃ 下测得。曲线为数据的理论拟合结果(5.6 节)。[源自:Wan,K-T.,Lathabai,S. & Lawn,B. R. (1990) *J. European Ceram. Soc.* **6** 259。其中部分数据来自:Wideerhorn,S. M. (1967) *J. Amer. Ceram. Soc.* **50** 407;Freiman,S. W.,White,G. S. & Fuller,E. R. (1985) *J. Amer. Ceram. Soc.* **68** 108.]

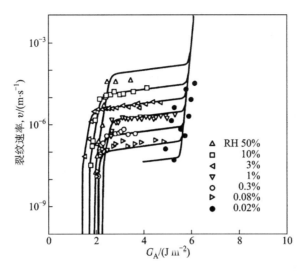

图 5.8　不同相对湿度的潮湿空气中蓝宝石的裂纹扩展速率曲线。数据采用 DCB(固定荷载)技术在 25℃ 下测得。实线为数据的理论拟合结果(5.6 节)。[源自: Wiederhorn, S. M. (1969) *Mechanical and Thermal Properties of Ceramics*, ed. J. B. Wachtmn Jr., N. B. S. Special Publication **303** 217.]

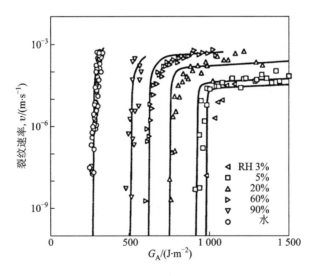

图 5.9　一些特定相对湿度的潮湿空气中云母的裂纹扩展速率曲线。数据采用 DCB(固定荷载)技术在 25℃ 下测得。实线为数据的理论拟合结果(5.6 节)。[源自: Wan, K-T., Aimard, N., Lathabai, S., Horn, R. G. & Lawn, B. R. (1990) *J. Mater. Res.* **5** 172.]

（i）通常，裂纹扩展速率对外加荷载极为敏感，表明速率与 G 或者 K 之间呈现指数或幂函数关系，并且这一关系的系数或指数非常大。

（ii）数据按变化趋势可以划分为三个区域，意味着不同的速率控制过程之间的逐渐过渡：Ⅰ区为低应力区，速率强烈依赖于 G；Ⅱ区为适中应力区，速率趋于一个平台值（大气环境）；Ⅲ区为高应力区，速率对 G 的依赖程度甚至超过Ⅰ区。

（iii）Ⅰ区和Ⅱ区表现出了对化学浓度或环境介质分压、特别是水的依赖性。这一依赖性的一个明显表现就是在这两个区域中，对于任意指定的 G，数据单调地向高速率方向移动。Ⅲ区与环境介质无关，反应出了真空条件的相应情况。

Ⅰ区的低端处曲线的陡峭性（特别是图 5.9 所示的云母中的情况）表明了阀值的出现，有时也把这个区域标记为 0 区。在实际测试中，任何像这样的阀值是很难仅仅通过裂纹正向扩展速率实验测出的，这是因为当裂纹趋于平衡时测量其扩展速率需要花费很长的时间。那么我们将依据什么来把图 5.7～5.9 所示的对数坐标上的数据外推到横轴呢？为验证阀值存在而进行的实际的实验是对系统卸载从而使得裂纹回复。我们将在 5.7 节中来证明我们所考虑的所有材料都确实存在阀值。

现在我们通过在水溶液中测得的玻璃的数据来说明动力学中的两个重要变量——温度和化学组成的作用。图 5.10 给出了三个不同温度下玻璃在水中测得的数据。在大约 100℃的温度范围内，曲线向着速率增大的方向平移了大约两个数量级，

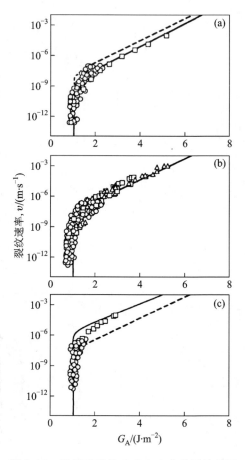

图 5.10 钠钙硅酸盐玻璃在水中的裂纹扩展速率曲线：（a）2°～5℃；（b）25℃；（c）80°～90℃。数据采用固定荷载的 DCB 技术（□，△）和压痕技术（○）测得。实线为理论拟合结果［在（a）和（c）中的虚线是 25℃数据的拟合结果，复制过来以说明数据的平移程度］。［源自：Wan, K-T., Lathabai, S. & Lawn, B. R. (1990) *J. European Ceram. Soc.* **6** 259。DCB 数据取自：Wiederhorn, S. M. & Bolz, L. H. (1970) *J. Amer. Ceram. Soc.* **53** 543.］

这是一个典型的热激活过程。没有迹象表明这三条曲线所反映出来的阀值 $G_A = G_* = R_E = 2\gamma_{BE} \approx 1\ \mathrm{J\cdot m^{-2}}$ 存在明显的差异，这与本征表面能和界面能对温度的相对不敏感这一事实是一致的。

化学组成的影响可以通过以下三个例子加以说明：

（i）图 5.11 所示为在水中测得的某些硅酸盐玻璃的数据。显然，玻璃中氧化物添加剂组成对玻璃与水之间的相互作用有很强的影响。对这些数据的解释并不容易：没有一个很明显的方法可以来简单说明图 5.11 中数据之间的变化；这些曲线不仅具有不同的斜率，而且还趋向于相交。

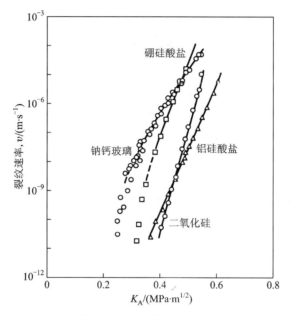

图 5.11　在水中测得的不同硅酸盐玻璃的裂纹扩展速率曲线。数据采用 DCB（固定荷载）技术测得。［源自：Wiederhorn, S. M. & Bolz, L. H. (1970) *J. Amer. Ceram. Soc.* **53** 543.］

（ii）图 5.12 所示为在酸性和碱性溶液中测得的熔融石英的数据。同样，也可以清楚地看出组成的影响，只不过这里是通过溶液的 pH 值来表现的。对这种情况的解释显得稍微不那么复杂了：我们只需要考虑斜率的变化。

（iii）图 5.13 所示为在长链烷烃溶液中测得的钠钙玻璃的数据。Ⅰ区中的数据与水中测得的曲线是平行的，而后便偏离进入Ⅱ区的平台，这与图 5.7 所示的潮湿空气中的情况相似。

尽管在开放的玻璃结构中的金属离子添加剂或者溶液中 H^+ 和 OH^- 离子的活性是前两个例子中的关键因素，在如此复杂的系统中化学相互作用的特征本征仍然是一个有争议的问题。在第三个例子中，Ⅱ区的存在使得我们可以断

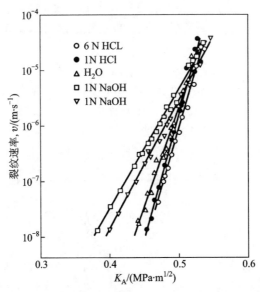

图 5.12　在酸性和碱性溶液中测得的熔融石英的裂纹扩展速率曲线。数据采用 DCB(固定荷载)技术测得。[源自:Wieder-horn,S. M. & Johnson,H. (1973) *J. Amer. Ceram. Soc.* **56** 192.]

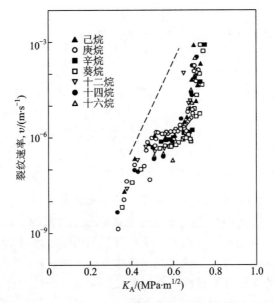

图 5.13　在长链烷烃溶液中测得的钠钙玻璃的裂纹扩展速率曲线。虚线为水中测得的数据,用于对比。数据采用 DCB(固定力矩)技术测得。[源自:Freiman,S. W. (1975) *J. Amer. Ceram. Soc.* **58** 339.]

定：主导动力学过程的是烷烃中微量的水分，而不是烷烃本身。

至此，对上述典型固体的数据中表现出的主要特征进行一些总结有利于为5.5节进行的理论描述打下一个基础。我们把这些主要特征示于图5.14。0区的阀值定义了一个对温度不敏感的 Griffith 平衡状态：$G_A = G_* = R_E = W_{BEB} = 2\gamma_{BE}$。Ⅰ区强烈依赖于外部变量，如外加应力、温度和化学浓度，是一个热激活过程。Ⅱ区对外加应力不敏感，对应于一个传输过程，在这个区域中，随着 G 的增大，活性的环境介质的传输越来越赶不上裂纹前缘的前进。这个中间部分的区域将Ⅰ区和Ⅱ区连接起来，后者则相当于在真空中的速率响应。

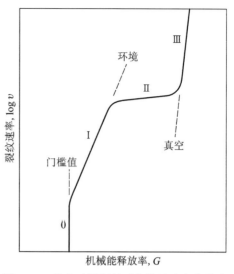

图 5.14　从实验测得的裂纹扩展速率曲线中观察到的不同裂纹正向扩展速率区域示意图

现在来分析多晶陶瓷。文献中关于具有"显微结构不均匀性"（第7章）的材料的数据由于其不可重复性而引人注目，这种不可重复性不但表现在从来源不同的材料上所获得的数据方面，而且还反映在不同的测试方法上（即使是使用由同一块材料制备的试样）。或许最显著的不一致性来自对同一试样所获得的批量数据。这种不一致性在很大程度上可以归因于屏蔽。我们用图5.15所示的对一种单相氧化铝陶瓷进行测试所得到的一些数据来说明这一点。这些数据是由在硅油中进行的实验获得的：慢裂纹扩展可能是因为硅油中存在微量的水而导致。随着每一次连续测试的顺序进行，所测得的曲线（实线）逐渐向右平移，这是因为测试的起始点在 T 曲线上的位置逐渐升高的缘故。这样的曲线平移现象反映了远场 $v - K_A$ 函数（即实验师通过监测外场的外加荷载所确定的函数）对裂纹历史的依赖性。只有在式（5.15）中减去了屏蔽组元后获得的弹性包围区的 $v - K_*$ 曲线（虚线）才是确定不变的。

最后，我们在图5.16中给出了在氢气中不同温度下测得的一种脆性金属合金的一些裂纹扩展速率数据，以进一步强调这里所描述的基本的动力学现象并不仅仅局限于陶瓷。如在玻璃中所观察到的那样（图5.10），我们看到了一个显著的温度依赖性。像这样完整的 $v - K$ 曲线在许多金属系统中都是很容易观察到的，甚至包括一些在环境效应不存在的情况下通常也能发生延性分离（脆变）的金属系统。

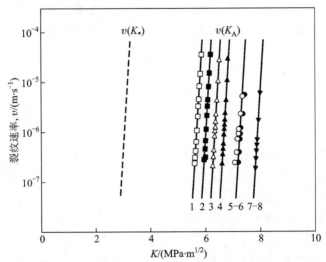

图 5.15　在硅油中测得的一种高密度多晶氧化铝（晶粒尺寸为 17 μm）的裂纹扩展速率曲线。数据采用 SENB 技术测得。实线 1~8 代表在同一个试样上随着裂纹尺寸逐渐增大[①]所测得的一系列 $v-K_A$ 数据。数据沿着 K 轴的平移对应于 T 曲线上起始位置的连续攀升。虚线是除去了屏蔽组元后获得的真实的 $v-K_*$ 曲线。［源自：Deuerler, F. , Knehans, R. & Steinbrech, R. (1985) *Fortschrittsberichte der Deutschen Keramischen Gesellschaft* **1** 51. ］

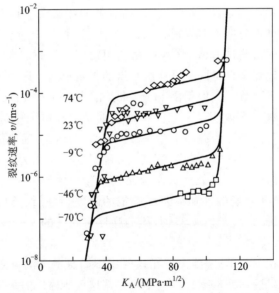

图 5.16　在氢气中不同温度下测得的 Ti－5Al－2.5Sn 合金的裂纹扩展速率曲线。数据采用 DCB 技术测得。［源自：Williams, D. P. (1973) *Int. H. Fract.* **9** 63. ］

---

　　① 即在每测定完一条 $v-K_A$ 曲线之后，对试样在原切口处切口一个长度更大的切口继续下一轮测试。——译者注。

5.5 动力学裂纹扩展模型

现在来讨论一些用于描述裂纹扩展速率行为的准连续理论模型。图 5.17 所示为沿着裂纹界面一个可能的速率控制过程的发生次序。从裂纹嘴部到尖端处，这个过程包括了以下步骤：聚集流体的流动(粘度控制)、体扩散流动(气体中自由分子的流动、溶液中溶质的扩散)、受约束的界面扩散("晶格点阵控制")、在裂纹尖端处发生的吸附相互作用。随着这一过程按以上步骤逐渐进行下去，裂纹的构型变得越来越狭窄，过程对 G 或者 K 的依赖程度也相应地越来越强烈。因为决定化学相互作用本质的是在裂纹尖端附近发生的细节，因此我们对这些细节给予最密切的注意。

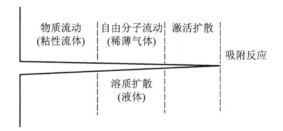

图 5.17　能产生化学相互作用的脆性裂纹示意图。
图中示出了可能的速率控制过程中的一些步骤。
随着流体沿裂纹界面进入，狭窄的裂纹缝隙的抑
制作用在速率函数中表现得越来越明显

如何利用这些模型对上一节中给出的裂纹扩展速率实验数据进行拟合的问题将在 5.6 节中讨论。

5.5.1 裂纹前缘处的反应动力学

我们首先来看一下 Wiederhorn(1967,1970)发展出来的一个裂纹尖端相互作用模型，这个模型主要是用于描述玻璃的裂纹扩展速率曲线的。Wiederhorn 模型实际上是 Charles 和 Hillig(1962)早期提出的一个模型的衍生物，在那个早期的模型中，裂纹扩展被假定是由平滑的裂纹尖端处的应力腐蚀机制导致的。因为是建立在反应速率理论基础上，原始的 Charles-Hillig 方法具有一定的普适性：它的现象学特征使其可以应用于任意的应力诱导热激活过程。所以，Wiederhorn 模型可以在考虑裂纹尖端处发生的环境粒子引起的吸附诱导断裂的基础上加以讨论，这与我们一直所采用的理想脆性断裂的观点是一致的。这样一来，尽管我们以通用项考虑了外部变量诸如应力、温度和浓度的作用，但基

本的键破裂机制仍然包含在其中。

图 5.18a 示出了这一模型的理想化情况。我们假定环境粒子已经不受约束地到达了裂纹尖端处活化的吸附位置。假定附近的裂纹壁上无应力作用，所以那里的吸附产物不活跃，也就是说临界的键破裂相互作用在（单一的）裂纹前缘上是完全局部化的。我们又假定发生相互作用的粒子具有足够的浓度和化学附着性，使得裂纹前缘上所有的位置都成为活性位置［"强相互作用近似"，即式（5.4）中 $p_0 \ll p_E, \theta \to 1$］。这样环境流体与固体表面之间的分子"反应"速率就可以根据经典的速率过程理论（Glasstone, Laidler 和 Eyring, 1941）直接写出

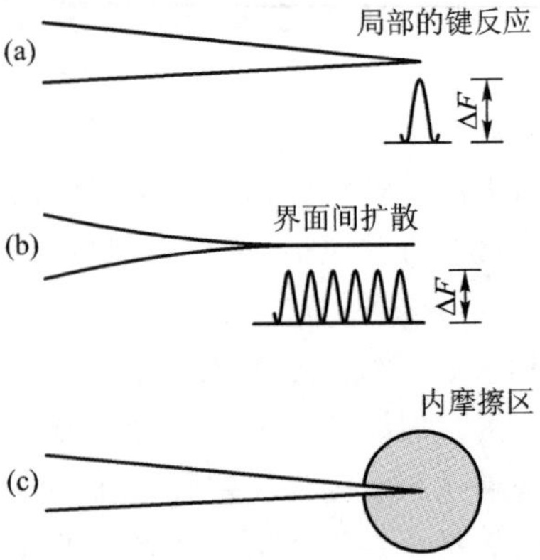

$$K = \nu_0 [\exp(-\Delta F_+/kT) - \exp(-\Delta F_-/kT)] \qquad (5.16)$$

式中，ν_0 为基础晶格频率，kT 为 Boltzmann 热能，ΔF_+ 和 ΔF_- 分别为由反应物和产物生成应力激活合成体的分子自由

图 5.18 v–G 曲线 I 区模型。"激活"的过程包括：（a）在裂纹前缘处活性的环境粒子间发生浓缩反应；（b）活性粒子在受约束（Barenblatt）附着区内扩散。势垒高度 ΔF 与应力的方向有关："+"表示向前扩展，"−"表示向后闭合。"屏蔽"过程则为：（c）直接包围着裂纹尖端的一个粘性区中产生的内摩擦损耗

能。对应力的依赖性通常借助于 G 或者 K 的一个任意的 Taylor 展开式加以表述。这里我们选择将 $g = G_* - R_E$ 展开以维持与 Griffith 平衡之间的一致性（Pollett 和 Burns, 1977）

$$F_\pm = \Delta F^* \mp \alpha(G_* - R_E) + \cdots \qquad (5.17)$$

式中，ΔF^* 是在 $G_* = R_E$ 的条件下的静态吸附–解吸附过程的活化能，$\alpha = -(\partial F/\partial G_*)$ 为活化面积[*]。

裂纹扩展速率 v 可以由 Ka_0 给出，其中 a_0 为原子间的特征距离。于是式（5.16）和（5.17）给出（参见 Pollett 和 Burns, 1977）

$$v = 2\nu_0 a_0 \exp(-\Delta F^*/kT) \sinh[(\alpha(G_* - R_E)/kT] \qquad (5.18)$$

静止点 $G_* = R_E$ 代表着在 v–G_* 空间中存在的阀值状态。当 $G_* > R_E$ 时，裂纹

---

[*] 严格地说，I 区中的参数 ΔF^* 和 α 是表面覆盖率 θ 的函数；但是，如果我们考虑的是"强相互作用"（$p_0 \ll p_E$）假定所限制的范围，ΔF^* 和 α 对 θ 的依赖关系可以忽略不计。另一方面，如果我们考虑相反的情况即"弱相互作用"（$p_0 \gg p_E$），就可预期这两个参数将发生急剧的变化，如 5.4 节所讨论的速率曲线中 III 区表现出较高斜率所反映出来的情况。

发生扩展(吸附过程主导);而当 $G_* < R_E$ 时,裂纹闭合(解吸附过程主导)。如果我们只考虑裂纹的向前扩展,$\Delta F_+ = \Delta F_- - \varepsilon$,$\varepsilon > kT$,式(5.16)中的第二个指数项就可以忽略,从式(5.18)简化为一个简单的形式

$$v = v_0 \exp(\alpha G_*/kT), \quad (G_* > R_E) \tag{5.19}$$

其中的指数前项为

$$v_0 = \nu_0 a_0 \exp(-\Delta F^*/kT) \exp(-\alpha R_E/kT) \tag{5.20}$$

现在,活性环境粒子浓度的影响可以借助于 $R_E = W_{BEB}(p_E)$ 加以考虑。我们从式(5.18)可以看到,浓度的变化相当于速率曲线沿 G 轴发生的平移。在"强相互作用"极限情况下($p_0 << p_E$),考虑气体的 Langmuir 吸附等温线(5.5),式(5.19)和(5.20)中假定速率与气压之间呈一个简单的幂函数关系:$v = p_E^\beta$,其中 $\beta = 2\alpha\Gamma_m$ 是一个量纲为一的常数。

上面的推导过程至少定性地考虑了 I 区裂纹扩展速率对前一节中所观察的一些重要的外部变量的依赖关系:

(i) 外加荷载   式(5.19)所描述的速率对 G_* 的强烈依赖关系与图 5.7 ~ 5.13 所示的陡峭的 I 区行为一致;

(ii) 温度   式(5.18)和(5.20)所描述的速率对 T 的依赖关系说明了图 5.10 所示的高温下裂纹扩展速率实质性的提高;

(iii) 浓度   由 $R_E = W_{BEB}(p_E)$ 所说明的速率对 p_E 适当的(相反的)依赖关系可以解释图 5.7 ~ 5.9 所示的随湿度提高而发生的向高速率方向的平移。

5.5.2   由传输决定的动力学:激活的界面扩散

由另外一个过程也可以导出式(5.18)所示的一类应力激活速率函数,这一过程是发生在尾随裂纹前缘的附着区中的界面扩散。如图 5.18b 所示,在这个附着区中,外来粒子同时受到了两个裂纹表面的影响。我们可以再次采用 5.1 节中提到的 Orowan 对这一可能性进行的推测。根据 Orowan 的观点,裂纹尖端处的吸附实际上是同时发生的。因此,I 区中的动力学可以归因于在一个扩展着的(Barenblatt 型)界面间发生的外来分子的固态扩散。

现在假定图 5.18 所示的势垒在外加荷载作用下发生了一个偏移,我们可以将上一小节中得到反应速率现象学公式用于界面传输过程,而不加任何数学修正:速率对外加荷载、温度和化学浓度的依赖关系保持不变。我们仅仅需要对公式中的参数赋予不同的物理意义:ΔF^* 和 α 与扩散势垒有关,而不是与吸附势垒有关。

这一数学上的对应关系的含义是很显然的:仅仅得到了速率函数 $v(G_*, T, p_E)$,通常并不足以判断主导 I 区动力学的到底是吸附过程还是扩散(或其他)过程。

5.5.3　本征屏蔽区中的内摩擦

在裂纹扩展定律中考虑速率影响的另一种途径是分析直接包围裂纹前缘的那部分材料中发生的"内摩擦"(图 5.18c)。Maugis(1985)提出了一个基于这一假定的连续介质模型。这一模型的基本考虑是：所有的材料都在一定程度上表现出粘弹性；决定速率函数的是总的本构方程中的粘性组元，而不是吸附动力学或者扩散动力学。

Maugis 模型的一个特征是沿用了 Griffith 条件：尽管是能量分析中的一个起决定作用的组元，粘性损耗过程仍然被处理为表面分离过程的一个附加因素。说明这一模型基本原理的最简单方法可能是这么一个精心设计的试验：呈 DCB 构型的两块稍稍分离但并不相互附着的玻璃狭条之间充满了一薄层粘性的润湿性液体(Burns 和 Lawn 1968)。当玻璃狭条以一个无限慢的速率剥开时，机械能释放率 G 等于液体在毛细管中的表面能：$W_{BEB} = 2\gamma_L$(这一点可以通过独立的表面张力测量加以证实)。然而，对于快速分离的情况，由于液体分子迁移受凹凸液面的影响，能量会发生耗散；能量耗散越多，$(G - 2\gamma_L)$ 的量级就越大，而裂纹向前扩展或愈合的速率则受到液体粘度的限制。粘性损耗过程和表面分离过程同时起作用，但在物理上是相互独立的。

这一相互独立性与前面关于屏蔽的描述很相似。Maugis 模型确实也可以视为一个屏蔽问题。借助于准平衡状态下的 Rice 方程[式(5.12)]，裂纹扩展条件可以写成

$$G_* = R'_E = R_E = \Delta R_E(v) \tag{5.21}$$

式中的 $\Delta R_E(v)$ 是一个内部粘性耗散项，也就是裂纹尖端区域内应力–应变本构特性中的一个本征组元。稳态 $v - G_*$ 函数关系则可以由式(5.21)导出。Maugis 发现一个经验函数 $\Delta R_E(v) = R_E(v/v_0^{1/n})$(其中 v_0 和 n 是可调整的参数)，可以应用于描述粘弹性固体的裂纹扩展速率数据。ΔR_E 和 R_E 之间的比例关系是 5.3 节中所提及的屏蔽能倍增效应的一个表征。这样就得到了幂函数速率方程

$$v = v_0 \left[(G_* - R_E)/R_E \right]^n \tag{5.22}$$

式中 v_0 是一个可调整的参数[与式(5.19)中的 v_0 对比]。借助于 v_0 和 R_E 则可以将温度和化学浓度考虑进来，这与反应速率模型非常相似。

尽管在聚合物材料中得到了可验证的应用，Maugis 模型并没有被研究陶瓷材料(特别是像蓝宝石和云母这类致密的单晶结构)的学者们普遍认可。但是，正如我们后面将要提到的那样(7.3 节)，在某些确定的晶体(特别是岩盐型晶体)中，速率效应中确实出现了有限的裂纹尖端"粘塑性"现象。

5.5.4 由传输决定的动力学:"稀薄"气体的自由分子流动

前面我们曾经提到过(图5.17)可能在裂纹扩展动力学(特别是 v – G 曲线的Ⅱ区)中(伴随着附着区扩散)同时起作用的液体传输过程。当沿着裂纹表面将活性介质传输到反应区所需的特征时间大于反应时间时,这一过程是决定裂纹扩展速率的。存在有多种可能的传输机制,这是因为不仅反应介质的形状可能有所变化,而且传输介质也会有所变化。因此,环境介质可以通过多种方式进入到裂纹前缘:裂纹嘴部较宽的界面区域内发生的(粘度控制的)体积流动;溶质分子在裂纹界面间存在的另一种液体中发生的体积扩散;裂纹壁上的表面扩散;通过裂纹尖端处"开放"的固体结构(如硅酸盐玻璃)或者裂纹尖端尾部区域的腐蚀产物发生的离子扩散,等等。一般规律是:控制速率的过程发生的位置距裂纹尖端越远,v – G 的相关性就越弱。

这里,我们将注意力集中在一个特殊的例子上:如图5.19所示的气相环境中的自由分子流动。这可能是一种最常见的非本征传输机制。重新考虑如图5.7 ~ 5.9所示的潮湿环境中曲线的与众不同的Ⅱ区平台。进而,分子流动速率可以通过气体的初级动力学理论相对简单地推导出来。

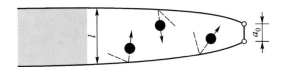

图5.19　描述气相环境中 v – G 曲线Ⅱ区的模型。左边的阴影区为物质流动区域。当裂纹张开位移小于分子间平均自由程时发生自由分子流动。向右边裂纹尖端处流动的速率的衰减由分子在裂纹壁上的热扩散散射决定。[源自:Lawn,B. R. (1974) *Mater. Sci. Eng.* **13** 277.]

考虑一个包含有活性气体的裂纹系统。假定基本的裂纹尖端反应是"强"的($p_0 \ll p_E$,5.1节)而且是"瞬时发生"的,气体非常"稠密"(沿界面 p_E 保持恒定)。此时,速率由单位时间内气体碰撞到裂纹前缘每一个吸附位置处的分子数 M 决定

$$v = (a_0/\eta) \, \mathrm{d}M/\mathrm{d}t \tag{5.23}$$

式中 a_0 为吸附位置的间距,η 为吸附位置被吸附物分子占据的比例。根据动力学理论,每一个位置处的碰撞速率为

$$\mathrm{d}M/\mathrm{d}t = a_0^2 p_E/(2\pi mkT)^{1/2} \tag{5.24}$$

式中 a_0^2 为位置的横截面积,m 为分子质量。与式(5.23)相结合,我们得到速率

$$v = a_0^2 p_{\mathrm{E}} / \eta (2\pi m k T)^{1/2} \qquad\qquad (5.25)$$

注意：这个速率与 G 或者 K 无关。

我们来估算一下潮湿空气中的裂纹扩展速率。取 $\eta = 1$（裂纹尖端处每一化学键上一个分子），$a_0 = 0.5$ nm（原子间距），$m = 30 \times 10^{-27}$ kg（H_2O 分子），$T = 300$ K，$p_{\mathrm{E}} = 3$ kPa（室温下水的饱和蒸汽压），得到 $v \approx 10$ mm·s^{-1}。这一数值位于图 5.7 ~ 5.9 中相应的 II 平台上方。

事实上，因为没有考虑在稳态流动过程中沿裂纹界面上出现的压力降，我们可以预期式(5.25)过高地估计了 II 区速率。在上述计算中所使用的压力和温度下，分子间碰撞的平均自由程约为 1 μm，这一数值应该大于裂纹前缘尾部一定距离[较为脆性的固体的典型值为 $X \approx 100$ μm，式(2.15)]处的裂纹张开位移。当气体分子沿界面迁移时，可以想象，气体分子与裂纹墙碰撞会比与其他气体分子碰撞更为频繁（Knudsen 气体）。因此，气体事实上是"稀薄"的，并且进入了"自由分子流动"区域，在这个区域中，扩散的分子墙散射降低了传输速率。于是，裂纹嘴部处与裂纹前缘处的压差对流动进行了调整：在低速情况下，裂纹前缘处的净吸附速率相对较小，因此裂纹尖端处的压力与裂纹嘴部处的压力相平衡。在中等速度下，吸附速率提高，裂纹尖端处分子供应不足；相应地，我们可以将 I 区和 II 区之间的过渡处理为一个两步过程，在这一过程中，非本征的（化学激活）键破裂和自由分子流动顺序发生。最后，在高速情况下，分子供应完全停止，裂纹尖端可以近似处理为"真空"状态；伴随而来的 II 区和 III 区之间的过渡区就存在着一个竞争：（流动控制的）非本征键破坏和本征键破坏同时起作用。正是在这种串发和并发过程的基础上，我们可以把图 5.14 中的 II 区看成是 I 区和 III 区的一个混合区。

自由分子流动的这些特征可以通过在 II 区方程(5.25)中引进一个量纲为一的、与几何形状有关的 Knudsen 衰减项 κ 而结合到速率方程中（Lawn 1974）

$$v_{\mathrm{II}} = \kappa(G_*) a_0^3 p_{\mathrm{E}} / \eta (2\pi m k T)^{1/2} \qquad\qquad (5.26)$$

利用式(2.15)计算得到抛物线形 Irwin 裂纹的 κ 为

$$\kappa(G_*) = 64 G_* / 3\pi E a_0 \ln(l/a_0), \quad (\kappa \leqslant 1)$$

式中，E 为杨氏模量，l 为气体的平均自由程。这样一来，II 区的裂纹扩展速率就随 G_* 而变化了，即便变化相对较为平缓。

至此，利用式(5.1)确定 R_{E}，我们可以重写裂纹扩展速率的激活关系式(5.18)，特别是针对 I 区和 III 区

$$v_{\mathrm{I}} = 2\nu_0 a_0 \exp\left(-\frac{\Delta F_{\mathrm{I}}^*}{kT}\right) \sinh\left(\alpha_{\mathrm{I}} \frac{G_* - W_{\mathrm{BEB}}}{kT}\right), \quad (W_{\mathrm{BB}} \geqslant G_* \geqslant W_{\mathrm{BEB}})$$

$$(5.27a)$$

$$v_{\text{III}} = 2\nu_0 a_0 \exp\left(-\frac{\Delta F_{\text{III}}^*}{kT}\right) \sinh\left(\alpha_{\text{III}} \frac{G_* - W_{\text{BB}}}{kT}\right), \quad (G_* \geqslant W_{\text{BB}}) \qquad (5.27b)$$

而后从简化处理角度，对于串发的Ⅰ区和Ⅱ区间的过渡，我们得到

$$v/v_{\text{I}} + v/v_{\text{II}} = 1 \qquad (5.28a)$$

这样一来，两个步骤中较慢的一个决定了裂纹扩展速率。相似地，对于并发的Ⅱ区和Ⅲ间的过渡，则有

$$v = v_{\text{II}} + v_{\text{III}} \qquad (5.28b)$$

这样，较快的一个步骤决定了裂纹扩展速率。最后，式（5.26）～（5.28）可以用于给出图5.14所示最终的、完整的 $v - G$ 曲线。

这里需要提到一个潜在的问题。我们已经指出（5.1节）在潮湿空气中，水蒸气可以凝聚而在紧邻裂纹前缘处形成毛细管。这一毛细管的作用可能表现为缩短了自由分子沿界面流动的区域。在一个极端情况下，这个凹凸液面所延伸到的位置处的裂纹张开位移将大于分子间碰撞的平均自由程，这时自由分子流动区域将不存在，相应地也就没有了Ⅱ区。本书中，我们在图5.9中提到了在较高的相对湿度下云母中平台的消失。

5.5.5 钝裂纹假设

如果说存在一个普遍性的概念使得我们可以将前面提及的所有模型都归结到一个普适性的描述的话，那么这个概念就是：扩展着的裂纹的尖端是原子尺度上尖锐的。正是尖锐裂纹和键破裂概念体现了脆性的最基本特征。但是，也有一些裂纹模型不可避免地与这个理想状态有所偏离。最突出的就是钝化模型，这一模型基于一个假设，即裂纹的扩展包括了裂纹尖端结构的一个基本变化；裂纹尖端结构的这个变化不但决定了能量而且还决定了扩展机理。

图5.20示出了两类这样的模型，其中（a）类（裂纹尖端因为应力诱导的溶解过程而光滑化）已经在前面介绍 Charles-Hillig 模型时提及（5.5.1节），而（b）类则描述了一个由剪切诱导的塑性引起的类似的光滑化过程。其基本观点是：随着 G 或者 K 的降低，扩展着的裂纹在尖端处不断钝化，从而导致裂纹扩展变慢。因此，断裂的微观力学由外部的材料过程确定：在（a）类中为腐蚀化学，在（b）类中则为塑性流动。

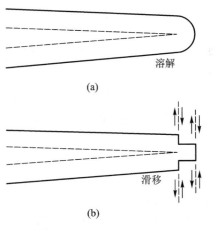

图 5.20 裂纹尖端钝化示意图：
（a）溶解腐蚀；（b）塑性滑移

钝裂纹假设的出现导致了一些物理学上的争议:

(ⅰ) 接受一个总是变化着的裂纹尖端结构相当于对 Griffith 理论体系提出了异议。表面(界面)能不再是平衡(门槛值)状态的基本的决定性因素;此外,必须详细描述非本征参数(如裂纹半径)。于是,存在一条唯一的 $v - G_*$ 曲线的基础消失了。

(ⅱ) 建立这样的模型时有一个特别的现象。所建立的模型存在许多的变体,尤其是在关于硅酸盐玻璃的文献中。

(ⅲ) 钝化的证据不可避免地是间接的。最常用的证据来自裂纹扩展速率与腐蚀或者硬化的速率依赖性之间的关系。这样的关系可能在任何一个对应力敏感的激活过程中都能观察到。

考虑到这些以及其他一些更具体的争议(第 6 章和第 8 章),我们不得不提出"原子尺度的尖锐性"是脆性裂纹的一个与生俱来的性质,是不容易加以否定的。前面在 5.5.1 ~ 5.5.4 小节中阐述的裂纹扩展的尖锐裂纹"定律"尽管有些现象化,但仍具有明确的恒定性。同时,钝裂纹假设的否定并不是要把紧邻的裂纹界面上的腐蚀或流动过程的活性排除在外。事实上,确实观察到了这些过程,如即使在非常脆的陶瓷中也观察到了界面上的腐蚀产物。尖锐裂纹概念的支持者会如此解释:任何一种这样的外部过程的唯一作用其实就是在裂纹尖端处屏蔽掉外场荷载,而对键破坏过程的影响则是次要的。这样一来,表观的 $v - G_A$ 函数可能表现为与过程有关,但裂纹尖端微区处基本的 $v - G_*$ 函数却总是保持为唯一确定。在极端的溶解性环境中(如在用于增强玻璃表面的长时间酸侵蚀处理过程中),裂纹尖端可能也会被同时消除,留下一些残余的细长空腔或坑("切口")。在这些情况下,随后发生的断裂更可能位于裂纹(重新)成核的区域,而不是裂纹扩展区域(第 9 章)。

5.6 裂纹扩展速率参数的评价

特定的裂纹扩展速率理论公式与实验数据之间吻合得到底如何?这在过去的 20 年中是文献中广泛讨论的一个话题。我们在 5.5.1 节中得到的Ⅰ区的公式表明 v 和 G 之间存在指数函数关系。但我们必须记住这一关系是通过将活化能方程(5.17)中的 G 进行泰勒展开后得到的。有人认为对 K 进行同样的展开也是合理的。仍然有人坚持认为合适的 $v - G$ 或者 $v - K$ 关系应该是幂函数而不是指数函数(如 5.5.3 节)。实验数据的离散以及Ⅰ区曲线的陡峭性使得我们无法对各种可能的关系进行甄别。

不过,我们已经将适用于气相环境中激活的裂纹扩展过程的式(5.26) ~ (5.28)用于拟合图 5.7 ~ 5.10 中所给出的一些数据。这些拟合的结果如图中的实线所示；在拟合过程中，根据我们对 G 平移所做的简单讨论，对应于每一组材料数据对激活参数进行了协调调整，而在每一个相对湿度下独立调整了 R_E 的数值。所获得的激活参数列于表 5.1，这些参数的数值是原子尺度过程的典型值。

所以，反应速率理论显然可以用于讨论所观察到的 v – G 特性的主要特征，包括 Ⅰ、Ⅱ、Ⅲ 区之间的过渡、门槛值以及不同温度不同浓度时曲线的平移。但是，应该重申这一分析的现象性特征。Ⅰ 区裂纹扩展速率对应力、温度和浓度的依赖性与任何一个应力增强的热激活过程都是一样的。激活过程的关系式在目前的简化形式下无法解释某些速率数据表现出的异常。我们可以重新回顾一下图 5.11 ~ 5.13 所示的趋势：当溶液或者玻璃的化学组成改变后，曲线的Ⅰ 区斜率发生了变化，曲线甚至出现相互交叉的现象。

表 5.1 对图 5.7 ~ 5.10 所示固体获得的式（5.28）中的裂纹速率激活区以及能量参数（水环境）

参 数	钠钙玻璃	蓝 宝 石	云 母
a_0 /（nm）	0.50	0.48	0.46
α_{I} /（nm² · molec⁻¹）	0.010	0.057	0.150
α_{III} /（nm² · molec⁻¹）	0.120	0.100	—
ΔF_{I}^* /（aJ · molec⁻¹）	0.105	0.106	0.071
$\Delta F_{\mathrm{III}}^*$ /（aJ · molec⁻¹）	0.040	0.017	—

注：a_0 的值为特征的键间距。

相应地，我们尚未提及一个重要的问题：哪一种环境介质可能会与哪一种脆性固体发生反应？

5.7 裂纹愈合 – 再扩展的门槛值与滞后性

断裂化学中需要加以讨论的另一个话题是裂纹愈合。在脆性断裂描述中愈合的重要性已经多次提及。理论上，它与 Griffith 的可逆性有关；实践中，它在建立裂纹扩展速率门槛值方面发挥了作用。图 5.2 所示的简单平面间函数关系以及 5.5 节给出的普遍性模型都指出，我们的连续介质方程认为可逆性是完全的。对于低于平衡条件 $G_* = R_E = W_{BEB} = 2\gamma_{BE}$ 但偏差为无穷小的情况，裂纹需要以一个非零的速率收缩。另一方面，我们曾经指出更普遍适用的 Rice 描述（5.2 节）本没有对裂纹的逆向运动施加这样的限制条件，因此在 v – G 曲线上就会出现一个允许的滞后，如图 5.4 所示。本节中我们将考察实验真相，并预期它对裂纹尖端化学的连续介质描述的影响。

在为数不多的关于裂纹愈合力学的系统实验研究中，大多数都是对云母和硅酸盐玻璃展开的：

（i）长期以来，云母被认为是所有固体材料中最适合于愈合研究的，这是因为它的原子尺度上光滑的解理行为（Bailey 和 Kay 1967）。图 5.21 给出了近期得到的这种材料在潮湿空气中通过原始界面（v）和愈合界面（h）发生裂纹扩展时的速率数据，同时也给出了完全分离后旋转一定角度使之重新接触并愈合所得到的板状试样的实验数据（h′）。裂纹确实发生了愈合，因而证实了门槛值行为。但是在加载－卸载－重新加载循环过程中出现了滞后，如从曲线 v 到曲线 h 以及从曲线 h 到 h′。

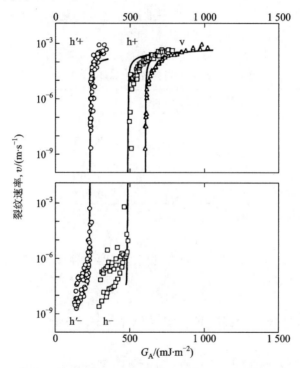

图 5.21　云母中正向（＋）和反向（－）裂纹扩展速率随 G_A 的变化关系。数据在潮湿空气（50% RH）中获得，顺序为：对原始界面进行加载（v）；对愈合界面进行卸载并重新加载（h－，h＋）；对愈合但取向错误的界面进行卸载并重新加载（h′－，h′＋）。实线为理论拟合结果（5.6 节）。数据在 25℃ 下通过 DCB（恒定位移）实验获得。［取自：Wang, K. T., Aimard, N., Lathabai, S., Horn, R. G. & Lawn, B. R. (1990) *J. Mater. Research* **5** 172.］

由 $v=0$、$G=R_E$ 所确定的门槛值给出了原始界面和愈合界面上 W_{BEB} 对相对湿度的依赖性。这一结果示于图 5.22。注意到 W_{BEB} 随相对湿度的提高表现出降低趋势，这与式(5.5)在性质上是一致的。外推得到的湿度为 100% 时的 W_{BEB} 值比水中的值高出约 150 $mJ \cdot m^{-2}$，表明在饱和气氛中形成了毛细管效应。

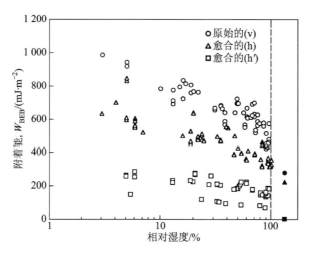

图 5.22　云母的附着能 W_{BEB} 实测值随水蒸气分压(表示为相对湿度 $RH = p_E / p_S$，其中 p_S 为饱和气压)的变化关系。数据由原始界面、愈合界面以及解理的两部分在错位相接后形成的愈合界面上的裂纹扩展速率门槛值计算得到。右边实心符号对应于水中的相应数据。[取自：Wan，K-T. & Lawn，B. R.，*Acta Metall.* **38** 2073.]

（ii）因为透明性、各向同性以及均匀性，硅酸盐玻璃是另一类用于愈合研究的合适材料。图 5.23 给出了空气中钠钙玻璃愈合裂纹的速率数据（Stavrindis 和 Holloway 1983）。扩展和再扩展分支之间的滞后比云母中观察到的更明显。这些数据的一个重要方面是愈合界面对过程的依赖性：滞后的程度随温度的升高及卸载和重新加载之间的时间间隔的增大而减小。这表明了界面能的活化恢复。玻璃中过度老化的裂纹内部腐蚀产物的发展以及最终导致的界面弥合是实现这一恢复的途径。

已经报道了对包括蓝宝石（图 6.23）在内的其他脆性固体中不可逆愈合进行定性观察的结果。可以得到的结论是：即使是最具脆性特征的固体，加载－重新加载的滞后现象也是普遍的而不是特例。这里涉及裂纹平衡状态的亚稳性问题，对这一问题的解释需要用到下一章中介绍的原子尺度上的描述。

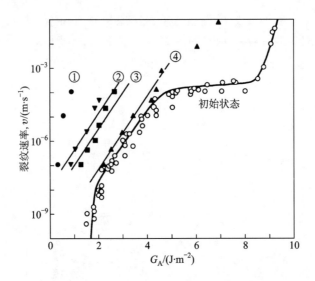

图 5.23　在空气中(50%~70% RH)测得的钠钙玻璃裂纹扩展数据。右边的曲线为原始裂纹；曲线①~④分别对应于愈合界面：在 25℃ 下老化①5 分钟、②24 小时和③30 天以及④120℃ 热处理。数据由 DT 方法测得。［取自：Stavrinidis, B. & Holloway, D. G. (1983) *Phys. Chem. Glasses* **24** 19.］

6

断裂的原子理论

到目前为止，我们已经从连续介质观点出发研究了裂纹扩展问题。尽管如此，在第 3 章和第 5 章中还是多次提到了这一处理方法的一些根本的局限性，即它忽视了固体原子结构的影响。在脆性裂纹的描述中，我们提出引进晶格平面尺度参数作为一个关键的比例尺度。我们注意到 Barenblatt 内聚区模型通过应用 Irwin 关于裂纹的狭缝描述而避开了对原子结构的考虑；然而应用这一模型对临界裂纹张开尺寸进行的估计证实，本征的分离过程确实是发生在原子尺度上的。3.3.2 节中提到的 Elliot 晶格半空间模型提出了一种引进基本的离散性元素的尝试。5.5 节中现象的动力学模型及其关于势垒的假设则是另一种尝试。但是，这些模型根本上还是准连续性的。像任何一种热力学过程一样，对于脆性断裂，最终的答案必须在原子或者分子尺度上去寻求。

另一方面，尽管从原子尺度上的研究可以提供对断裂问题的更深刻的物理认识，但也不可避免地会带来更大的数学上的复杂性。传统的模型是将固体处理为由一些弹簧（结合键）联结在一起的大量质点（原子）的聚集体。我们将看到质点 – 弹簧的表示方法可以使我们对脆性裂纹有更深刻的理解；但即使是这样的表示方法也还是过于简单。在某些情况下，特别是当裂纹与环境介质颗粒发生反应的情况下，需要将原子视作弹性的球体而不是质点，以便考虑分子尺寸效应。在一般的脆性裂纹的通常原子模型中需要进行求解的固体力学方程是非常难以求解的。研究者已经采取了一些方法：采用"简化"的结构模型以使计算的细节减少到最小，但仍然保留着离散性裂纹结构的所有必需的元素；回到准连续性描述，用一个原子面上的表面间积分函数代替单一的原子间势函数；或者，作为最后一招，将所有的离散性问题交由计算机去处理。在本章的后续节中，我们将涉及所有这些方法。

我们将从原子模型中最简单的一个入手，像 Orowan 和 Gilman 所做的那样，将注意力全部集中在一个单一的非线性裂纹尖端结合键上。然后，我们将介绍由 Thomson 提出的一个更精确一些的点原子/弹簧键晶格裂纹模型，这个模型可以为处于临界状态的结合键给出一个描述其非线性短程力的函数。这些模型为我们建立了一个"点阵陷阱"的概念。对非线性裂纹尖端互作用函数的详细描述使得我们自然而然地进入到对平衡状态以及动力学状态下环境化学的讨论。但是，短程力模型不足以解释在第 5 章中提到的裂纹加载－卸载－重新加载实验中观察到的滞后现象。有必要对真实的（通过独立测量得到的）平面间力函数的微小细节予以足够的注意，特别应当注意那些长程的次生能量最小值，这些最小值反映了处于约束的裂纹界面上起扰动作用的流体介质的结构不连续性。为此，提出了一个适当地考虑亚稳界面状态的修正的 Barenblatt-Elliot 模型。接下来，我们将讨论裂纹尖端塑性，重新确认它在共价－离子型固体中作为裂纹扩展微观力学的一个次要因素的地位。最后，我们将分析主要通过透射电镜观察得到的一些重要的实验证据，这些实验证据直接给出了裂纹尖端结构的基本性状。这些证据将用于加强我们关于原子尺度的尖锐性是描述脆性基本特征的一个固有特性的推断。

6.1　内聚强度模型

现在我们来考虑如何借助于一个原子间内聚力函数来描述脆性断裂过程中依次发生的键破坏图像。在第 3 章中我们提到，一条连续裂纹的能量可以通过对如式(3.1)所示的一个内聚应力－分离位移函数进行积分而得到。然而，这一推导过程没有规定内聚函数应该采用什么样的函数形式，也没有考虑如何应用这一函数获得一个显性的准则以描述单个裂纹尖端在结合键尺度上的裂纹扩展行为。Orowan(1949)和 Gilman(1960)是最早开始考虑这些问题的学者。他们的处理方法尽管是半经验的，在确定主导脆性断裂过程的原子参数方面仍然具有一定的价值。

真空中单个裂纹尖端结合键的力 – 位移函数 $F_B(y)$ 如图 6.1 所示。这里我们采用 2.6 节中使用的符号约定规则，即内聚吸引力为正值[也就是 $F_B(y) = +dU_B(y)/d(2y)$，这里的 U_B 为原子间结合势能函数]。Gilman 将本征的键结合力 – 分离位移函数的吸引力部分近似处理为一条半正弦曲线

$$F_B(u) = F_{Th}\sin(2\pi u/\delta'), \qquad (0 \leqslant 2u \leqslant \delta') \qquad (6.1)$$

式中，F_{Th} 为键断裂所需力的理论极限值，$2u = 2y - b_0$ 为一个原子对从其平衡原子间距 b_0 处开始计算的位移，δ' 是一个键的 "范围" 参数(类似于图 3.1 中的 δ)。可以方便地定义一个等效的裂纹尖端内聚应力函数

$$p_\gamma(u) = F_B(u)/a_0^2 \qquad (6.2)$$

式中 a_0^2 为键的截面积。结合式(6.1)和(6.2)得到

$$p_\gamma(u) = p_{Th}\sin(2\pi u/\delta'), \qquad (0 \leqslant 2u \leqslant \delta') \qquad (6.3)$$

式中 $p_{Th} = F_{Th}/a_0^2$ 即为固体的理论内聚强度。为使裂纹发生扩展，裂纹尖端处的 p_γ 就必须大于 p_{Th}。

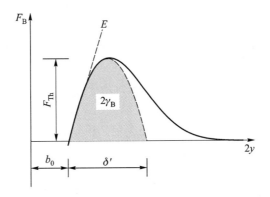

图 6.1　本征原子间力函数。阴影部分的半正弦
曲线为 Orowan-Gilman 近似。为了使键破裂(也就
是使原子间距离由 b_0 变化为无限大)，作用在
裂纹尖端上的力必须大于 F_{Th}

令式(6.3)中的正弦函数与两个熟知的断裂参数相匹配，就可以得到 p_{Th} 的估计值。

(ⅰ)杨氏模量　根据胡克定律，分离位移曲线在平衡点处的斜率应该等于拉伸弹性模量，于是有

$$E = b_0\left[\frac{dp_\gamma}{d(2u)}\right]_{u=0} = (\pi b_0/\delta')p_{Th} \qquad (6.4)$$

(ⅱ)表面能　曲线下面的面积应该给出物体表面能的一种量度。注意到

应力实际上在 $2u = \delta'$ 处中断了，我们可以得到

$$2\gamma_{\mathrm{B}} = \int_0^{\delta'} p_\gamma(u)\mathrm{d}(2u) = (2\delta'/\pi)p_{\mathrm{Th}} \tag{6.5}$$

遗憾的是，δ' 与结合键的种类密切相关，难于确定。我们假定它应该处于原子尺度的数量级，$\delta' \approx b_0$，从而近似地得到

$$p_{\mathrm{Th}} = E/\pi \tag{6.6a}$$

$$2\lambda_{\mathrm{B}} = 2Eb_0/\pi^2 \tag{6.6b}$$

或者，我们也可以避免对 δ' 值进行臆测，由式（6.4）和（6.5）将其消除后得到

$$p_{\mathrm{Th}} = (E\gamma_{\mathrm{B}}/b_0)^{1/2} \tag{6.7}$$

于是，为了获得高的本征强度，就需要大的弹性模量值、大的表面能值以及原子面的紧密排列。

采用对理论内聚强度的这一估计，我们再回到关于裂纹尖端应力集中问题的 Inglis 分析（1.1 节）。将 $\sigma_{\mathrm{C}} = p_{\mathrm{Th}}$ 代入式（1.4），我们得到临界外加应力 $\sigma_{\mathrm{A}} = \sigma_{\mathrm{F}}$，则有

$$\sigma_{\mathrm{F}} = \frac{1}{2}p_{\mathrm{Th}}\left(\frac{\rho}{c}\right)^{1/2} = \left[\left(\frac{\pi\rho}{8b_0}\right)\left(\frac{2E\gamma_{\mathrm{B}}}{\pi c}\right)\right]^{1/2} \tag{6.8}$$

这与 Griffith 得到的强度方程（1.11）具有相同的形式。事实上，如果 $\rho = 8b_0/\pi$，二者就完全一致。

Orowan-Gilman 方法和 Griffith 方法得到几乎完全相同的结果，这一点似乎有点令人诧异，毕竟 Girffith 方法基于宏观概念，而 Orowan-Gilman 方法则基于原子概念。但是，我们不能忘记在前面应用 J 积分进行的讨论（3.5 节）中曾经提到：任何一个基础牢固的裂纹尖端准则，只要它满足了热力学平衡的要求，就应该与 Griffith 准则等效。这里需要记住的是，我们已经将应力方程（6.3）与 Griffith 方程中的那些宏观参数进行了精确的匹配；Griffith 概念已经被"嵌入"。在比较这两种方法的优缺点时应该认为，Orowan-Gilman 方法是更为基本的，更接近力学的描述。虽然如此，它也具有更大的不确定性，这是因为，这一处理方法对裂纹尖端结构进行了过分的简化，从而为式（6.8）中的数值常数带入了一定的不可靠性。这些不足之处中最主要的一点是假定了在原子尺度上裂纹尖端处仍然采用了连续性概念。进而，这一模型没有对结合键的类别进行区分，而众所周知的是，键的类型是决定本征断裂阻力的一个重要因素。事实上，Orowan-Gilman 将固体处理为一组平行且互不耦联的直线链的简单阵列，而且这种直线链只在长度方向上受力，"晶格约束"效应被忽略了。下一节中我们将讨论最后的这个问题。

内聚强度模型的原始形式是严格以真空中键的破裂为基础导出的。或许可以提出一个改进的模型，用一个缩小了振幅（相当于表面能由 γ_{B} 降低到 γ_{BE}，

如图 5.2 所示）的半正弦函数 $p_\gamma(u)$ 代入式（6.5）以考虑化学诱导的裂纹扩展。在 6.5 节中，当我们开始考虑表征裂纹尖端化学的更复杂的力函数时将会清楚地发现这样的处理是不合适的。

6.2 晶格模型与裂纹陷阱：本征键破裂

脆性裂纹的离散性模型的下一个层次是描述点原子晶格中临界内聚键的模型，这样的模型由 Thomson 和他的同事们提出（Thomson，Hsieh 和 Rana 1971；Thomson 1973；Fuller 和 Thomson，1978）。建立这一模型的根本目的并不是为了对真实固体的结构作出更实际的描述，而是希望对材料特性所产生的某些深刻影响获得更进一步的物理认识，这些材料特性在简单的 Orowan-Gilman 分析中是不够清楚的。特别是，我们将探讨原子尺度上周期性的存在，这种周期性是 Griffith 能量理论中作为依次键破裂过程的一个自然结果而预期得到的。这将引进一个"点阵陷阱"（断裂类似于位错运动中的 Peierls 阻力）概念，并由此得到关于裂纹动力学的一个基本描述。

6.2.1 准一维链模型

考虑图 6.2 所示的一个一维真空"裂纹"结构。这一结构由两条半无限长的点原子链组成，在点原子链上，原子在链的长度方向上由线性的可弯曲元件联结，在裂纹尖端前面的横断方向上则由线性的可伸缩元件联结，零应力条件下的原子间距离分别为 a_0 和 b_0，联结元件的弹簧常数分别为 α 和 β。被假定处于非线性区的唯一元件只是位于裂纹尖端处的第 n 个可伸缩键 B—B。张

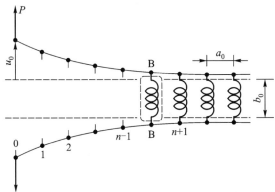

图 6.2 尖锐裂纹的准一维链模型：非线性的裂纹尖端键 B—B 处于一个线性的"晶格"中。［取自：Thomson，R. M.，Hsieh，C. & Rana，V. (1971) *J. Appl. Phys.* **42** 3154.］

开力 P 作用于自由端。在裂纹尖端后面，可伸缩元件被认为已经"断开"，对应于力-分离位移函数上"截断"处的位移。扩展涉及裂纹尖端处键的"破裂"，继而原子链上下一个键的力-分离位移函数便继承了前一个键的非线性构型。这一模型的目的在于确定结构的"原子性"是如何体现在裂纹扩展的宏观能量理论中的。

挑剔的人也许会质疑说如图6.2所示的、由点原子和弹簧组成的这种不太可能观察到的准一维集成体根本不可能与任何实际固体相关联。然而，这一结构确实包含了一条脆性裂纹的突出特征：它具有线弹性基质中一条尖锐（Elliot型）狭缝的性状；它保留了 Orowan-Gilman 非线性裂纹尖端描述中的原子性特征，考虑了键破裂过程中的晶格约束。此外，我们在6.4节中还将看到，这一模型还为分析化学反应做好了准备。更重要的是，这一模型很容易得到分析解。事实上，文献中还可以找到这类晶格模型的一些更复杂的变体。我们之所以把注意力放在这个准一维链模型上，是因为这一模型可以让我们通过最简单的分析过程获得关于裂纹阻力的离散性效应的一般结论。

正式的分析是从寻找这一离散性结构的平衡构型开始的。为建立计算方法，我们首先要定义一些与非线性可伸缩键有关的特征参量，如图6.3所示。采用通常的方法将第 j 个可伸缩键的内聚力位移函数和能量-位移函数联系起

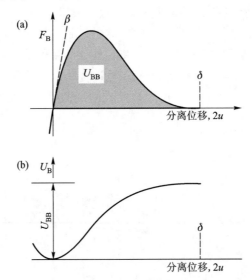

图 6.3　在裂纹截面上发生伸缩的键在范围 δ 内的本征（a）力函数和（b）势能函数。在本征力的图形中，平衡时的斜率给出了刚度 β，曲线下方的面积则给出了键的断裂能 U_{BB}

来，即令 $U_B(u_j)$ 等于 $F_B(u_j)$ 曲线下方的面积。在裂纹尖端后面的区域($j < n$)中，键的伸缩大于截断位移 $2u_j = \delta$，因此我们可以定义分离的裂纹尖端结合键的内聚能为

$$U_{BB} = \int_0^\delta F_B(u_j) \, d(2u_j) \tag{6.9}$$

在裂纹尖端前部($j > n$)，结合键在胡克范围内伸缩。这一区域中的刚度可以自洽地确定

$$\beta = \left(\frac{dF_B(u_j)}{d(2u_j)} \right)_{u_j} = 0 \tag{6.10}$$

于是，系统的总势能可以写成原子链上原子位移 u_j 的函数

$$U = U_B(u_n) + nU_{BB} + 2\beta \sum_{j=u+1}^{\infty} u_j^2 + \alpha \sum_{i=1}^{\infty} (u_{j+1} - 2u_j + u_{j-1})^2 - 2Pu_0 \tag{6.11}$$

式中右边第一项是承受应变的非线性裂纹尖端键的能量，第二项是裂纹尖端后面所有已经断裂的键的内聚能，第三项是裂纹尖端前部可伸缩元件的应变能，第四项是可弯曲元件的应变能，最后一项则为外部加载系统的势能。

这一描述中有一点需要加以特别的讨论。因为裂纹尖端前部横断方向上的键处于弹性伸缩状态，这些键的状态应该处于图 6.3 中所示原子间性能曲线上某一点处。因此，对于图 6.2 所示的任意一个位于 $j \gg n$ 处的键来说，当它感受到外加荷载时，它就开始对表面能做贡献；这一贡献不断增大直至裂纹"尖端"通过这个键并导致这个键断裂。所以，机械能向表面能的转变并不是像奇异裂纹中假定的那样局限在裂纹尖端处。这一结论进一步增强了前面关于狭缝模型的基本局限性的描述；那个描述导致了我们在 3.3.2 节中对 Elliot 裂纹的讨论。

现在我们来考虑在如图 6.2 所示的裂纹系统中所有的 j 键都处于力学平衡状态的必备条件

$$\partial U(u_j)/\partial(2u_j) = 0, \quad (0 \leqslant j \leqslant \infty) \tag{6.12}$$

这就导致了无穷多个四阶线性微分方程。即使没有分析解，我们也可以证明：如果处于 $j = n$ 处的裂纹尖端键保持严格的胡克性质(也就是说没有截断)，裂纹决不会前进或者后退，系统则在一个无限宽的外加荷载范围内保持稳定。考虑到这一点，对于具有截断特性的系统我们可以确定两个临界的力学状态：

（i）裂纹扩展　如果对系统加载直到 $j = n$ 处的非线性键绷断，裂纹开始扩展。这一条件可以写成

$$2u_n = \delta, \quad P = P_+ \tag{6.13}$$

（ii）裂纹愈合　如果系统现在开始慢慢卸载，将会出现这么一个阶段：第 $n - 1$ 个键的位移逐渐减小并最终进入内聚区范围。此时，原先已经断裂的

键将相互交织而发生愈合。相应的条件为

$$2u_{n-1} = \delta, \quad P = P_-$$
(6.14)

在 $P_- \leqslant P \leqslant P_+$ 这一荷载范围内，力学上裂纹处于由晶格形成的"陷阱"内。

Fuller 和 Thomson(1978)已经给出了式(6.12)的完整的分析解。他们的做法是：首先分别获得所有的"已断裂"($j < n$)键和"未断裂"($j > n$)键的平衡位移 u_j 的两组解；而后这两组解通过非线性键的能量方程耦联；将结果代回到式(6.11)便得到裂纹尖端键的"晶格修正的"能量–分离位移函数

$$U_n(u_n) = U_B(u_n) + [nU_{BB} + \beta(\kappa - 1)u_n^2 - 2P(1 + n/\kappa)u_n -$$
$$(P^2/6\alpha)n(2n^2 + 3n\kappa + 1)]$$
(6.15)

式中，$\kappa = \{[1 + (1 + 8\alpha/\beta)^{1/2}]/2\}^{1/2}$ 为复合弹性常数。相应的裂纹尖端力函数 $F_n(u_n) = +\partial U_n(u_n)/\partial(2u_n)$ 为

$$F_n(u_n) = F_B(u_n) + [\beta(\kappa - 1)u_n -$$
$$P(1 + n/\kappa)]$$
(6.16)

当 $F_n > 0$ 时键张开，当 $F_n < 0$ 时键闭合。式(6.15)和(6.16)中方括号内的项包括了相互作用的晶格以及外加荷载的贡献。但必须注意的是：这些互作用项在数学上独立于本征的 $U_B(u_n)$ 项、$F_B(u_n)$ 项，在 6.4 节中讨论化学因素时我们将看到这一结果所发挥的特殊优势。

上述结果图示于图 6.4。注意到力函数(6.16)中的互作用组元是 u_n 的线性函数。在图 6.4a 中，这一互作用组元(虚斜线)是两个组元的加和：一个是"外加荷载"项 $-P(1 + n/\kappa)$，这是一个驱动力，通过将整个 $F_B(u_n)$ 曲线沿 F_n 轴向下移动而有效地降低了内聚力；另一个是与弹性基质有关的"晶格约束"项 $\beta(\kappa - 1)u_n$，这是一个约束力，在键分离过程中通过向上移动 $F_B(u_n)$ 曲线而提高内聚力。净的 $F_n(u_n)$ 函数本身(实线)是通过将这个互作用组元叠加到本征内聚函数 $F_B(u_n)$ 上而得到的(图 6.3a)。对应的式(6.15)所示的能量函数 $U_n(u_n)$ 表现为 u_n 的二次函数(具有正交项)，图示于图 6.4b。

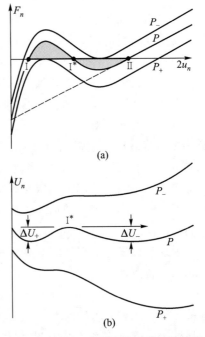

图 6.4 本征链模型的晶格修正键断裂函数图示形式：(a)力–分离位移函数；(b)能量–分离位移函数。对晶格陷阱边界荷载值(P_+, P_-)以及中等荷载水平($P_- \leqslant P \leqslant P_+$)作图。图(a)中曲线下方状态 I 和 I* 之间的阴影区域给出了裂纹扩展势垒 ΔU_+，状态 I* 和 II 之间的阴影区域给出了裂纹愈合势垒 ΔU_-

我们看到图 6.4 中的复合函数在 I、II 和 I* 处具有驻值，对应于 $F_n(u_n) = 0$ 处的交点或者 $U_n(u_n)$ 的极值。这些驻值代表了裂纹系统的平衡状态。状态 I 和 II 是稳定的。在状态 I 处，回复力主要来自本征的内聚（键的"结合"）；在状态 II 处，回复力则主要来自线弹性基质（键的"断裂"）。状态 II* 是不稳定的。荷载为 P_+ 时（图 6.4b 中下方的曲线），状态 I 和 I* 的解融合在一起，裂纹自发前进；荷载为 P_- 时（图 6.4b 中上方的曲线），状态 II 和 I* 的解融合在一起，裂纹自发收缩（愈合）。于是，在 $P_- \leqslant P \leqslant P_+$ 这一荷载范围内，裂纹被晶格势阱所困，也就是说在外加荷载的单独作用下不能发生向前的扩展或者向后的收缩。我们指出：即使裂纹生长到了宏观尺寸［也就是前面的式（6.15）和（6.16）中 n 值很大］，这一"晶格陷阱"也依然存在。

上面所进行的晶格模拟不仅仅是一个深奥难懂的数学练习题。正如我们将要在后续章节中看到的那样，这个模拟使得我们能够对裂纹状态的平衡和动力学作出一些有效的阐述。不过，我们还是要指出图 6.2 所示构型表示固体结构的方法以及相关的力学规律中所存在的一些缺陷。首先，我们在假定非线性只发生在裂纹尖端处一个结合键上的基础上使用了一个最近邻力定律。这一点不可避免地夸大了键绷断过程。其次，这个模型是一维的，因此无法考虑诸如沿裂纹前缘发生的"弯结"这样的特征。最后，这是一种原子和弹簧键的表述方式：原子的尺寸没有加以考虑。在本章的后续部分中，我们在进一步改进原子理论模型的过程中将会时时想起这些因素。

6.2.2 点阵模型与 Griffith 条件

现在来讨论如何将前面所得到的离散性模型的结果与理想脆性断裂的热力学 Griffith 条件协调起来的问题。我们构建这么一条平面裂纹：它是由完全相同（但并不耦联）的两条如图 6.2 所示的原子链组成的平行的阵列，平面外的周期为 a_0。这样，在探讨微观描述和宏观描述之间的联系时，我们就可以使用一维链结构来导出二维直线前缘裂纹的一般性结论。

我们认为在 Griffith 框架下裂纹运动势垒的存在可以通过在本征表面能项中引进一个晶格尺度的调整予以适应。处理这么一个振荡组元的理论基础阐述如下。对于一条长度为 $c = na_0$ 并具有单位宽度的平面裂纹，其系统能量 $U(na_0)$ 出现驻值的必要条件是净的裂纹扩展驱动力为零，即 $g = -dU(na_0)/a_0dn = 0$。假如我们试图通过增大外加荷载而将裂纹线向前推进一个原子间距，即图 6.2 中从 $c = (n-1/2)a_0$ 到 $c = (n+1/2)a_0$。由图 6.4 可以看出，对于任意一个离散性的断裂事件都存在一个势垒。直观地说，我们可以将系统能量写成一个关于裂纹长度 c 的连续振荡函数 $U(c) = U(na_0)$（周期为 a_0），从而将这个势垒结合到能量表达式中。事实上，可以假定裂纹长度仅是一个离散值（n

为整数）。用反应速率理论术语来说，将 c 视作在"组态能量空间"中通过一个鞍点将 $(n-1/2)a_0$ 和 $(n+1/2)a_0$ 这两个稳态构型联结起来的一个"反应坐标"可能更为合适（Glasstone，Laidler 和 Eyring 1941）。

现在让我们来看看式（6.15）所示的晶格能量中的振荡组元是如何分解为机械能组元和表面能组元的。任意一个这样的振荡所产生的影响肯定可以在 $P_- \leqslant P \leqslant P_+$ 这一荷载范围内感受到。然而，相应形成的势垒在函数 $U_n(u_n)$ 中严格地说则是不协调性的一种表现，在我们的模型中被限制在裂纹尖端键附近。沿用 3.2 节中进行的推导，我们认为系统的机械能 U_M 应该对裂纹尖端断裂的微观力学的任何细节都不敏感*。因此，我们可以得到一个结论：尽管在（裂纹尖端处的）机械能释放率 $G_* = -dU_M/dc$ 中存在有一个宏观的势阱范围，这一势阱的根源则在于有效的表面能。

相应地，通过式（5.12）中 Rice 的准平衡裂纹扩展阻力项 R'_0（真空），我们在系统的表面能 U_S 上增加一个原子尺度上的周期性。首先借助于式（6.9）中的内聚键能量定义一个晶格结构的本征表面能

$$W_{BB} = 2\gamma_B = U_{BB}/a_0^2 \tag{6.17}$$

式中 a_0^2 为界面键的面积。这样就可以设想，在键为"理想脆性"的极端情况下，U_S 应该表现为如图 6.5 所示的一个台阶形函数。也就是说，对于一条长度为 $c = na_0$ 的裂纹，直到在 n 处的结合键链断裂为止，U_S 都应该保持为常数。当 n 处的结合键链断裂时，每单位裂纹宽度上的 U_S 应该迅速地增大 $2\gamma_B b_0$。由于这个台阶函数可以被分解为一个线性项（连续理论解）加上一个原子周期性的锯齿形项（晶格调整），因此就包含了晶格陷阱特征。但是，由于要求 R'_0 的值交替表现为零和无穷大，这个函数显然过高地估计了效应。这个简单的描述忽略了裂纹尖端前部可伸缩元件（6.2.1 节）对表面能的贡献。这一"晶格贡献"倾向于使离散的能量跳跃趋于光滑，从而给出一条介于图 6.5 中线性函数和台阶函数之间的一条曲线。即使对于最简单的晶格结构来说，这一曲线的确切形式也是很复杂的，（至少）需要完全了解原子间势能函数 $U_B(u_n)$（见 6.3 节）。描述式（5.12）中的准平衡裂纹阻力能量的一个方便的经验函数为

$$R'_0 = R_0 \pm \Delta R_0 = 2\gamma_B + 2\Gamma_B \cos(2\pi c/a_0) \tag{6.18}$$

式中，Γ_B 是一个起调和作用的"势阱"组元。于是，断裂表面能在势阱范围 $R_0^- \leqslant G_* \leqslant R_0^+$ 内振荡，其中

---

* 例如，我们可以合理地认为由连续介质理论导出的双悬臂梁结果式（2.25）（即 $G \propto P^2 c^2$）是一维链模型在力学稳定的势阱范围内的一个合适的表述。这和在式（6.16）中令 $u =$ 常数、$n \gg 1$ 所得到的结果 $Pn =$ 常数是一致的。

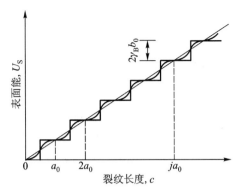

图 6.5 具有单位宽度的直线晶格裂纹的表面能的三
种表述：线性函数（连续介质限制）、台阶函数（键断
裂极限）和光滑的周期性函数（"真实的"离散结构）

$$\left.\begin{array}{l} R_0^+ = 2\gamma_B + 2\Gamma_B \\ R_0^- = 2\gamma_B - 2\Gamma_B \end{array}\right\} \tag{6.19}$$

接下来讨论这些结果是怎样与能量平衡条件 $g = G_* - R_0' = 0$ 联系起来的。
图 6.6 给出了由式（6.18）确定的 $R_0'(c)$ 的曲线形式。同时示于图 6.6 的还有失
稳裂纹系统（$\mathrm{d}G_*/\mathrm{d}c > 0$）的 $G_*(c)$。在裂纹尺寸足够大的情况下，在所考虑的
裂纹扩展范围内，可以有效地将 $G_*(c)$ 处理为线性。因为在 $R_0^- \leqslant G_* \leqslant R_0^+$ 这
一区域内，对于所有的 G_*，晶格约束都会使得裂纹的位移处于亚原子尺度上，
所以 $G_* = R_0 = 2\gamma_B$ 不再是合适的断裂准则。在这一势阱范围内，裂纹保持在
一种力学平衡状态。为使裂纹发生扩展或者收缩，我们必须将 G_* 提高或降低

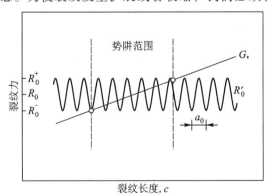

图 6.6 裂纹力图像的一般形式，说明了裂纹陷落在 $R_0^- \leqslant$
$G_* \leqslant R_0^+$ 这一区域内。在这一区域，裂纹满足准平衡要求
$g = G_* - R_0' = 0$。在这一区域之外，裂纹处于动态

到式(6.19)所给出的两个边界值之一。因此，在不存在热扰动的条件下，裂纹向前扩展的要求是：$G_C = G_* = R_0^+ = 2\gamma_B + c2\Gamma_B$。

6.2.3　热激活裂纹扩展：动力学和弯结

在考虑热扰动时可以很明显地体会到晶格离散性对断裂力学的影响。在系统能量函数 $U(c)$ 中以一个振荡因素表述的晶格陷阱为裂纹扩展动力学的定量描述提供了条件。当相关的向前扩展势垒和向后收缩势垒相同时，可以得到 Griffith 热力学平衡（与上一节中描述的力学平衡相反），因此热扰动速率为零。于是，动力学断裂就可以视作一个能量耗散过程；在这一过程中，随着系统不断地偏离静止状态，声子（或者其他波或粒子断裂辐射）以一个不断增长的速率产生。

接下来的问题就是如何将势垒高度正式地与局部的机械能释放率 G_* 联系起来。对这些势垒对应力的依赖关系进行分析需要获得原子键函数 $F_B(u_n)$ 的明确信息，但这通常是极为困难的，除非我们考虑最简单的力定律和晶格结构（Fuller 和 Thomson 1978）。所以，我们将把上一小节中描述的那类振荡型表面函数结合到第 5 章中的速率函数中，以寻找出真空裂纹条件下的一个近似解。

现在应该指出：动力学激活的脆性裂纹的形状基本上应该是三维的。因为需要所有键都沿着整个裂纹前缘发生协同的张开（或闭合），因此激活过程不像前面所假设的那样是裂纹的刚性的直线平移。在一条扩展线上克服势垒所需的热能与这条线上的键的总数成比例增大；对于具有宏观宽度的裂纹来说，这个热能将大得不可思议。最有利的构型是这样的：动力学单元为原子尺度，被局限在一条"活化"的键附近，即如图 6.7 所示的"弯结"位置（Lwan

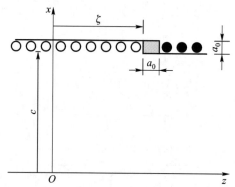

图 6.7　描述正方形晶格中沿裂纹前缘发生的弯结
运动的坐标系统。空心圆点代表已经断裂的键，
实心圆点代表未断裂的键，阴影区代表活化位置

1975）。这样，长度方向上的裂纹运动就可以被解释为与这种弯结的一个分布的侧向运动有关。弯结的行为可以比喻为一条沿裂纹前缘的拉链的行为。可以理解，弯结运动的势垒不可避免地要受到最邻近键构型的影响；在弯结成核（或湮灭）势垒相当高的位置处，裂纹前缘的某些键在任何时候都是惰性的。但是，在这里我们不考虑这些细节，而仅仅是指出：对那些具有短程共价力的高度脆性固体来说，关于一条其前缘上全部分布有离散活化位置的真空裂纹的说法是不合理的。

因此，考虑如图 6.7 所示的正方形晶格中一个理想的弯结结构。坐标 ζ 用于定位一个沿裂纹前缘的单一弯结。一次成功的激活导致了弯结发生一次距离为一个晶格间距 a_0 的跃迁。假设活化键位置的分布服从 Maxwell-Boltzmann 统计，我们就可以采用 5.5 节中的速率方程来描述活化键的断裂速率从而引进动力学因素。于是，裂纹扩展速率具有以下形式

$$v = \nu_0 a_0 [\exp(-\Delta U_+/kT) - \exp(-\Delta U_-/kT)] \quad (6.20)$$

式中，$\nu_0 = kT/h$ 为基本点阵振动频率，k 和 h 分别为 Boltzmann 常数和 Planck 常数，T 为绝对温度，ΔU_+ 和 ΔU_- 为弯结活化能［类似于式（5.16）中的前进能 ΔF_+ 和后退能 ΔF_-］。

接下来分析一下这个速率方程中本征弯结活化能对应力的依赖关系。系统的总能量可以分解为纵向组元和侧向组元

$$U(c,\xi) = U(c)_\xi + U(\xi)_c \quad (6.21)$$

我们考虑的是当弯结穿越了一个晶格间距时的活化能。在给定 c 时，对于 ξ 的一个增量变化，有

$$dU(c,\xi) = dU(\xi)_c = (-G_* + R_0')a_0 d\xi \quad (6.22)$$

直接套用式（6.18）得到

$$R_0' = 2\gamma_B + 2\Gamma_B \cos(2\pi\xi/a_0) \quad (6.23)$$

注意到 γ_B 和 Γ_B 是材料性质，而 G_* 对裂纹尖端构型不敏感因而也与 ξ 无关。将式（6.23）代入式（6.22）并在恒定 c 的情况下对 ξ 积分得到

$$U(c,\xi)_c = a_0 [(-G_* + 2\gamma_B)\xi + (\Gamma_B a_0/\pi)\sin(2\pi\xi/a_0)] \quad (6.24)$$

这个方程为我们确定弯结激活速率函数提供了基础。图 6.8 给出了 G_* 的五个不同取值时式（6.24）的曲线形式。曲线（c）对应于真正的 Griffith 平衡（$G_* = 2\gamma_B$），曲线（a）和（e）分别对应于裂纹在陷阱范围内的扩展和收缩这两种极端情况（$G_* = 2\gamma_B \pm 2\Gamma_B$），曲线（b）和（d）则分别对应于两种中间状态（$G_* = 2\gamma_B \pm \Gamma_B$）。外加荷载的偏置效应反映在弯结扩展及收缩时的相对势垒高度（ΔU_+ 和 ΔU_-）上。根据极值时的要求［$\partial U(c,\xi)/\partial\xi]_c = 0$，可以由式（6.24）确定这些势垒高度。在稍稍偏离 Griffith 条件的情况下

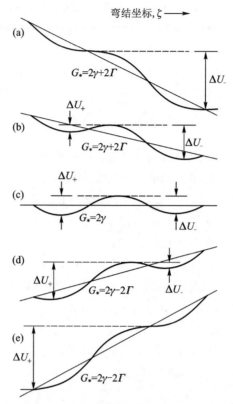

图 6.8 弯结运动的势能函数。曲线代表弯结运动通过
一个原子间距的激活势垒，直线反映了外加荷载的变化

$$\Delta U_{\pm}(G_*) = \Delta U^* \left[1 \mp \pi(G_* - 2\gamma_B)/4\Gamma_B + \cdots \right], \quad (|G_* - 2\gamma_B| \ll 2\Gamma_B)$$

$$(6.25)$$

式中，$\Delta U^* = \Delta U_+ = \Delta U_-$ 表示静态活化能。在远远偏离 Griffith 条件的情况下，活化能中包含了 $(G_* - 2\gamma_B)$ 的高次项。将式(6.25)代入式(6.20)，我们得到具有式(5.18)所示形式的真空裂纹扩展速率函数

$$v = 2\nu_0 a_0 \exp\left(-\frac{\Delta U^*}{kT}\right) \sinh\left[\alpha \frac{G_* - 2\gamma_B}{kT} + \cdots\right], \quad (2\gamma_B - 2\Gamma_B < G_* < 2\gamma_B + 2\Gamma_B)$$

$$(6.26)$$

式中，$\alpha = \pi\Delta U^*/4\Gamma_B$。类似于式(5.19)和(5.20)，对于稍稍离开静止状态的裂纹扩展，式(6.26)与Ⅲ区有关

$$v_{\text{Ⅲ}} = v_0 \exp\left(\frac{\alpha_{\text{Ⅲ}} G_*}{kT}\right), \quad (2\gamma_B < G_* \ll 2\gamma_B + 2\Gamma_B) \qquad (6.27)$$

其中的指数前项为

$$v_0 = \nu_0 a_0 \exp\left(-\frac{\Delta U_{\mathrm{III}}^*}{kT}\right)\exp\left(-\frac{2\alpha_{\mathrm{III}}\gamma_{\mathrm{B}}}{kT}\right) \tag{6.28}$$

图 6.9 对速率函数式(6.26)(包括了整个陷阱范围内的高阶项)与式(6.27)所做的近似进行了比较，可以很明显地看出普遍的半对数 $v(G_*)$ [或等效的 $v(K_*)$] 函数的本征非线性。

需要注意对弯结进行的上述分析中的一些特点：

（i）静态活化能以及活化面积可以借助于特征晶格尺寸 a_0 由式(6.24)明确地给出

$$\Delta U^* = 2\Gamma_{\mathrm{B}}a_0^2/\pi \tag{6.29a}$$

$$\alpha = \pi\Delta U^*/4\Gamma_{\mathrm{B}} = a_0^2/2 \tag{6.29b}$$

但是，式(6.29)中的数值系数包含了式(6.24)所示势函数表达式中的正弦形式。通常，我们应该预期这些系数对原子间力函数 $F_{\mathrm{B}}(u)$ 是敏感的。根据这些条件，我们可以将式(6.29)作为预测的基础。比如说，对于钠钙玻璃中发生的

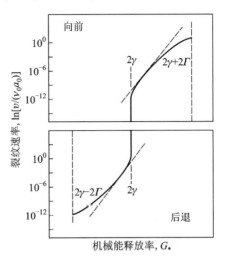

图 6.9　具有正弦曲线形式弯结能量函数式(6.24)的陷阱模型的普遍的裂纹扩展速率曲线。实线是式(6.26)的确切形式，倾斜的虚线则为式(6.27)所示的指数近似。作图时采用 $\Delta U^* = 25kT$

真空断裂，计算得到的活化面积为 $\alpha_{\mathrm{III}} = 0.14$ nm$^2\cdot$ mole^{-1}（每平方纳米裂纹平面上 3.5 个 Si—O—Si 键），这一数值与表 5.1 中给出的拟合值 $\alpha_{\mathrm{III}} = 0.12$ nm$^2\cdot$ mole^{-1} 是可比的。

（ii）在动态速率的上端区域，这一分析与动力学描述是一致的。在图 6.9 中的陷阱边界处，速率截止于一个最大值 $v_{\mathrm{m}} = \nu_0 a_0$。通常情况下，$\nu_0 \approx 4$ THz，$a_0 \approx 0.5$ nm，从而得到 $v_{\mathrm{m}} \approx 2$ km$\cdot$s^{-1}，也就是处于声速的量级上。同样，这一估计也绝对不是完全的：我们忽略了的弯结成核及其熵项将作为附加的指数前因子出现在速率方程中。

（iii）可以很方便地将一些重要的外部因素结合到速率关系中：令 $G_* = G_A + G_\mu(-G_\mu = R_\mu, 5.3$ 节)可以引进屏蔽效应；用 γ_{BE} 取代 γ_{B} 并适当地修正活化能项(6.4 节)则可以用于分析化学辅助的键断裂过程。

6.3　计算机模拟模型

到目前为止所讨论的原子模型尽管对于了解裂纹尖端断裂现象很有用，但

是仍然没有提供对实际固体的定量描述。原则上说，从诸如图6.1所示的一维链的抽象概念前进到更实际的结构是容易的：对指定的固体构筑一个晶格，忽略作用在指定的平面面积上的吸引力作用引进一条直通裂纹，而后允许系统发生弛豫以达到一个与某些特定的原子间势函数相对应的平衡状态。遗憾的是，这样做面临着两个障碍。首先，对固体中原子或者分子之间的短程互作用的基本描述仍然缺乏；其次，随之而来的离散性晶格方程也很难处理。通常，人们只能使用半经验形式的势函数，并且借助于高速计算机得到结果。

这些困难并不只是局限在裂纹问题上，计算机模拟技术已经发展到用来研究各种晶体类型中的大量的晶格构型（如理想晶体结构、计算理论内聚强度、点缺陷、位错等）。有一点可能令人诧异：尽管计算机模拟技术在最近得到了空前的发展，但一些最有意义的裂纹模拟工作却是在20世纪70年代进行的。尽管计算速度和容量都有了巨大的提高，能够在非线性计算中进行处理的原子总数仍然有限，人们通常不得不设计一些原子-连续介质的"混合"模型来处理问题。

采用原子-连续介质"混合"模型，Sinclair和他的同事（1972,1975）对金刚石型固体、Kanninen和Gehlen（1972）以及其他学者对体心立方铁进行了模拟研究。这里我们集中讨论金刚石型固体，特别是硅，这是因为硅没有裂纹尖端塑性（6.6节）。将承载的裂纹系统分为两个区域：I区为裂纹尖端处一个原子尺度的"核"区，II区则为起约束作用的弹性基质。对嵌入的核区，要确切描述临界原子尺度上的结构。利用线弹性细缝的各向异性 K 场解确定外区的位移场，并为核区原子位置提供一个"初始构型"。而后，允许核区对应于一个指定的势函数发生弛豫。

对势函数需要给予特别的注意，因为基本的非线性正是通过这个势函数引进的。势函数的构建必须满足以下要求：

（i）在晶格间距取平衡值时，晶体在理想的、未受力的状态下势能应该为最小值。

（ii）在小应变条件下，势函数应该简化到位移的二次项。这些项的系数应该与II区中材料的线弹性常数相匹配。

（iii）在大应变条件下，内聚力应该具有一个最大值，此后随着分离距离的增大最终趋近于零截断。

（iv）为分离裂纹平面上的原子所做的功应该与表面能相匹配。

对于像金刚石这样的共价结构，除了通常的最邻近相互作用（键的伸缩）外，将次邻近相互作用（键的弯曲）包括进来以考虑键的方向性也是很重要的。

然后，采用一个迭代的弛豫过程来对核区初始状态的原子坐标进行计算，目的是使总势能趋于最小。通常的程序是进行增量调整并循环计算，直到某些容许条件得到满足为止。进行这一调整有多种方式，取决于数值分析的技巧。

这一技巧部分涉及对边界条件的适当考虑以保证自协调。在调整过程中允许Ⅰ区和Ⅱ区的边界本身发生"弯曲"是很重要的，这可以避免核区上人为产生"背应力"。

图6.10给出了对硅中一条(111)平衡裂纹进行这样的模拟所得到的结果 [采用 $K_c = T_0$(表3.1)以确定 K 场的边界条件]。图6.10a所示的构型是一个准二维晶体，其中的裂纹前缘垂直于对称面($0\bar{1}1$)。(根据这一对称性，垂直于图示平面发生的周期性的晶格平移只不过是结构的重复出现而已)。可以看到解理面上裂纹尖端后面的键都有效地断裂了，裂纹尖端前面的键则在力－分离位移函数截断值范围内拉长。相应的原子位移和键力示于图6.10b，并与连续介质细缝的 K 场解进行对比。离散的位移和力沿裂纹平面的分布显然是非奇异的。

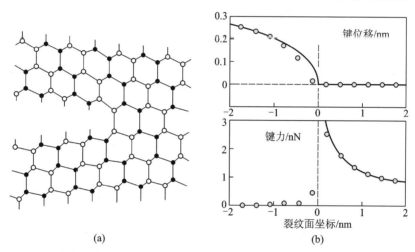

(a)   (b)

图6.10　(a)计算机模拟形成的硅中(111)裂纹的原子构型[图中所示平面为($0\bar{1}1$)]。图中示出了两个相邻的原子面。(b)相应的裂纹面上原子对位移及力，实线为Irwin细缝解。[源自:Sinclair, J. E. & Lawn, B. R. (1972) *Proc. Roy. Soc. Lond.* **A329** 83.]

根据这一计算结果，我们可以得到哪些与前面各章节中给出的裂纹尖端特征参量有关的结论呢？由图6.10b中的 K 场得到的Irwin裂纹尖端半径 ρ 约为原子间距的0.1倍，证实了广泛采用的平滑裂纹尖端的说法并没有什么物理意义。把裂纹视作一个集中的线缺陷(也即两个紧邻的、不受应力作用的半平面由紧邻断裂点处的键沿一条直线结合在一起，类似于位错线)这一概念似乎更加接近实际情况。然而，将这一概念向其他脆性固体进行一般性推广可能不太合理：硅处于价键谱的极端共价性一侧，所以是具有狭窄裂纹尖端核区的材料的最佳候选。在具有显著(无方向性的长程的)离子键性状的固体(甚至于金属固体)中，可以预期这个核区可能扩展到一个很宽的区域。即使是对于图6.10所示的硅中的裂纹，名义裂纹尖端前面几个键的实际应变也超过了胡克极限(即

1%或更多）。相应地，我们可以得到结论：在 Orowan-Gilman（6.1 节）、Barenblatt（3.3.1 节）和 Elliot（3.3.2 节）这三个主要的裂纹尖端内聚模型中，第二个比第一个更接近于实际情况，但在三个模型中第三个是最接近实际情况的。

在一项后续的研究中，Sinclair（1975）将他的计算机算法推广到了硅的三维裂纹，并估算了在 $2\gamma_B - 2\Gamma_B < G_* < 2\gamma_B + 2\Gamma_B$ 这一陷阱范围内弯结运动的势垒。计算发现这个势垒很小，即 $\Gamma_B/\gamma_B < 0.05$。由于同样可以预期硅的方向性共价键对于陷阱效应而言是一个最有利的条件，我们可以预测在高度脆性材料中本征的动力学效应通常不太可能很显著。在下一节讨论环境化学效应时，我们将可以得到一个完全不同的结论。

6.4 化学：集中在裂纹尖端处的反应

我们如何将第 5 章中讨论的化学效应结合到原子模型中？这一节我们将讨论沿裂纹前缘一条密集线上键断裂的概念。在 6.2 节的一维链模型基础上建立的这一"线缺陷"概念包含了关于裂纹尖端化学的现代理论的大多数实质内容。

我们从采用一种具有一定普遍性质的方式对晶格模型进行修正以使之适应在临界非线性裂纹尖端键处发生的"集中的化学反应"开始。然后，我们联系前面给出的平衡及动力学裂纹扩展"定律"讨论这一修正的意义。最后，我们将从分子轨道理论观点出发，考察描述一种脆性材料——二氧化硅玻璃中协同反应的一个特殊模型。

6.4.1 化学修饰的晶格模型：协同反应概念的引入

我们重新回顾晶格调制的能量函数式（6.15）和力－分离位移函数式（6.16），在这些函数中，体现裂纹尖端键的项 $U_n(u_n)$ 和 $F_n(u_n)$ 在数学上与体现晶格约束和外加荷载的项是相互独立的。这意味着任何一个发生在单一的裂纹尖端键上的化学反应可以视为与固体其他位置处的机械响应无关，所需要的只是 $U_n(u_n)$ 或 $F_n(u_n)$ 函数中引进的一个非本征组元。从经典的反应速率理论角度看，这一组元最终应该在构型能空间沿一个反应坐标进行评价。这里我们将利用互作用的简单化学吸附表述，集中考察相应的能量函数和力函数的图示形式（Fulle，Lawn 和 Thomson1980）。

考虑图 6.11 所示的一个一般的互作

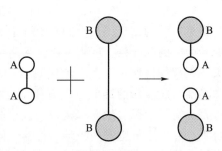

图 6.11 化学诱导的键断裂。外来分子 A—A 与裂纹尖端键—B—B—之间发生裂解反应，从而形成最终的 A—B—键

用过程。环境分子 A—A 与起始为结合状态的裂纹尖端键—B—B—之间发生裂解反应以最终生成一个 A—B—基团

$$(A—A) + (—B—B—) \rightarrow (—B—A \cdot A—B—) \tag{6.30}$$

每个这样的过程导致了键的断裂，使得裂纹扩展穿过一个原子面积 a_0^2，从而将一个新的键暴露在下一个外来分子面前。忽略反应受到的晶格基质的约束，式(6.30)所示的这一键断裂过程可以借助于双原子气体分子之间一个简单的反应 AA + BB = 2AB 加以讨论(Slater 1939)。图 6.12 以 B—B 原子对位移(裂纹尖端键的反应坐标)为坐标给出了相应的互作用曲线。图 a 和图 b 为独立于晶格之外的 BB 的基础能量及力函数(参见图 6.3)，图 c 则为考虑了链状晶格约束和外加荷载项之后得到的力函数(参见图 6.4a)：

（a）孤立双原子分子系统的势能 $U_B(u_j)$ 对 B—B 位移作图，而对于所有的分离距离允许 AA 处于一个具有最低自由能的位置上*。在分离距离较小的情况下，AA 和 BB 之间的互作用被假定为可以忽略不计，因此未反应状态下的能量曲线 AA + BB 与孤立键的能量曲线(图 6.3b)之间的差异微乎其微。在分离距离较大、B—B 键完全断裂的情况下，从能量角度考略，最终的构型 A—B 是最优的。当键分离距离减小时，因为相似的末端之间的极化和重叠排斥，2AB 曲线陡峭上升。在任意指定的分离距离处，相应的键状态(即未反应或反应)可以由两条曲

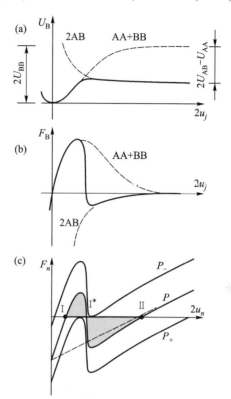

图6.12 将裂纹尖端处键的化学裂解反应结合进晶格力学分析的图解说明：(a)孤立的"双原子分子"互作用能量函数；(b)等效力函数；(c)荷载处于晶格陷阱边界(P_+，P_-)以及中等水平($P_- \leqslant P \leqslant P_+$)时经晶格调制后的力函数。曲线下方状态 I 和 I* 之间的阴影区域给出了裂纹扩展势垒 ΔU_+，状态 I* 和 II 之间的阴影区域给出了裂纹愈合势垒 ΔU_-(与图 6.4 所示本征晶格的情形相比较)

---

* 系统的势能也与其他坐标有关，如 A—A 键长、AA—BB 之间的距离、BB 取向等。对于裂纹问题来说，B—B 坐标是决定裂纹扩展的主要因素。

线中较低的一条确定。于是，存在一个临界的分离距离，在这一距离处反应发生，也即交叉点(因为共振而变得"光滑")。这一从键合到非键合状态的转变降低了式(6.9)中的键能。

(b) 等效的力分离函数 $F_B = + \partial U_B / \partial(2u_j)$(与图6.3a相比较)。在交点处，伴随着从吸引力到排斥力的急剧过渡，断裂是显而易见的。[注意到断裂之前式(6.10)中的弹性刚度 β 没有发生变化。]

(c) 式(6.16)中的裂纹尖端复合力函数 $F_n(u_n)$ 的图示形式。$F_n(u_n)$ 起初是用于描述本征晶格力的，但在这里增加了图6.12b所示的化学修饰的附着力 $F_B(u_n)$。此时，在 I 和 II 处的平衡分别对应于化学反应前(键伸缩)和化学反应后(键断裂)沿反应坐标键的稳定状态。与图6.4a相对比，可以很明显地看出化学作用显著地减小了键断裂过程的键分离距离，从而减小了活化面积。同时，式(6.16)指出 $F_n(u_n)$ 曲线与坐标轴交于 $-P(1+n/k)$，裂纹限制在 $P_- \leq P \leq P_+$ 这一范围内，因此可知驱动裂纹克服势垒发生向前扩展的力(P_+)或向后收缩的力(P_-)也相应减小。进一步说，势阱范围 $\Delta P = P_+ - P_-$ 减小了；也就是说，键的"绷断"特征增强了[*]。

我们有必要再次提醒自己：修正后的原子模型是高度简化的。与互作用的本质相关的一些假定存在一些问题，它没有涉及晶格结构本身的明显局限性。不过，相对于图5.2所示的连续介质表述而言，图6.12a、b所示的交叉特性使我们在对断裂化学进行基本描述方面又向前迈进了一步。

6.4.2 化学修饰的晶格模型与断裂力学

与6.2节介绍的基本断裂力学关系相联系，上一小节中的化学修饰的晶格模型具有一些什么样的作用？我们将分别针对平衡裂纹和动力学裂纹来讨论这一问题。

(i) 平衡裂纹 考虑图6.12a所示独立于晶格以外的双原子分子系统的端点能量状态。根据式(5.1)，化学互作用使得界面能从本征值 γ_B 降低为非本征值 γ_{BE}，因此

$$W_{BEB} = 2\gamma_{BE}(U_{BB} + U_{AA} - 2U_{AB})/a_0^2 \qquad (6.31)$$

于是，键能就决定了 $v-G$ 曲线上的静止点(即门槛值)，$G_* = R_E = 2\gamma_{BE}$。降低的幅度由式(5.2)给出的吸附能确定，与式(6.17)相结合得到

$$2\Delta U_{Ad} = 2\gamma_B - 2\gamma_{BE} = (2U_{AB} - U_{AA})/a_0^2 \qquad (6.32)$$

现在我们来检验如何通过式(6.31)中的 AA、BB 和 AB 键能来确定静止点

---

[*] 确实，通过构筑图6.12c我们可以确信即使是一条没有本征势阱特性的裂纹也可能表现出非本征势阱特性。

的本质。再次注意到式(6.15)给出的 U_n 中的约束组元(方括号中项)是以一种不影响反应前(AA + BB)曲线和反应后(2AB)曲线特性的方式通过荷载来改变键能 U_B 的。因此我们可以通过分析图6.12a中的孤立键表述并注意到 ΔU_{Ad} 的增大等效于2AB曲线相对于AA + BB曲线沿能量轴的向下移动,最大程度地减少问题的复杂性来研究吸附的影响。图6.13给出了在 ΔU_{Ad} 不断增大的情况下相应的能量曲线:

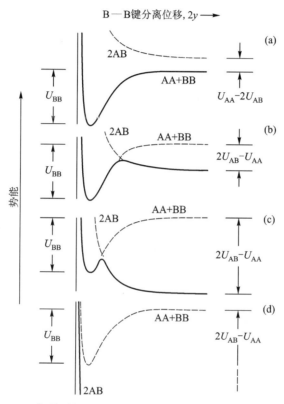

图6.13 化学裂解反应(6.30)的势能曲线。从(a)到(d),式(6.32)中的吸附能 ΔU_{Ad} 持续增大,式(6.31)中的界面能 γ_{BE} 持续减小。实线为分别表示反应物(AA + BB)和产物(AB)能量状态的两条虚线中能量较低点的组合。为了使键发生化学断裂,B—B原子必须克服一个势垒而发生分离

(a) "自发解吸"状态: $\Delta U_{Ad} < 0$,$\gamma_B > \gamma_{BE} > 0$。此时,系统从不离开未反应曲线,也就是说,反应(6.30)从能量角度上说是不可能发生的。

(b) "亚稳吸附"状态: $\Delta U_{Ad} > 0$,$\gamma_B > \gamma_{BE} > 0$。此时,反应是可逆激活的,在外加应力为零时处于亚稳吸附状态。在吸附发生之前,相对于基本键的

临界断裂状态，扩展势垒是很大的。在对扩展的裂纹进行卸载的过程中，AA 分子的解附相对容易，B—B 发生愈合。

（c）"稳定吸附"状态：$\Delta U_{Ad} > 0$，$\gamma_B > 0 > \gamma_{BE}$。与（b）相同但此时吸附状态实际上是稳定的。反应越过一个降低的势垒在减小的 B—B 分离距离上发生。此时，吸附势垒变得相当高。

（d）"自发吸附"状态：$\Delta U_{Ad} > 0$，$\gamma_B > 0 \gg \gamma_{BE}$。此时，即使在没有外加应力的情况下，系统也会自发且不可逆地发展到一个强烈的化学吸附状态。

仅仅由式（6.31）和（6.32）就可以看出，在内聚状态较弱（U_{BB} 和 U_{AA} 较小）、附着状态较强（$2U_{AB}$）较强的情况下将发生最强的互作用（也即图 6.13 所示过程中那些位置较低的曲线）。

（ii）动力学裂纹   假定与具有本征互作用的晶格一样，具有非本征裂纹尖端互作用的晶格中激活的键断裂过程也可以借助于弯结运动势函数中的振荡组元来描述。于是，直接借鉴式（6.27）和（6.28），我们可以写出 I 区的裂纹扩展速率关系

$$v_I = v_0 \exp(\alpha_I G_* / kT), \quad (2\gamma_{BE} < G_* \ll 2\gamma_{BE} + 2\Gamma_{BE}) \tag{6.33}$$

其中的指数前项为

$$v_0 = \nu_0 a_0 \exp(-\Delta U_I^* / kT) \exp(-2\alpha_I \gamma_{BE} / kT) \tag{6.34}$$

因此，这里只需要对这些关系式中的势垒参数 α_I、ΔU_I^* 和 Γ_{BE} 重新解释一下就可以了。由 6.2 节我们知道即使是对于本征的键断裂过程而言，对这些势垒进行第一性分析也是相当困难的。在 6.2 节中，我们通过在裂纹扩展阻力中引进一个经验性的正弦函数对这个问题进行了分析，从而得到了式（6.29）所给出的结果。遗憾的是，图 6.13 所示的化学互作用的相对复杂性本征使得我们在试图对非本征键断裂问题进行相似处理时不得不考虑其合理性。不过，重温我们在 6.4.1 小节中对修正的链模型进行的讨论，一些与化学影响有关的定性结论还是可以得到的：活化面积减小了（$\alpha_I < \alpha_{III}$）；静态活化势垒降低了（$\Delta U_I^* < \Delta U_{III}^*$）；势阱范围拓宽了（$\Gamma_{BE} > \Gamma_B$）。

在讨论硅酸盐玻璃 $v-G$ 曲线的斜率时，化学因素对这些参数的影响已经变得十分重要。表 5.1 列出的在水中对钠钙玻璃获得的实验数据的分析结果说明活化面积明显减小，$\alpha_I / \alpha_{III} \approx 0.1$；根据我们对图 6.13 所进行的讨论可以得知水和玻璃之间的互作用应该是一种强烈的化学吸附作用。此外，图 5.11 和 5.12 所示的对于不同玻璃组成和不同含水溶液所得到的 I 区数据中所表现出的引人注目的离散性说明：化学吸附的强度对图 6.13 中反应物 - 产物曲线的微小偏移都是十分敏感的。裂纹尖端化学势的轻微变化就足以影响到这些偏移。

6.4.3 玻璃中的裂纹尖端反应

我们曾经说明过断裂研究者将硅酸盐玻璃用作动力学研究的模型体系的原

因，最重要的就是这一系统表现出了明显的Ⅰ区特性。这一体系中的非本征键断裂被认为是由以下的裂解反应主导的

$$(H—O—H) + (—Si—O—Si—) \rightarrow (—Si—OH \cdot HO—Si—) \quad (6.35)$$

一个外来的水分子将裂纹尖端处的一个硅氧键水解并形成两个硅烷醇基团。

在意识到反应(6.35)中分子的离散特征基础上，对玻璃－水体系进行的大多数早期研究是基于第5章中描述的那类现象性裂纹尖端模型而展开的。那个处理方法有一定的局限性：它可以部分考虑一些确定的重要变量(如化学浓度和温度)的影响，但是无法为利用从一个材料－环境体系获得的数据预测另一个体系行为提供依据。那么哪一类化学介质可以促进玻璃或其他指定的材料中的断裂过程呢？

很显然，这些问题的答案必须从分子尺度上来寻找。考虑如图6.14所示的二氧化硅玻璃中的水解反应。尽管采用的是质点和二维表述方法，SiO_2网络结构相对而言还是属于"开放性"的，因此可以预期外来的水(或其他)介质将直接进入到裂纹尖端键附近。如果情况确实如此，前面6.4.1和6.4.2小节中关于集中反应的描述就是适用的。在这一基础上，对玻璃的研究一直试图从分子轨道角度来分析式(6.35)所示的裂纹尖端裂解反应(Michalske 和 Freiman 1981；Michalske 和 Bunker 1987)。如图6.15所示，设想键的应变存在三个明显的阶段：

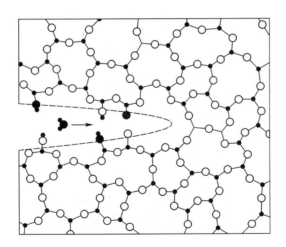

图6.14 二氧化硅玻璃中水诱导的键断裂过程[式(6.35)]的二维质点图示。空心圆点表示氧，实心圆点表示来自环境中的水介质。注意到玻璃具有—Si—O—Si—开放结构。(虚线为真空平衡细缝型裂纹的 Irwin 轮廓。)

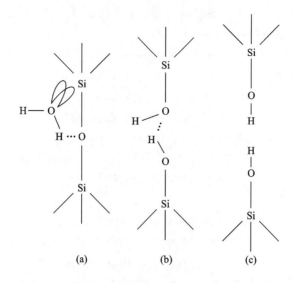

图 6.15　玻璃中处于应变状态的裂纹尖端硅氧键与
水分子之间相互作用的三个阶段：（a）吸附；（b）反
应；（c）分离。［取自:Michalske, T. A. & Freiman,
S. W. (1981) *Nature* **295** 511. ］

（a）吸附。在小应变情况下，水分子与桥接的 Si—O—Si 键发生物理
接触。水的电子轨道是关于氧呈四面体配位的（sp^3 杂化），其中两个与氢
成键（带有过量的正电荷），另外两个为孤对电子（带有过量的负电荷）。
因此键也有一定程度的极化特性（硅带有过量的正电荷），因此水分子的
取向如图所示。

（b）反应。在较高的外加荷载作用下，键被拉伸到位于图 6.12a 所示的
能量曲线交点上方，水分子贡献一个电子给其中的一个硅原子，贡献一个质子
给连接氧，从而生成了两个新的 O—H 键。

（c）分离。在电子重新分布并发生了极化之后，最终的键彼此排斥，从
而完成了键断裂过程。

根据这一描述，裂纹尖端发生强相互作用的关键因素是外来化学介质贡献
电子和质子的能力以及桥接键的极化能力。对于前者，已经证明另一种具有孤
对电子的物质——氨(尽管只有一个孤对电子,其他三个电子都与中心的氮原
子成键)在促进裂纹扩展方面和水具有相同的效果。的确，如图 6.16 所示，分
别在水和氨环境中测得的二氧化硅玻璃的数据彼此重叠。另一方面，没有孤对
电子和氢的分子是惰性的。至于极化能力，实验观察表明像硅那样的共价结构
中似乎不会发生任意形式的化学诱导裂纹扩展。

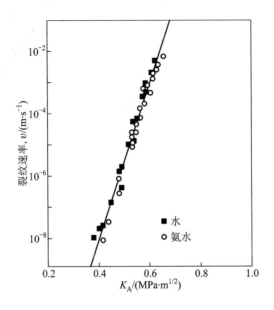

图 6.16　水和氨环境中二氧化硅玻璃的裂纹扩展速率数据。[取自：Michalske，T. A. & Freiman，S. W. (1981) *Nature* **295** 511.]

6.5　化学：表面力及亚稳裂纹界面状态

前面章节中讨论的集中反应的方法及其将势垒结合进裂纹尖端势函数的做法可以解释断裂化学的许多重要特征，直到并包括门槛值。但是，这一方法在一个关键的方面存在局限性：在门槛值以下区域，这一方法无法对真实的裂纹扩展行为进行分析。根据图 6.9 所示的常规弯结模型速率函数，在静止点 $G_* = R_B = W_{BEB} = 2\gamma_{BE}$ 以下的持续卸载应该直接导致裂纹沿 v–G 曲线的负方向（解附）收缩。类似地，在门槛值以上重新持续加载时，裂纹会开始沿愈合区顺着正方向（吸附或者现在应该是重新吸附）重新扩展。我们曾经几次（如图 5.4 中的 Rice 理论表述和图 5.21 及 5.22 中的云母数据）提到在经过静止点的卸载过程中 v–G 曲线偏离这一连续性的现象：重新加载的响应出现了滞后。这可以解释为：当裂纹以很快的速率愈合时，化学吸附的介质没有充分的时间发生解附，从而导致了滞后；但卸载的系统仍然处于图 6.13 所示的 2AB 曲线上，使得重新相互接触的裂纹壁相互排斥，从而阻挡了裂纹的愈合。这就是在我们的分析中没有考虑到的因素。

现在我们可以提出一个具有深远意义的推断。集中反应模型存在一个根本的局限性，即：图 6.13 中的势能具有一个单一的主最小值。真实的势函数应该至少还会出现第二个次要的最小值点。现在我们必须将讨论延伸到存在多个亚稳界面状态的情况。

出于这一考虑，我们将重新考察集中反应模型中两个其他的前提条件。第一个是一个隐含的假定：环境介质进入裂纹尖端是不受限制的。到目前为止我们一直将原子处理为质点，并没有考虑基质材料或外来分子中组成原子的尺寸。我们将提出后者会使得界面附着区上形成一个有序结构，而正是这一有序结构导致了界面能量函数的亚稳性。

需要讨论的第二个前提是：在活化键前缘线后面的裂纹壁保持为无约束力作用。6.3 节中的计算机模拟研究表明：即使是具有短程共价键合特性的结构中发生的本征断裂，在（名义）裂纹尖端后面的附着"核"区也包含了几条由非线性键构成的边缘线。我们预期包含在非本征互作用函数中的长程次要的最小值应该可以进一步延伸到非线性区。这就使得我们回到了 Barenblatt-Elliot 的裂纹描述，在这一描述中，离散的键力被一个附着"表面"力的连续分布所代替。

下面我们将讨论一个结合了这些因素的模型（Lawn，Roach 和 Thomson 1987）。这一模型的优点在于对具有完善附着区的裂纹进行连续性描述的相对简单性，但也通过将晶格和分子尺度引进表面力函数而保留了基本的离散性特点。

6.5.1　表面力的本质

流体介质中发生相互作用的固体表面存在亚稳状态的可能性已经被胶体科学家研究了很长时间。认识胶体的关键在于力的作用，但不包括那些与主化学键有关的力。因此，水溶液中悬浮体的稳定性取决于范德华吸引力和双层间排斥力的相对量级。这些综合作用在较大面积表面上的通常较弱的"物理"力可以在一个大得有些过分的距离（$\approx 1 \sim 100$ nm）上起作用（Israelachvili 1985）。用于计算球形颗粒间互作用能 – 分离位移函数的著名的 Derjaguin-Landau-Ver-wey-Overbeck（DLVO）理论（Adamson 1982；Derjaguin，Churaev 和 Muller 1987）预期在离主最小值约一个颗粒直径量级距离处存在一个弱的次最小值，对应于一个中等高度的势垒：如果这个次最小值与 kT 相比足够小，则颗粒发生凝聚。

在过去十年左右的时间里，Israelachvili（1985）和他的同事们设计出了一种设备用于对界面力进行直接测量。采用一个灵敏的位移控制系统将两块相反的云母薄片在正交圆柱体构型中结合到一起。使用云母是因为它具有一个原子尺度上光滑的解理面。通过使用光学干涉仪测定一个柔性弹簧的挠曲以及分离以确定力的大小。采用这一技术进行的早期实验为 DLVO 理论提供了定量的支持。随着这个设备的不断改进，已经在许多液态介质中获得了一系列引人注目的表面力实验数据。力函数表现出显著的振荡特性,振幅在分离距离达到约 10 nm 这一范围内迅速衰减(Horn 和 Israelachvili 1981)。次最小值之间的距离近似等于云母薄片间外来分子的直径。图 6.17 给出了一个例子,是采用非极化的八甲基环四硅氧烷分子(OMCTS,直径约为 1 nm)进行实验所得到的结果。这种所谓的“结构力”或“空间力”反映了随着固体表面趋向于相互接触时,流体介质则趋向于在离散层间实现有序化。

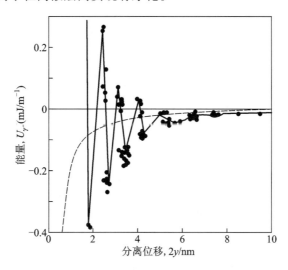

图 6.17 用表面力设备测定一种非极化有机液体 OMCTS 中云母 – 云母表面的面间势函数 $U_\gamma(y)$。振荡的周期大致对应于(近似球体的)OMCTS 分子的直径(≈ 1 nm)。(能量是相对于本实验中 $2\gamma = \infty$ 的参考状态而确定的。)虚线是连续的范德华预测结果。[取自:Horn, R. G. & Israelachvili, J. N. (1981) *J. Chem. Phys.* **75** 1400.]

我们从结晶学细节上来分析一下水分子是如何嵌入云母解理面的。分离发生在铝硅酸盐层状结构的两个相邻氧原子层之间。图 6.18 采用弹性球而不是点原子表述方式示出了未变形状态下这些边界层的情况。层间间隙位置的钾离子以及相邻的亚层中未补偿的铝离子之间的库仑吸引导致了层间的附着。此外还有一些其他的层间空隙位置可以被视为水分子有序化的优选位置。但是,由图 6.18b 可以很容易看出:在这些较小的位置处容纳水分子要求将氧原子层分离到应变达到约 50% 的程度。一旦水分子进入到了分离的界面,它们将与云母结构产生相互作用以减小静电黏合。在闭合过程中,表面将承受一个来自被约束的分子的不断增大的重叠排斥力。最终,“水解”的界面变成热力学不

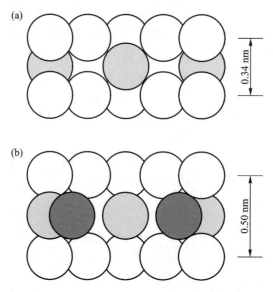

图 6.18　云母解理面上层间结构：（a）未变形晶格；（b）应变到可以容纳一个外来水分子程度时的晶格。借助于用氧离子（空心圆点）、钾离子（阴影圆点）和水分子半径进行的弹性球表述。基础的层状晶格中解理面间的本征聚合力来自钾离子和铝离子（未示出）之间的库仑吸引力。水分子与结构之间的相互作用降低了库仑内聚力

稳定，以一种理想的不可逆方式将水赶走，使结构回复到其初始状态。这一过程就是图 6.17 中次最小值的来源。

过程不可逆性可以得到强制进行的程度决定了张开 - 闭合循环的滞后程度。我们曾经提及被吸附的分子在闭合过程中并没有足够的时间被排除。从云母 - OMCTS - 云母的"挤压"实验中获得了关于"滞后排除"的有说服力的证据。在趋于接触的过程中，位移 - 时间响应曲线上出现了明显的平台；相邻的平台之间的距离约为一个分子直径。即使是在延时的压缩实验中，最终的分子层也是有效地保持在一种静止不变的状态。含有外来分子的云母 - 云母界面形成了一种亚稳的"非本征层错"结构。

在图 6.12a 所示的能量 - 分离位移函数中引进次最小值并将这一函数重新表示为图 5.2b 所示的准连续性形式，我们就可以得到关于上面构筑的固体 - 液体 - 固体界面的描述形式。图 6.19 给出了一个合适的函数的图示形式，在这个函数中我们定义每单位面积附着能 $U_\gamma(y) = U_B(y)/a_0^2$ 为裂纹面分离距离 $2y = 2u + b_0$ 的函数。在基态 $2y = b_0$ 时具有主最小值的虚线对应于本征的真空

附着；具有一系列次最小值的实线则对应于在裂纹壁间有序的插入层数量不同（如图 6.19 底部图形所示）的情况下发生的化学修饰的附着。与构筑如图 6.12a 和图 6.13 所示的单一键反应一样，这里也允许外来分子在所有的分离距离情况下进行调整以达到一个最小自由能状态。因此，随着分离距离的增大，因为基体表面约束作用的减小，界面相逐渐趋向于具有整体流体的性质，曲线相应地趋近于图 5.2 所示的连续函数。

现在让图 6.19 所示的系统经历一个与路径无关的循环，就像前面对图 5.2 所示的连续性表面－流体－表面系统所做的那样（5.1 节）。操作的前三个阶段保持不变：（ⅰ）从处于基态 $2y = b_0$（$^V U_i = 0$）的初始（V）表面开始；（ⅱ）在真空中（$U_* = 2\gamma_B$）将 B－B 表面沿虚线分离至 $2y = \infty$；（ⅲ）允许吸附剂分子进入到完全分离的表面（$U_f = 2\gamma_B - 2\Delta U_{Ad}$）。现在试图克服势垒将 B－E－B 界面沿实线闭合回到其初始状态。在无限慢的闭合速率下，这些势垒最终将被克服（$^V U_I = 2\gamma_B - 2\Delta U_{Ad} - 2\gamma_{BE} = 0$）。于是，附着功与在热力学平衡条件下的式（5.1）和（5.2）相同

$$^V W_{BEB} = U_f - {}^V U_i = U_f = 2\gamma_B - 2\Delta U_{Ad} = 2\gamma_{BE} = {}^V W_{BB} - 2\Delta U_{Ad}，（初始状态）$$

$$(6.36a)$$

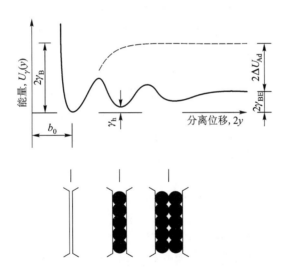

图 6.19　流体介质中（单位面积）准离散固体的附着能－分离位移函数。主最小值的位置由固体的晶格间距 b_0 决定。次最小值（图中只示出两个）之间的距离由层间流体分子的直径决定。与图 5.2(b)相比较。[取自:Lawn, B. R., Roach, D. H. & Thomson, R. M. (1987) *J. Mater. Sci.* **22** 4036.]

但是，如果闭合过程速率过快，系统就有可能陷落在第一个（或更高的）次最小值处，具有一个比基态稍高的能量，能量差等于含有嵌入介质的愈合（h）界面形成功。这样一来，适合于亚稳平衡状态的附着功为

$${}^{\text{h}}W_{\text{BEB}} = U_{\text{f}} - {}^{\text{h}}U_{\text{i}} = {}^{\text{V}}W_{\text{BB}} - 2\Delta U_{\text{Ad}} - \gamma_{\text{h}} = 2\gamma_{\text{BE}} - \gamma_{\text{h}} = {}^{\text{V}}W_{\text{BB}} - \gamma_{\text{h}},\quad（愈合状态）$$

$$(6.36\text{b})$$

这后一个关系式借助于能量 γ_{h} 清楚地说明了张开及重新张开这两个半循环之间的滞后效应。

我们再次引用 5.2 节中的一个陈述：对于可逆的路径，式（6.36）中的 W_{BEB} 项是由端点状态 U_{i} 和 U_{f} 唯一确定的。因此，和前面的讨论一样，最终的（开放的）固 – 液界面是由 Gibbs 吸附方程中的能量关系决定的。初始（闭合）状态由固体化学的能量关系决定；或者更严格地说，含有嵌入介质的亚稳愈合界面由固体缺陷化学的能量关系决定。

6.5.2　脆性裂纹的次生互作用区

考虑一条化学激活的脆性裂纹，图 6.19 中的次最小值将如何影响我们对裂纹尖端基本结构的认识？特别是，裂纹尖端附近界面处是如何容纳环境分子的？我们采取以下方式来说明这些问题：利用式（2.11）所给出的应力自由裂纹的线弹性位移公式计算出在裂纹界面处弹性球体的分离距离；也就是中心位于 $X = \pm ma_0$（m 为整数）、$y = \pm(1/2)b_0$ 的晶格面上的离子的形貌，而不是在 $\infty \leqslant X \leqslant 0$、$y = 0$ 处的连续细缝壁的形貌。这样的形貌忽略了我们曾经强调过的非线性，以便考虑基本的 γ_{B} 和 γ_{BE} 项的确定。严格地说，我们应该寻找出 $u(X)$ 的一个自相容解，但是 $p_{\gamma}(y)$ 函数中包含的振荡项却使得这个形貌通常十分复杂，并使得对韧性（T_{E}）的分析（3.3 节）变得尤为困难。我们这个弹性球体结构在任何情况下都能充分地适用于说明上一小节中关于嵌入层的描述的所有定性特征。

图 6.20 示出了云母中氧解理层（图 6.18）的形貌。其中，（a）~（c）表示在逐渐增大的 G_* 作用下裂纹穿过初始界面发生的扩展，（d）则表示在愈合的夹杂界面上发生的重新扩展。为与电中性条件相一致，假定钾离子在另一个阵列上与上下表面都保持着键合状态。允许领先的水分子进入初始界面直至形成如图 6.18b 所示的紧密配合的间隙构型[*]。与集中反应模型不同的是，可以很直观地看出在这些分子并不能无限制地进入到 C 点处的 Irwin 裂纹尖端，C 点后面的裂纹壁也不是无约束的。注意到图 6.20 中的 G_* 值涵盖了图 5.9 和 5.21

---

[*]　图 6.20 中只包括了一层水分子。可以沿着界面进一步嵌入两层、三层或者更多整数层直至最终层间水重新达到流体状态。

所示的云母裂纹扩展曲线实验数据范围；尤其是，（b）大致对应了图5.9中水中测试所得到的门槛值区域。此外还要注意到这里关于裂纹尖端半径的连续介质表述再次表现为没有任何物理意义；对于（b）所示情形，由 Irwin 的连续性关系（2.15）得到 $\rho \approx 0.002$ nm。

图6.20一个显著的特征是附着界面被清楚地划分为两个区域：一个独立的主区，初始键发生的"真空状态"下的破裂被局限在这个区域；一个较宽的次生区，这个区域为分子渗透区，所有的外部化学互作用都局限在这个区域。根据这一图像可以得到一些重要的结论：

（i）因为外部化学互作用被限制在次生区，"裂纹尖端"受到了空间势垒的保护而不受环境冲击的影响。这就是5.5.5 小节中提及的原子级尖锐裂纹的结构不变性的基础。不过，主区和次生区在物理上是通过周围的弹性晶格相互耦联的。正是这一耦联使得式（6.36）中的吸附能能够借助于尖端后面的裂纹系统得以恢复。

（ii）6.4 节中讨论的集中反应可以视为表面力模型的一种极限情况，此时次生区尺寸收缩到具有一个原子大小的宽度。从图6.20中可以看到的迹象是：对于云母－水系统，直到 $G_* \gg 1$ J·m^{-2}时也没有出现这样的局部化情况。

（iii）在试图通过延伸的次生区迁移时，环境分子将受到来自基体界面的显著的空间阻力，特别是在 G_* 处于

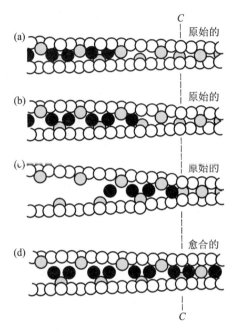

图6.20　由 Irwin 弹性位移场［原点（即裂纹尖端)位于 C–C］计算得到的云母解理面（图6.17）上的裂纹形貌。示出了加载过程中当 G_* 等于(a)100 mJ·m^{-2}、(b)200 mJ·m^{-2}和(c)800 mJ·m^{-2}时水分子在约束条件下渗透进入初始界面的情况。渗透区确定了次生内聚区的轮廓。(d)为卸载过程中 $G_* = 100$ mJ·m^{-2}时的情形，示出了水分子在愈合界面上的陷落。［取自：Lawn, B. R., Roach, D. H. & Thomson, R. M. (1987) *J. Mater. Sci.* **22** 4036.］

较低水平（接近门槛值）的情况下（图6.20b）。这似乎说明，在云母－水系统中，Ⅰ区控制速率的机制是激活的界面扩散（5.5.2节），而不是键－键反应的化学过程。

发育完善的次生区的概念能否被合理地推广到其他的材料－环境系统？在

所有的共价 – 离子性固体中，云母具有一个最低堆积密度的解理原子面。对于蓝宝石来说，为容纳界面水分子，晶格应变需要达到约 200%（与云母的 50% 相比较，图 6.18）。所以，我们认为图 6.20 所示的受到空间约束的界面具有广泛的普遍性。硅酸盐玻璃因为具有不同寻常的开放网络结构而成为一个特例；对于这类材料，集中反应模型可能是适用的。此外，我们一直将讨论局限在水作为环境介质的情况。水是一种相对较小的分子；可以预期其他的活性分子将遭遇到更强的空间障阻碍。

6.5.3 断裂力学分析

现在来讨论如何应用前面的断裂力学推导来分析裂纹分别沿初始界面和愈合界面扩展时出现的滞后现象：

（i）**热力学平衡** 我们从两个不同的角度（参见 3.6 节）来检验式（6.36）给出的条件 $g = G_* - W_{BEB} = 0$。如果我们从远离主区和次生区以外的区域进行观察时，有

$$G_* = {}^V W_{BEB} = {}^V W_{BB} - 2U_{Ad}，（初始）\tag{6.37a}$$

$$G_* = {}^h W_{BEB} = {}^V W_{BB} - (2U_{Ad} + \gamma_h)，（愈合）\tag{6.37b}$$

在这一参考系中，参量 $2U_{Ad}$ 和 γ_h 被理解为（负的）表面能项。外部的化学过程被视作本征韧性的一个组成部分。如果我们在主区和次生区的边界处进行观察时，则有

$$G_* + 2U_{Ad} = {}^V W_{BB}，（初始）\tag{6.38a}$$

$$G_* + (2U_{Ad} + \gamma_h) = {}^V W_{BB}，（愈合）\tag{6.38b}$$

这里，参量 $2U_{Ad}$ 和 γ_h 则被理解为正的（"虚拟的"）机械能释放率。在这个位置上进行的观察可以将裂纹"尖端"处理为结构稳定不变，由"真空"表面能 ${}^V W_{BB} = 2\gamma_B$ 表征；将图 6.20 中的外来化学介质的作用处理为传递了一个赝机械反屏蔽力（张开力），在某种程度上类似于一个"分子楔"。

（ii）**动力学** 准连续裂纹扩展速率函数（5.18）适用于描述门槛值附近的 I 区行为

$$v = 2\nu_0 a_0 \exp\left(-\frac{\Delta F_I^*}{kT}\right) \sinh\left(\alpha_I \frac{G_* - {}^V W_{BEB}}{kT}\right)，（初始）\tag{6.39a}$$

$$v = 2\nu_0 a_0 \exp\left(-\frac{\Delta F_I^*}{kT}\right) \sinh\left(\alpha_I \frac{G_* - {}^h W_{BEB}}{kT}\right)，（愈合）\tag{6.39b}$$

式中，α_I 和 ΔF_I^* 定义了界面扩散的势垒。式（6.39）解释了图 5.4 所示的 Rice 曲线构型。于是，初始的加载使得裂纹按式（6.39a）定义的正方向扩展穿过初始的固体。在卸载过程中，裂纹在门槛值 $G_* = {}^V W_{BEB}$ 处静止，因为受到陷落介质的约束，这一静止状态将一直维持到 $G_* = {}^h W_{BEB} = {}^V W_{BEB} - \gamma_B$，而后便按式

（6.39b）定义的负方向发生收缩。重新开始加载至 $G_* > {}^{h}W_{BEB}$ 之后，裂纹将按式（9.39b）定义的正方向沿愈合界面发生滞后扩展。

图 5.21 中给出的那些通过云母 – 空气系统实验数据的实线是采用 5.6 节所讨论的方法拟合得到的，但也适当考虑了式（6.39）所描述的滞后效应。相应地，在愈合 – 重新扩展这一过程中发生的 G 的偏移对应于式（6.37）中的层错能 $\gamma_h \approx 100$ mJ·m^{-2}（愈合界面）和 $\gamma_h \approx 300$ mJ·m^{-2}（取向失配的愈合界面）（这些数据是共价 – 离子型晶体层错能的典型值）。取向失配界面的较高值说明在决定层错构型方面固 – 固界面的内聚特性的重要性并不亚于陷落分子的嵌入结构。

根据上面的描述，脆性裂纹扩展的所有重要的热力学平衡特性和动力学特性（包括滞后现象在内）都包含在了界面间表面力函数中。到目前为止，我们对表面力木质（尤其是其中的振荡组元）的认识还不完整。有意思的是，在研究这些力的过程中，脆性断裂力学正在为 Israelachvili 设备提供一个有益的补充作用。

6.6　裂纹尖端塑性

我们曾经假定本征脆性断裂是与裂纹尖端塑性无关的。对一些特定材料类型进行的晶格静力学计算可以提供对这一问题的一些认识。剪切失稳可以被认为是位错形成过程的一种表征。对金刚石型固体进行的计算机模拟研究（Sinclair 和 Lawn 1972）并没有发现任何剪切失稳的证据。另一方面，在对体心立方铁进行的计算机模拟研究（Kanninen 和 Gehlen 1972）中发现了剪切失稳。但是，关于裂纹尖端塑性的一些有用的结论可以在不依靠计算机模拟的情况下得到。我们将采用两个准连续性模型来讨论大多数共价 – 离子型固体以及一些金属的本征脆性问题。

6.6.1　理论强度模型

第一个准连续性模型是由 Kelly、Tyson 和 Cottrell（1967）提出的，这一模型试图导出断裂纹尖端流动起始的一个判据。他们认为，如果在裂纹尖端近场内内聚强度的拉伸组元大于剪切组元，则理想（无缺陷的）固体将维持着一条原子尺度上尖锐的裂纹。如果发生了剪切断裂，裂纹将失去其原子尖锐性；也就是说，裂纹将发生塑性的钝化。模型没有对钝化所采取的形式作出描述。

他们的模型基础是对均匀应力场中单晶和非晶固体的理论内聚强度进行的晶格静力学计算。他们确认 Griffith 最初关于内聚强度大约为弹性模量十分之一的估计（1.5 节）是一个有用的一般性结论。但是，对各种材料进行的详细计算表明：从共价键到离子键再到金属键，理论剪切强度与理论拉伸强度的比值呈现出一个明显的降低趋势。这一随结合键刚性减小材料更易于发生剪切断裂的趋势与表 3.1 所示的断裂韧性提高的趋势是一致的。

现在有必要来讨论一下理论内聚强度与裂纹尖端处应力分布之间的关系。为了使得分析可行，Kelly-Tyson-Cottrell 采用了各向同性线弹性体的连续介质方程来处理这个裂尖近场。这一点是这一方法的薄弱点；那些方程作为描述裂纹尖端区域细节的基础所存在的不足已经得到了多次的强调。不过，当式 (2.14a) 中的 r 减小到原子尺度量级时，预期在与裂纹面成任意角度的方向上表征应力场的那些应力分量之间的相似性仍然存在也不是不合理的。图 2.5 给出的 I 型裂纹的 $f_{ij}(\theta)$ 曲线表明：导致平面内裂纹扩展的拉伸组元与导致平面外滑移变形的剪切组元之比大约为 2:1。因此可以得出关于裂纹尖端塑性的一个简单的前提条件，即：理论剪切强度应该小于理论拉伸强度的一半。

对于金属材料来说，其本征剪切强度与拉伸强度相比非常低，发生塑性流动几乎不可避免；可以预期面心立方金属（在密堆面上有很强的滑移趋势）是完全延性的。相反，对于共价材料来说，相对剪切阻力足够大，从而使得塑性流动的发生变得没有可能；可以预期具有特别刚性的四配位共价键的金刚石型晶体是理想的脆性材料。而对处于中间类别的材料（离子型固体和体心立方金属）进行分类就不太容易了。

对于大多数材料来说，有很多其他的因素增加了预测的不确定性。严格地说，必须区分平面应力和平面应变，因为这两种状态会导致剪切应力最大值之间的差异。其次，裂纹面上叠加拉伸应力（近场双轴性的一个体现）的存在不可避免地会导致剪切强度的降低。此外，结晶学各向异性对主解理面以及滑移系统上分应力的影响也是相当可观的。从一定意义上说，剪切断裂是不是裂纹尖端塑性的充分条件这一问题仍然需要加以讨论。

6.6.2 位错成核模型

继续上面的最后一个问题，假定在一个给定的固体中，裂纹尖端处的剪切应力超过了理论剪切强度，随之发生的变形应该是一种什么形式的变形？这样一种变形是如何影响脆性的？这些问题在 Rice 和 Thomson（1974）建立的一个关于裂纹尖端塑性的更精细的模型中得到了讨论。

这些作者指出，Kelly 等人设想的剪切变形相当于位错环从裂纹尖端处向外的自发散射。他们认为这样一种处理肯定低估了断裂阻力。这不足以使一条位错环成核；此外还需要使位错环扩展出随 $r^{-1/2}$ 变化的近场。换句话说，应该存在一个势垒，位错环的散射是一个激活过程。因此，脆性晶体应该是那些势垒与 kT 相比很大的晶体。势垒高度可以从三个裂纹 – 位错互作用力之间的平衡计算得到：（i）裂纹的应力场对位错的作用力（排斥力）；（ii）由位错成核引起的来自表面台阶处的线拉伸力（吸引力）；（iii）裂纹的自由表面上位错的虚拟力（吸引力）。这样，我们就可以来评价构型的力学稳定性了。

Rice 和 Thomson 为裂纹尖端破裂规定了一个额外的条件：散射出来的位错必须是"钝化"型的（图 6.21）。对于 I 型裂纹来说，为了实现这一点，Burgers 矢量必须有一个分量垂直于裂纹面，滑移面必须沿其整体的长度方向与裂纹前缘相交。这些是对裂纹形状的严格的限制条件。此外，大多数实际裂纹的表面和前缘都是曲线形的；使一条弯曲的裂纹具有易于滑移所需的必要的结晶学

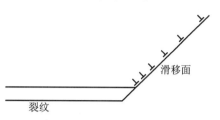

图 6.21 裂纹尖端处发生的位错散射。为形成实际的钝化，这些位错的 Burgers 矢量的某个分量必须垂直于裂纹面，滑移面必须沿长度方向与裂纹前缘相交

取向的位移途径是使之退化到一个具有低指数台阶和弯结的构型。

基于这些考虑，可以认为裂纹尖端塑性并不像 Kelly 等人提出的模型所预测的那样普遍存在。在室温下，共价和离子固体几乎是完全脆性的材料。即使是某些金属，比如说六方密堆在很大程度上、体心立方在较小程度上对于位错散射来说是稳定的。另一方面，面心立方金属显然是属于延性材料。

6.7 脆性裂纹基本的原子尖锐性：透射电镜的直接观察

事实上，在本书中我们关于裂纹尖端原子尖锐性的所有讨论都是预测性的。我们已经知道了在分析共价－离子固体的固有脆性以及这些固体对环境化学的敏感程度时是如何自然而然地应用这一基本概念的。然而，像 5.5.5 小节所述的那样，脆性裂纹基本的尖锐结构仍然是一个存在争议的问题。也存在另外一个说法：扩展着的脆性裂纹可以更恰当地描述为一个连续的、可变的尖端半径；也就是说，裂纹在本征上是钝化的。

对钝裂纹假设的证明需要关于以下列出的任意一个特征的明确证据：

（i）在以腐蚀为基础建立的模型（图 5.20a）中，存在一个根部半径约为几个原子直径量级的圆滑的裂纹尖端。（回顾一下 6.3 和 6.5 节中通过理论估算得到的那些小得无法从物理上作出解释的亚原子尺度上的数值。）

（ii）在裂纹尖端剪切变形模型（图 5.20b）中，存在一个塑性区，其特征尺寸[例如，用式（3.16）给出的"Dugdate 屈服应力" $\bar{p} = \sigma_C^Y \approx H/3$ 计算，其中 H 为硬度]比相应的内聚力作用区 Barenblatt 尺寸（约 1 nm，3.3.1 节）稍大一些。

这些尺寸的估计值表明我们是在不超过 100 nm 这样一个尺度上展开讨论的。

这一尺度远远小于大多数可用于对裂纹进行观察的常规显微镜技术的极限。

然而，Hockey 和其他人一起采用透射电镜（TEM）进行的研究使得我们接近了所要求的分辨率（Lawn，Hockey 和 Wiederhorn 1980）。Hockey 用 Vickers 压痕在单晶上引进了可控的表面裂纹（第 8 章）。然后，对试样从背面进行减薄处理以获得一个薄片。采用电子衍射衬度法对残留在薄片上的裂纹进行观察。下面给出的例子就是 Hockey 对硅、锗、碳化硅、蓝宝石和氧化镁进行的数百次观察所得到的一些典型结果。

观察图 6.22 所示的硅中的裂纹。在（a）中，我们看到一条几乎垂直于薄

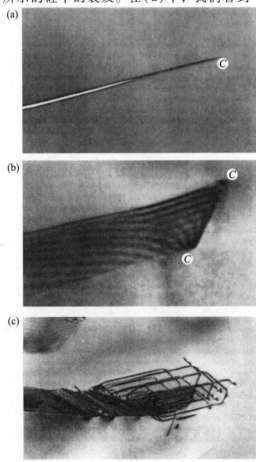

图 6.22　硅中裂纹的透射电镜照片：（a）25℃，沿着界面观察，视场宽度 1.0 μm；（b）同一条裂纹，稍微倾斜后观察；（c）另一条裂纹，500 ℃下形成，视场宽度为 3.5 μm。C – C 表示裂纹前缘。［取自：Lawn，B. R.，Hockey，B. J. & Wiederhorn，S. M. (1980) *J. Mater. Sci.* **15** 1207.］

片的带状裂纹。这条裂纹是在室温下形成的，其界面保持着部分张开状态（部分原因是 Vickers 压痕变形区的嘴部楔力作用，8.1.3 节）。在（b）中，从一个倾斜的方向上观察同一条裂纹，显示出界面条纹的对比带。在裂纹前缘 $C-C$ 处增强的对比带标志着与不完整闭合界面相关的残余弹性应变。无论是在（a）中还是在（b）中，在裂纹尖端附近区域（直接包围着裂尖的区域和裂纹尖端后面的尾流区）都观察不到位错活动的迹象。而从照片（c）中则可以很清楚地检测到位错活动：这张照片示出了一条与（a）和（b）相似但是是在约 500 ℃下形成的裂纹，在这个温度下硅经历了一个脆性 - 延性转变。即使是在这最后一种情况下，也可以观察到位错是非钝化的，从一些预先存在的位错源处激活出来。

现在我们以蓝宝石作为一个特殊的例子，来观察图 6.23 中裂纹 - 界面条纹的对比性。在（a）中，我们给出了一条相对于残余嘴部张开位移发生了部分愈合的裂纹。愈合区由一个平面内位错网络来表征（右侧），未愈合区则由从位错退化而生成的较宽的莫尔条纹带表征（左侧）。在（b）中，在不全位错网络区域内，愈合明显地表现为堆垛层错条纹图案。诊断衍射衬度分析证实这一网络图案并不是由滑移导致的。莫尔条纹表明两个相对的半晶体在不完美闭合界面上发生的一个互旋转；位错则对应于一个复原的构型，在这一构型中，表面重新相互接触，键在失配的约束作用区内重新结合。图 6.23b 所示的一类堆垛层错图案倾向于随着时间而退化，尤其是在电子显微镜的束流加热条件下（Hockey 1983），这使人联想到与 6.5 节中描述的吸附（扩散的）水有关的亚稳状态。

正是如图 6.22 和 6.23 所示观察结果的可重现性使得我们放弃了脆性裂纹的钝化尖端概念。如果扩展确实包含了裂纹尖端塑性，无疑我们将期望在裂纹尖端附近观察到一些残余的滑行位错或其他滑移元素，如图 6.22c 所示。但在所研究的晶体中，这样的元素在室温裂纹处显然没有观察到。（离子晶体氧化镁是一个例外，在这种材料中观察到的位错活动可以归因于预先存在的源，7.3.1 节。）如果扩展涉及溶解或者其他化学光滑化过程，界面就不大可能发生弹性闭合和相对于一个残余嘴部张开位移的愈合。尽管存在一些起干扰作用的物理障碍物（台阶、断裂碎片），裂尖附近愈合的发生是很普遍的（尽管在很大程度上发生在结合键具有较大离子性/共价性比值的材料中，这可能是因为断裂键的结构重排趋势减弱的缘故）。

另一类 TEM 观察有可能对真实的裂纹尖端结构提供更定量的描述。我们将这类技术称为晶格成像，在这类技术中，所观察到的衍射平面表现为一套晶格条纹。图 6.24 所示的例子是一种 Mg-Sialon 晶体中的裂纹。同样，这一裂纹处于残余张开应变状态，这可以从尖端周围的暗场加以说明。晶格条纹的连续

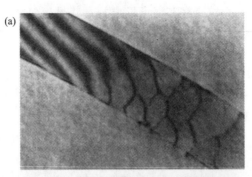

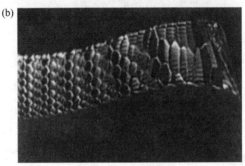

图 6.23 蓝宝石中两条裂纹的透射电镜照片：(a) 示出了裂纹尖端(位于观察区域外,右侧)后面莫尔条纹图案与愈合的位错网络之间的连续性(明场)，视场宽度 2.0 μm；(b) 愈合界面上不全位错与堆垛层错之间的对比性(暗场)，视场宽度为 6.0 μm。[取自：Hockey, B. J. (1983), in *Fracture Mechanics of Ceramics*, ed. R. C. Bradt, A. G. Evans, D. P. H. Hasselman and F. F. Lange. Plenum, New York, Vol. 6, p. 637.]

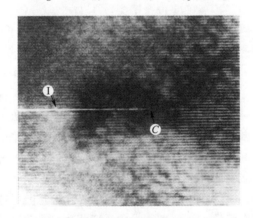

图 6.24 Mg-Sialon 晶格中裂纹尖端区域的高分辨透射电镜照片。条纹对应于材料的晶格间距。张开的界面 I 说明裂纹尖端 C 附近处于残余弹性应变状态。(由 D. R. Clarke 提供。)

性说明没有任何迹象表明光滑尖端的存在。应该说明的是，对晶格成像的解释需要十分谨慎地进行；的确，所有分辨率处于近原子尺度的 TEM 成像技术都可能伴随有假象的出现和错误的解释。不过，尖锐裂纹的说法是令人信服的。期待下一代原子分辨技术能提供更坚实的证据。

7

显微结构与韧性

到现在为止，我们已经在描述材料的两个相反的极端——连续固体和原子晶格——尺度上讨论了裂纹扩展阻力问题。现在可以开始在一个中间尺度——显微结构——水平上来讨论这一问题了。我们所说的"显微结构"，指的是一些离散的结构"缺陷"组成的一个构型；这些结构"缺陷"包括：孔洞、夹杂物、第二相颗粒（体缺陷）；次生裂纹表面、晶界、堆垛层错、孪晶或相的界面（面缺陷）；位错（线缺陷）。传统的脆性多晶陶瓷力学性能的显著改善（参见表 3.1）主要就是在这个中间尺度上实现的。通过调整显微结构，有可能引进一个交互的缺陷结构，这个结构对裂纹扩展产生有限的约束，从而提高了材料的韧性。

在本章中，我们将讨论这些"增韧"相互作用中的一些内容。我们将区分两类约束。第一类涉及纯的几何过程，沿着或者穿过弱界面发生偏转等。与此相关的显微结构元素可被视作"暂时的障碍物"，它们所起的阻碍作用仅仅只在裂纹前缘与之相交的期间才表现出来。由于这一短暂性本质，这种相互作用所起到的增韧效果相对较弱，最多导致裂纹阻力能量 R 提高四分之一；或者相应地，

韧性 T 提高约二分之一。

第二类约束构成了屏蔽过程。关键的相互作用发生在裂纹尖端以外：裂纹尖端前面的"前端区"或者裂纹尖端后面的"桥接界面"。最重要的是这些过程具有很大程度的不可逆性，因此所产生的约束作用以一种残余闭合应变的普遍状态持续作用在裂纹"尾流"区。因为具有累积性，屏蔽过程是增韧的较强潜在来源(尽管偏转有时可能起到了一种基本的前驱作用)，相应地我们将对其加以更多的讨论。它们是 3.6 节中提到的现象化的 R 曲线或 T 曲线的根源。

描述显微结构对韧性影响的理论基础已经在第 3 章中建立。这里有必要对这个理论基础中的一些关键要素加以再次说明，因为它们一直是工程材料文献中一些错误观点的来源。我们再次强调：Griffith-Irwin 断裂力学的合理性在显微结构尺度上并没有丧失。唯一的前提条件是：裂纹尖端应该保持其原子尺度上的尖锐性，离散的显微结构屏蔽元素之间的特征距离应该大于裂纹尖端临界尺寸(如内聚区长度)。因此，可以认为相互作用仅仅影响了裂纹尖端场的强度，而不影响场的本质。也就是说，作用在裂纹上的有效机械驱动力可以根据常规的方法由 K 或者 G(取决于断裂模式)的可加和性确定，因此，(具有结构不变性的)裂纹尖端发生扩展的条件可以借助于前一章中定义的基本"定律"来表述。

在下面各节中，我们将描述在脆性材料中起作用的一些主要的显微结构增韧机制。我们从几何分析开始，讨论沿晶断裂和穿晶断裂、在第二项夹杂物处发生的偏转、台阶形成等，强调弱的晶界或相界以及内部残余应力的影响。而后，我们集中讨论屏蔽的微观力学，这涉及前端区过程(主要是氧化锆中的相变,此外也包括了位错运动和微裂纹云等)，随之讨论裂纹 - 界面桥接现象。在可能的情况下，我们将以单相陶瓷显微结构为主展开讨论以导出基本的原理。同时，我们也强调可控的添加相所发挥的潜在的强大作用，最后结束于对增强的陶瓷基复合材料进行的讨论。

7.1 裂纹前缘的几何扰动

对于理想的均匀脆性材料来说，机械能全部耗散于平面裂纹的内聚区中，其本征的真空韧性由 Griffith 条件确定：$G_C = R = R_0 = W_{BB} = 2\gamma_B$；或者可以等效为 Barenblatt 条件：$K_C = T = T_0 = (E'R_0)^{1/2}$。在弹性场中与其他非活性显微结构不均匀性特征相交可以使一条平面裂纹从它的扩展路径上发生偏转，并吸收额外的能量，有效地提高 R 或者 T。但是，在相交事件完成之后，裂纹对这样的相交没有任何"记忆"。

能量吸收的力学是相当不可思议的。偏转通过提高净阻力 $G_c = R$ 而使材料"增韧"。在对 R 进行评估时，有必要分析相应于非平面裂纹扩展的机械能释放率，并对非平面裂纹扩展中的 II 型和 III 型组元给予适当的考虑。这样一种偏转也可能导致次级能量耗散，如通过显微结构不均匀区域处发生的局部的跳跃-中止失稳过程（伴随有声发射）。

另一个不可思议之处与本征韧性 R_0 对净阻力 R 的贡献有关。出乎意料的是，通过调整内部界面的微观结构使得 R_0 降低[*]之后，R 反倒有所增大。弱界面提供了一个优先的偏转路径，也就是 $g = G - R_0$ 最大的路径（2.8 节）。这里的关键是设计出偏转的一个几何构型，以使得 R_0 的迅速降低无法抵消 G_c 最终的增大。

7.1.1 穿晶断裂与沿晶断裂

多晶材料中，相邻晶粒间的结晶学取向失配，一条裂纹与两个晶粒间的界面相交后可能直接穿过晶界，在对扩展平面的方向进行相对较小的调整之后继续在第二个晶粒内部扩展（穿晶断裂），也可能发生偏转而沿着晶界进一步扩展（沿晶断裂），这取决于 $G - R_0$ 的相对大小。通常，我们可以预期当晶界变得更弱、失配度更高时，可能会发生从穿晶到沿晶的转变。

下面我们依次分析这两种情况：

（i）穿晶断裂　考虑一种理想化的情况：一条平面解理裂纹与两个完整晶体之间的晶界垂直相交并扩展通过这个晶界。裂纹扩展的阻力将由解理面旋转的类型和角度决定。通常，一个晶界具有五个自由度：三个角度坐标用于确定相邻晶粒间的取向失配程度，另外两个角度坐标则用于确定晶界自身的方向。在这些取向失配角中，只有图 7.1 所示的两个——倾斜角 θ 和歪扭角 ϕ 影响到解理面的方向。可以结合 2.8 节中对裂纹扩展路径的讨论来分析这些构型。对于具有强烈解理倾向的晶体来说，图 2.18 中的（a）和（b）分别恰当地说明了与倾斜界面及歪扭界面相交时的情况。前面章节中进行的分析曾经指出：θ 角的旋转可以通过扩展着的裂纹前缘的连续调整而实现，但 ϕ 角的旋转则不能如此。在后一种情况下，如果裂纹继续沿着择优的解理面扩展，裂纹将分裂成由解理台阶连接起来的一些分段前缘，如图 7.2 所示。这样的一个台阶-分段前缘构型在图 7.3 所示的照片中可以很明显地看出。这么一种构型在不具有强烈解理倾向的晶体中出现的可能性不大。在这样的晶体中，裂纹将穿过晶界，

---

　　[*]　试验专家可以在一定程度上调整 R_0。我们已经在第 5 章和第 6 章中看到了如何通过与外部环境之间的相互作用使得 $R_0 = W_{BB}$ 从其本征值 $2\gamma_B$ 降低到 $2\gamma_{BE}$，或者甚至降低到式（6.36b）给出的亚稳量 $2\gamma_{BE} - \gamma_h$。

且裂纹面方向不发生显著的改变；也就是说，裂纹没有"意识到"晶界的存在。

根据这一讨论，我们可以对穿晶断裂过程的 R 给出一个估计。假定在纯 I 型加载方式下，裂纹在第一个晶粒内部稳态扩展，$G_C = R_0 = 2\gamma_B$。由图 2.19 可以清楚地看出，当裂纹穿过边界发生偏转进入到一个混合模式承载状态时，局部的 $G(\theta, \phi)$ 值会迅速降低。为使扩展继续进行，必须增大外加荷载直至达到一个新的局部偏转平衡状态 $G(\theta, \phi) = R_0$，这对应于宏观状态下的 $G_C = G(0) = R(\theta, \phi)$。相应地，裂纹扩展阻力 $R(\theta, \phi)/R_0$ 的曲线表现为图 2.19 中 $G(\theta)/G(0)$ 曲线的逆形式。例如，对于一条具有相对较大晶粒取向失配角 $\theta = 45°$ 的倾斜边界，我们得到 $R(\theta)/R_0 \approx 1.30$。对于歪扭边界，我们也可以类似地估计出 $R(\phi)/R_0$，这类边界因为形成了解理台阶而具有额外的增韧效果(7.1.3 节)。

（ii）沿晶断裂　晶界是脆性材料中最常见的弱界面。因为共价 - 离子键严格的方向性和电性要求，陶瓷材料中的晶界尤其薄弱。因此，当相邻晶粒间的取向失配角增大时，裂纹趋向于绕着而不是穿越晶粒发生扩展。沿晶断裂的特征是具有曲折的裂纹路径(图 7.4)，相应地断裂表面积也有所增大。

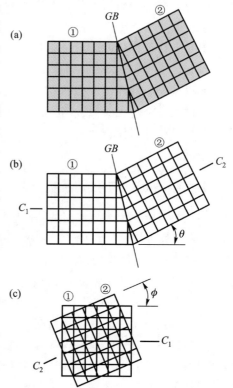

图 7.1　简单立方晶格条件下的穿晶断裂：(a)垂直于所示平面的方向上晶粒间的取向失配，裂纹平面的俯视图；(b)裂纹前缘线上的取向失配角 θ(倾斜边界)，侧视图；(c)裂纹扩展方向上的取向失配角 ϕ(歪扭边界)，端视图。注意：只有(b)和(c)会影响到裂纹平面，尽管(a)确实会影响到裂纹的前缘。GB 表示晶界，C_1 和 C_2 表示(相同的)晶粒①和②中的裂纹平面

考虑沿两个取向失配的晶粒之间的平面晶界发生扩展的一条裂纹。附着功为

$$R_0 = W_{BB} = 2\gamma_B - \gamma_{GB} \qquad (7.1)$$

式中，$\gamma_{GB} = \gamma_{GB}(\theta, \phi)$ 为相对于初始的 B - B 状态的边界构型能。对于内聚的小角度($\theta, \phi < 10°$)晶界，界面构型可以被有效地处理为位错阵列(对于倾斜边

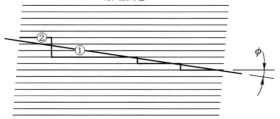

图 7.2　裂纹穿过歪扭晶界从晶粒①扩展进入
晶粒②的过程中被分裂成分段前缘

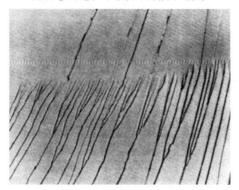

图 7.3　氟化锂(100)解理面上的台阶构成的"河流"图案，这一图案是
在裂纹穿越一个倾斜 – 歪扭晶界($\theta = 0.87°$, $\phi = 0.85°$)时形成的。裂纹从
顶部向底部扩展。反射光照片，视场宽度为 500 μm。[取自：Gilman, J. J.
(1958) *Trans. Met. Soc. A. I. M. E.* **212** 310.]

界来说是螺位错,对于歪扭边界来说则是刃位错),与图6.23所示的愈合裂纹
界面处的位错网络极为相似。大角度边界则可以合适地处理为一个高密度的
点缺陷层。点阵失配可以使得式(7.1)中的 R_0 降低到单晶值的一半以下
($\gamma_{GB} > \gamma_B$),这一点在图7.5中得到了说明,图中所示为氯化钾双晶中的
"清洁"边界的断裂数据。在实际的陶瓷材料中,晶界很容易受到杂质相和
添加的"润湿"相的影响,尤其是在制备过程中。尽管可能只有几个分子
层的厚度,这些相会对界面结合产生很强烈的影响。因为狭窄的晶界处的几
何约束,边界相的分子结构可能是高度"有序化"的,这一情形与对图
6.20所进行的讨论相似。因此,附着功将由与直接确定裂纹表面的介质有
关的表面力函数决定。

　　在多晶材料中,只有在边界足够弱能够补偿由于随之而发生的裂纹偏
转所消耗的能量的情况下,沿晶裂纹路径才能保持。对于一条初始承受纯
Ⅰ型加载、偏转进入晶界后承受 Ⅰ + Ⅱ 型混合加载的直线裂纹,这一条件

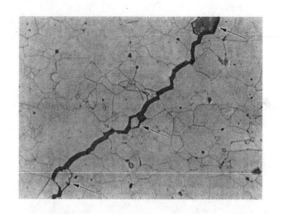

图7.4 平均晶粒尺寸为25 μm的氧化铝中的裂纹，表现为沿晶断裂。特别需要注意的是在一些较大的邻近界面的晶粒（箭头所指）处显著的扰动。表面经过了热腐蚀以便显示出晶界结构。反射光照片，视场宽度为500 μm。[取自：Swanson, P. L., Fairbanks, C. J., Lawn, B. R., Mai, Y-W. & Hockey, B. J. (1987) *J. Amer. Ceram. Soc.* **70** 279.]

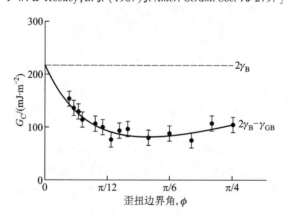

图7.5 沿氯化钾（010）歪扭边界发生平衡裂纹扩展时的机械能释放率随失配角的变化关系。虚线为单晶（100）面解理时的数据。DCB数据。[取自：Class, W. H. & Machlin, E. S. (1969) *J. Amer. Ceram. Soc.* **49** 306.]

为（2.8节）

$$G(\theta, \phi)/G(0) > R(GB)/R_0(B) = 1 - \gamma_{GB}/2\gamma_B \qquad (7.2)$$

式中，$R_0(GB)$由式（7.1）给出，$R_0(B)$为沿直线穿越整个晶体的断裂过程（穿晶）的阻力。如考虑一个$\theta = 90°$的倾斜晶界，我们由图2.19得到$G(\theta)/G(0) \approx 0.25$，因此$R_0(GB)/R_0(B) < 1/4$，对应于$\gamma_{GB} > 3/2\gamma_B$。90°倾斜代表了一种极端情况，因此对于大多数常规的多晶材料来说，满足了$R_0(GB)/R_0(B) < 1/2$、$\gamma_{GB} > \gamma_B$这一并不严格的条件就足以实现沿晶断裂。因为沿晶断裂对应了一个最小能量途径，裂纹扩展的净阻力的提高仅仅来自断裂表面的实际面积与投影面积之比 α 的增大，也即 $R(\theta,\phi)/R_0(B) = \alpha R_0(GB)/R_0(B)$。因为在大多数情况下 $\alpha = 2 \sim 3$，我们可以看出，无论如何裂纹扩展阻力都不大可能提高一倍以上。

实际发生的穿晶断裂和沿晶断裂都比我们这里所考虑的理想状态要复杂得多。首先，我们对 $R(\theta,\phi)$ 的估计只有在平面发生了一个无穷小的扩展（图2.18）这一情况下才是合理的。其次，裂纹并不总是像图2.18所示那样沿着它的前缘发生均匀的偏转；相反，存在一个局部偏转的分布状态（以及如图7.2所示的分段前缘），这对应于裂纹前缘线同时与具有不同取向的不同晶粒相交。因此，某些相交可能导致裂纹偏离其主扩展平面，而某些相交则可能同时使裂纹偏转回来（伴随局部的失稳以及声散射）。第三，我们实际上假定了颗粒的断裂都是发生在主裂纹前缘处；而实验发现情况并不总是如此。晶粒的断裂可以发生在主裂纹前缘的后面（"桥接"，参见7.5节）。最后，内部残余应力的存在（如由相邻晶粒热膨胀的微小失配导致）会进一步干扰裂纹的扩展（尽管在长程概念上可以预期压缩扰动和拉伸扰动的竞争将导致这一效应消失）。由于增韧效果并不显著，我们在这里略去了对这些因素的详细讨论。另一方面，一种给定的多晶材料在一个受力条件下将发生沿晶断裂还是穿晶断裂，这个问题对于判断 R 曲线机制的有效性是很重要的。这一点我们将在本章的后续章节中加以讨论。

7.1.2 两相材料中的断裂

上面关于多晶陶瓷的大多数讨论都可以应用于两相陶瓷（陶瓷"复合材料"的一种基本类型，见7.6节）。一条裂纹可能被迫绕着或者穿过第二相障碍物发生扩展，从而产生增韧效应。可以假定这个第二相具有不同的构型，由几何形状（多面体、球体、圆柱体、片状等）、相对弹性刚度（从一个刚性相的无限大到一个孔洞的零）、热膨胀各向异性失配等加以表征。

Faber 和 Evans（1983）对裂纹偏转力学中第二相颗粒的作用进行了详细的分析，这一分析提供了对这类增韧机制的几何特性的认识。Faber-Evans 分析的出发点是上一小节中借助于裂纹阻力函数 $R(\theta,\phi)$ 随角度的变化关系对裂纹扩展所进行的讨论，同时也考虑了裂纹前缘处颗粒几何形状特定的分布。这些作者考虑了不同的颗粒间距情况下由基体限制的裂纹扩展遇到球形、圆柱形和片状颗粒时发生的倾斜偏转和歪扭偏转，如图7.6所示。他们发现与倾斜组元相比较，歪扭组元在诱导裂纹发生偏转方面更为有效，因此也提高了整体的阻力。在各种不同的颗粒形貌中，圆柱形导致了最大程度的歪扭，在颗粒具有最大长径比和最大堆积密度的条件下，给出了裂纹阻力的一个最大提高量 $R/R_0 \approx$

4。效果稍差一些的是片状颗粒，效果最差的是球形颗粒。

当一条偏转的基体裂纹与相界发生实质性的相交时，这一问题可以加以分析。考虑如图7.7所示的情况：一条Ⅰ型主裂纹与一个相界垂直相交。类似于式(7.1)，相界的附着功可以写成

$$R_0 = W_{AB} = \gamma_A + \gamma_B - \gamma_{IB}, \quad （相界）\qquad (7.3)$$

式中，γ_{IB} 为相界的形成能。通常，γ_{IB} 包含一个化学失配组元[式(2.30b)给出的内聚边界的 γ_{AB}]和一个构型失配组元[与式(7.1)中的 γ_{GB} 相似]。偏转进入界面的条件与式(7.2)给出的沿晶断裂条件相似，即 $\gamma_{IB} > \gamma_A + 1/2\gamma_B$。考虑组分 A 和组分 B 之间的模量差而对图 7.7 所示构型进行的更详细的分析（Hutchinson 1990；Hutchinson & Suo 1991）表明这是一个保守的边界条件；也就是说，由于存在弹性失配，保证偏转发生所需的 γ_{IB} 值通常有所降低。

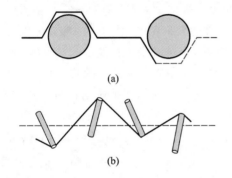

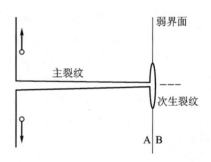

图 7.6　两相固体中裂纹偏转的几何构型：（a）绕球形颗粒发生的倾斜偏转，具有较大的Ⅱ型组元（裂纹从左向右扩展）；（b）绕圆柱形颗粒发生的歪扭偏转，具有较大的Ⅲ型组元（裂纹向图面内部扩展，虚线表示未受干扰的裂纹扩展平面）。[取自：Faber, K. T. & Evans, A. G. (1983) *Acta Metall.* **31** 565, 577.]

图 7.7　拉伸试样中裂纹沿一个弱界面发生的偏转。随着次生断裂从主裂纹处进一步发生时，裂纹扩展驱动力降低。[取自：Cook, J. & Gordon, J. E. (1964) *Proc. Roy. Soc. Lond.* **A282** 508.]

如果裂纹遇到的界面具有很强的结合力（$\gamma_{IB} \ll \gamma_A + \gamma_B$），裂纹将被迫扩展进入第二相。扩展着的裂纹前缘会被钉扎，导致裂纹在弥散颗粒之间发生局部平面间分段或者弓形化（与金属的位错硬化理论中的钉扎和分离概念非常相似）。断裂力学分析表明，在特定的情况（如延性颗粒、球形气孔）下钉扎和弓形化作为增韧机制的效果可能会超过发生在裂纹平面外的偏转。我们将看到（7.5 节），最有效的钉扎是在裂纹前缘已经越过了障碍物之后仍然保留下来的钉扎，也即"界面桥接"。

现在我们来分析一下在增韧过程中热膨胀各向异性导致的内部应力的作

用。考虑一个特定的材料体系：如图 7.8a、b 所示的一种含有球形夹杂物的玻璃基体。在玻璃从溶体状态冷却下来的过程中，发生的微小收缩将导致颗粒 – 基体界面（图 7.8c 中 $r=a$ 处）上产生一个残余内应力

$$\sigma_R = \Delta\alpha\Delta T / [(1+\nu_M)/2E_M + (1-2\nu_P)/E_P] \qquad (7.4)$$

式中，下标 M 和 P 分别代表基体和颗粒，$\Delta\alpha = \alpha_M - \alpha_P$ 为热膨胀系数之差（由玻璃组成控制），ΔT 是冷却过程中的温度差，ν 和 E 分别为泊松比和杨氏模量。这一内应力在基体中形成径向正应力和切向正应力

$$\left.\begin{array}{l}\sigma_r = -\sigma_R(a/r)^3 \\ \sigma_t = \sigma_R(a/r)^3/2 \end{array}\right\} \quad (r\geq a) \qquad (7.5)$$

如果基体比颗粒收缩得更多［式（7.4）中 $\Delta\alpha>0$，式（7.5）中 $\sigma_r<0$ 而 $\sigma_t>0$］，基体则处于一种"环形拉伸"状态，裂纹被"吸引"到颗粒处（图 7.8a）。相反，如果收缩条件反过来［$\Delta\alpha<0$，式（7.5）中 $\sigma_r>0$ 而 $\sigma_t<0$］，将产生一个"径向拉伸"状态，裂纹受到"排斥"（图 7.8b）。

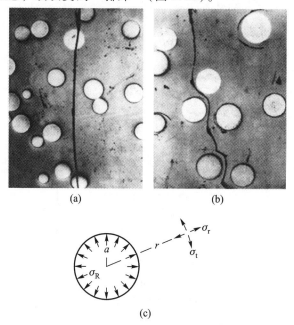

(a)   (b)

(c)

图 7.8 两种不同组成但都含有 10% 体积分数氧化钍的玻璃复合材料中裂纹扩展的路径：(a) $\Delta\alpha = +1.8\times10^{-6}\text{K}^{-1}$，视场宽度为 600 μm；(b) $\Delta\alpha = -5.1\times10^{-6}\text{K}^{-1}$，视场宽度为 1 000 μm；(c) 无限大基体中球形颗粒的残余应力场。反射光断面照片。

［取自：Davidge, R. W. & Green, T. J. (1968) *J. Mater. Sci.* **3** 629.］

很显然，内应力是裂纹偏转的一个重要原因。在这方面径向拉应力场的效果特别显著。另一方面，同样的径向拉应力场维持了一条连续的承受拉应力作

用的裂纹扩展途径，在某种程度上忽略了由于偏转而导致的扩展阻力的增大。对于环形拉伸而言，钉扎可能比偏转更为重要。钉扎增强了裂纹－颗粒之间的结合，这时，基体中沿着裂纹路径作用的拉应力将被颗粒中起约束作用的压应力所抵消。

除了直接对裂纹偏转起作用之外，第二相夹杂物的作用也将表现在与屏蔽过程相关的韧性方程中（7.3~7.5节）。它们也可能成为有效的缺陷中心（第9章）。

7.1.3 断裂表面台阶

典型的脆性断裂表面都表现出含有很多标识的复杂图像，这些标识反映了裂纹扩展的过程。在这些标识中，断裂台阶是最常见的。断裂台阶表征了对裂纹前缘的几何扰动，是约束裂纹扩展的潜在因素。

断裂台阶的出现有以下一些可能的原因：主裂纹遭受到局部的扰动，因而裂纹前缘分裂为相邻的几个不共面的部分（例如，图2.22中的Ⅲ型扰动，图7.2和7.3中的歪扭边界取向差，在障碍物、位错或其他缺陷处的偏转）；高速扩展着的裂纹发生分叉（图4.5和图4.6）；由不共面的裂纹源形成的一些小裂纹之间发生连通而生成的主裂纹。各条裂纹之间可以发生相互作用，并最终与邻近裂纹合并，合并的结果可能是使得台阶增强（同符号台阶），也可能是使得台阶消失（异符号台阶）。图7.3所示即为一个例子：通过与歪扭边界相交而形成的许多小台阶最终连通成为一些大台阶，从而导致了特殊的"河流图案"。

台阶的形成通过吸收相邻裂纹面之间的连接平面附近区域的额外能量而对脆性裂纹的扩展起到约束作用。这种额外的能量消耗表现为裂纹尖端沿台阶发生有效的钉扎，很像一个蔓延的线障碍物。分成若干段的裂纹前缘的连接事实上是一个盘绕的过程，不仅发生在裂纹主前缘的后面，而且也与裂纹主前缘相交。对相对且相邻裂纹段之间应力相互作用进行的分析表明，它们有相互吸引并相互接合的趋势；但这种相互接合不是一种按直观想象所预期的那种端部对端部的接合，而是一种端部对平面的接合，参见图7.9。随之而出现的裂纹面重叠导致了一个条状连接

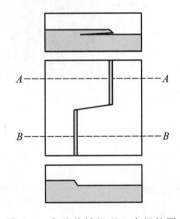

图7.9 台阶偏转机理。中间的图为下断裂面的正视图。上下两张图则分别表示 $A-A$ 面和 $B-B$ 面的截面图。注意只有 $A-A$ 面上出现有下割缝。（除了条状连接层两端都发生断裂的情况，上解理面将表现出与下解理面互补的几何形状。）

层的出现；随着主裂纹前缘的扩展，这个条状连接层承受了一个逐渐增大的弯矩作用，直至相交的基底区中的一个达到了局部裂纹扩展路径失稳状态（2.8 节）。在这一阶段，底部的断裂突然偏向相邻的裂纹面。如图 7.9 所示，由于构型的对称性，最轻微的裂纹前缘扰动可能都足以使底部的断裂沿条状连接层的一端向另一端偏转。台阶形状的这种不连续性是脆性断裂的一个特征标志。图 7.10 所示为一个例证。在某些特殊的情况下，底部的断裂也可能沿条状连接层的两端同时发生，由此就可以对通常观察到的"解理髻"以及其他的断裂表面"碎片"作出解释。

图 7.10　硅（111）解理面上的断裂台阶，显示出了图 7.9 所示的那类台阶突然性间断。扫描电镜照片，视场宽度为 85 μm。[取自：Swain,
M. V. , Lawn, B. R. & Burns, S. J. (1974) *J. Mater. Sci.* **9** 175.]

　　与台阶形成有关的断裂阻力能的提高取决于台阶的密度和高度。但是，如果只是从总表面积角度来考虑（尽管底部断裂过程的失稳可能会导致额外的能量消耗），R/R_0 提高的程度不可能达到二分之一以上。

　　在结束本节时，我们要再次强调：由仅仅对裂纹前缘几何形状产生扰动的那些相互作用导致的增韧效应是短暂的。我们已经看到在任何情况下增韧效果都是比较弱的，上限为 $R/R_0 \approx 4$，$T/T_0 \approx 2$。这就是我们没有花很多篇幅去采用文献中定量的实验数据来支持前面所提到的各种机理的原因之一。另外一个原因则是：对识别特定机理时所采用的许多实验观察结果进行的解释都存在有一些矛盾之处，这是因为这些实验观察结果通常是事后得到的"断口形貌"。虽然有时发挥了一些作用，但断口形貌分析的作用是有限的，而且常常会发生误导。尽管存在这样的不确定性，前面讨论的偏转和内应力相互作用机理却是后续章节讨论某些更有效的屏蔽过程的基础。

7.2 裂纹尖端屏蔽增韧：一般性理论

对陶瓷材料本征脆性进行补偿的最有效的方式可能是裂纹尖端屏蔽。在这一节中，我们将以第 3 章为基础对屏蔽的一些基本要素进行概括，并与显微结构联系起来说明一些重要的材料设计思路。实现屏蔽效应的要求是(3.6 节)：

（a）在源 – 库包围区中表现出了显微结构的离散性，存在一个弹性的裂纹尖端包围区，在这个区域中真空裂纹扩展由基本定律决定

$$\left.\begin{array}{l} G_* = R_0 \\ K_* = T_0 \end{array}\right\}, \quad （外围区） \tag{7.6}$$

（b）显微结构不均匀性元素的变形中包含有一个不可恢复的组元，因此在宏观的平衡阻力表述中就相应出现了一个闭合项 $-G_\mu = R_\mu$ 或 $-K_\mu = T_\mu$

$$\left.\begin{array}{l} G_A = G_R = R_0 + R_\mu = R \\ K_A = K_R = T_0 + T_\mu = T \end{array}\right\}, \quad （远场区） \tag{7.7}$$

因此，单值韧性(R_0 或 T_0)这一简单概念不复存在了，取而代之的是阻力曲线(R 曲线、G_R 曲线)$R = R(c)$ 或韧性曲线(T 曲线、K_R 曲线)$T = T(c)$。3.6 节中提到远场观察者或者裂纹尖端观察者(即"工程师"或者"物理学家")现在都能够对 R_μ 或 T_μ 作出描述，但对屏蔽区进行微观力学分析则是处于中间区域的观察者(即"材料科学家")的工作。

在本章的后续章节中，我们将分析显微结构对 R 曲线产生影响的方式。图 7.11 示出了一些例子。在分析这些体系时，以下列出的屏蔽微观力学的一些要素将受到特别的关注：

（i）本构关系。任何正式的断裂力学描述的核心是在整个屏蔽区中材料完整的应力 – 应变响应的合适关系(图 3.11 和图 3.12)。这些关系中包含了与起调控作用的显微结构参数有关的所有基本信息。

（ii）前端区和桥接区微观机制。如 3.7 节所述，我们可以区分出两类屏蔽。这种区分使得我们可以通过一般的断裂力学推导对 R 曲线进行评价。(但是应该注意：并不是图 7.11 中列出的所有例子都可以被明确地归入这两类中的某一类。)

（iii）稳态解和瞬态解。这两类解分别决定了 R 曲线的范围和形状(3.7节)。式(3.34)和(3.37)中的屏蔽组元 R_μ 需要前端区或者桥接区边界上位移场的明确信息，而这一位移反过来又取决于区域内外的应力强度以及裂纹尺寸，比如说 $u_z = u_z(G_*, G_A, c)$。因此，$R_\mu(c)$ 的计算就涉及一个非线性积分方程的数值求解问题(3.3 节和 3.7 节)。为获得一个封闭解，分析通常要借助于

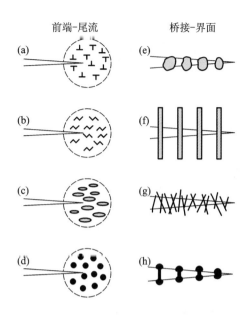

前端-尾流　　　　　桥接-界面

图 7.11　屏蔽机制。前端区：（a）位错云；（b）微裂纹云；（c）相
变；（d）延性第二相。桥接区：（e）晶粒互锁；（f）连续纤维增强；
（g）短晶须增强；（h）延性第二相

位移场的简单关系。在稳态下，这一困难就不存在了，因为区域的边界可以用
一个极限"断裂"位移（或应变）加以确定，而后者则是一个与裂纹形状无关
的材料常数。

（iv）区域尺寸以及短裂纹与长裂纹。结构陶瓷中屏蔽区尺寸的典型值
为 $1 \sim 1\,000\ \mu m$，复合材料及混凝土则为 $1 \sim 1\,000\ mm$（与内聚区尺寸约
$1\ nm$ 相比较，3.3.1 节）。大的区域提供了所需要的力学性能，同时也为数
学分析带来了困难。（此外，G_A 的定义及其与 K_A 之间的二次方关系对于小的
屏蔽区来说是不一定成立的。）常规的裂纹实验测量的是具有大初始切口的试
样中的裂纹扩展，因而就避开了这一问题。但强度是由缺陷控制的，缺陷的尺
寸可能与区域尺寸相当或者甚至小于区域尺寸。因此，从宏观向微观进行的外
推就出现了问题，这不仅仅是因为 $R_\mu(c)$ 的非单值性（3.7.7 节）。这就导致了
"短裂纹"和"长裂纹"之间的差异。

（v）弱界面和界面应力。增韧可以通过材料中薄弱环节实现，这些薄弱
环节是通过将一些低能量界面和残余应力引入显微结构中而形成的。本征值
R_0 可以以多种方式对 R_μ 进行调控：首先是决定断裂路径（穿晶或者沿晶），其
次是决定屏蔽区的范围。因此，R_μ 和 R_0 在数学上是有关联的，在某些情况下
会导致倍增的而不是加和的效应。

7.3　前端区屏蔽：位错云和微裂纹云

前端区位错活性和微开裂最初分别是冶金工程和混凝土力学中的概念。这些概念在最近被引申到了脆性陶瓷领域。虽然这样的引申并不十分成功，但在屏蔽微观力学的发展史中它们仍然是重要的先例。

7.3.1　位错云

在第3章中我们知道金属固体中一条扩展裂纹的尖端通常被一个塑性区所包围，消耗在这个塑性区中的能量可以比消耗在键断裂过程中的能量高出几个数量级。对塑性区的研究作为固体力学工作者的首要任务已经有数十年的历史。研究如此之深入以至于有些人坚信：类似的塑性对陶瓷的韧性也起到了关键的作用，尽管是在一个较小的尺度上。我们在第6章中对电子显微镜证据的讨论表明情况并不是这样：室温下，共价－离子固体中位错散射的势垒高得不可逾越。同时，我们也没有排除这样一些预先存在的位错源在 K 场内被激活从而发育成为屏蔽裂纹尖端的位错云的可能性。确实在具有岩盐结构的离子晶体中观察到了活性的位错云，在岩盐结构中 Peierls 晶格阻力相对较低（Burns 和 Webb 1966）。图7.12示出了这样一类位错云的例子。

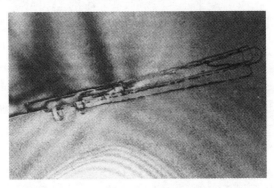

图7.12　氧化镁(001)面薄片上(100)裂纹的透射电镜照片，显示出了盘绕的位错云。裂纹从左向右扩展。注意到位错团簇盘绕在裂纹前缘。视场宽度5.0 μm。（由 B. J. Hockey 提供。）（与图6.22c 所示高温下硅的情况相比较。）

裂纹－位错相互作用的增韧力学有点不容易理解。从一个简单的构型开始：一个单一的具有量级为 $+b$ 的 Burgers 矢量的静止螺形位错 i 位于 (r, θ) 且平行于一条未受力的Ⅲ型裂纹。位错对裂纹尖端施加了一个剪应力作用，导致了一个屏蔽应力强度因子（Majumdar 和 Burns 1981）

$$K_\mu^i = -[\mu b/(2\pi r_i)^{1/2}]\cos(\theta_i/2) \qquad (7.8)$$

式中，μ 为剪切模量。这一应力强度因子等效于作用在裂纹上的一个一般力 G_μ^i，裂纹也对位错作用了一个大小相等但方向相反的虚拟力 G_D^i。将 $b \approx 2.5$ nm、$\mu \approx$ 100 GPa、$r \approx 1$ μm 和 $\theta = 0$ 代入，我们可以看出一个单一位错的贡献是 $K_\mu^i \approx$ -0.1 MPa·$m^{1/2}$。由 N 个这样的静止位错组成的一个平行阵列导致的总屏蔽 $T_\mu = -K_\mu$ 则可以根据 K 场的可加和性确定

$$T_\mu = -\sum_i^N K_\mu^i(r_i, \theta_i) \qquad (7.9)$$

因此，这似乎说明能对韧性有显著贡献的位错密度无需像引起塑性所需的位错密度那么大。

但是，如果场里包含了具有相反符号的位错[如在(r,θ)处为$+b$，在$(r,-\theta)$处为$-b$]，式(7.8)所描述的 K 场在式(7.9)中叠加后就相互抵消了。如果裂纹为 I 型以及如果位错阵列中包括了刃位错和螺位错的混合，数学处理就非常复杂了；但是最终的结果是一样的：在一个大的均匀分布的静止位错阵列中，屏蔽 K 场的加和趋向于零(Thomso 1986)。一个静止的位错分布对增韧没有任何效果。

另一方面，假设分布是"活性"的以致位错在近场范围内能够扩展并增殖，形成了一团可运动的云。在极端情况下，这些位错可能持续地盘绕在扩展着的裂纹前缘后，如图 7.12 所示的一个例子。位错在运动过程中抵抗"晶格摩擦"应力(本征 Peierls 力和非本征的流动阻力)而发生的能量消耗是不可逆的，在尾流区中就形成残余应变。这样，位错阵列对韧性的贡献就不再是零，而是由位错力学来确定了。

Burns 和 Webb(1966,1970)在对氟化锂单晶进行的研究中深入探讨了这些原理。这里我们在图 7.13 中针对一个理想化的系统说明一种最简单的情况：

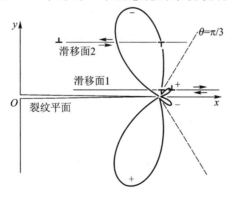

图 7.13　理想层状结构中，裂纹尖端场内的位错环构型。叶形线代表恒定剪切应力 σ_C^D 的轨迹。与叶形线相交的滑移面上的位错环将被裂纹清除。[取自：Burns, S. J. (1970) *Acta Metall.* **18** 969.]

滑移和Ⅰ型断裂都被限制在一个单一的(基准)结晶学平面上发生(如云母、锌)。考虑作为对裂纹尖端附近应力场的响应而发生的两个相互独立的位错环的发育过程。裂纹尖端附近的叶形线是在 $K = K_A$ 及 $\sigma = \sigma_{xy}$ 条件下作用在滑移面上的恒定分剪应力轨迹线,由式(2.14a)给出

$$r(\theta) = (1/2\pi)\left[K_A f_{xy}(\theta)/\sigma_{xy}\right]^2 \tag{7.10}$$

因为 σ_{xy} 是作用在滑移面上的唯一的非零剪切组元,裂纹将只对具有平行于 Ox 方向的 Burgers 矢量分量的位错环施加一个滑行力。因而,Burgers 矢量的符号就决定了位错环是扩展还是收缩。于是,位于邻近的滑移面且靠近逐渐逼近的裂纹的位错环的前缘及其后续部分将趋于向着在 $\theta = 0$、$\pm\pi/3$ 处为零应力的前端区扩展。随着裂纹继续扩展,相应出现的负值叶形线的反作用将约束位错环的尾部在裂纹尖端后面的迁移,整个位错将被运动着的应力场带走。另一方面,与裂纹面处于同一侧的具有相反符号的位错环则趋向于在主导应力场中消失;但是,如果这个位错环因为是位于更远处的滑移面 2 上而幸存下来,则它将在更强的叶形轨迹线区域内扩展。然而,在这种情况下就不再有具有相反符号的叶形轨迹线,只有位错的前缘部分沿着裂纹扫过。

通过分析屏蔽区(而不是裂纹尖端包围区)内存在无限密集分布位错这一极限情况就可以很容易地处理复杂得多的位错构型问题。在这种情况下,我们可以应用 3.7.2 节中对Ⅰ型裂纹进行的准连续性分析来确定稳态屏蔽对阻力的贡献 $R_\mu^\infty = -G_\mu^\infty$;对于完全发育的尾流,由式(3.37)得到

$$R_\mu^\infty = 2\int_0^{w_C} u(y)\,\mathrm{d}y = 2\overline{U}_D w_C \tag{7.11}$$

式中,$\overline{U}_D$ 是与残余位错段形成有关的平均应变能密度,w_C 为尾流层的宽度。现在,正是 w_C 决定了增韧的程度。对于一个平衡系统来说,激活位错运动的剪应力 σ_{xy} 由晶格摩擦应力 σ_C^D 给出,后者也决定了图 7.13 中屏蔽叶形线区域的尺寸。假设 K_A 规定了屏蔽区边界处作用的外场(图 3.8,这一假定适合于"弱屏蔽"的情况,参见 3.6 节),将 $K_A = T_\infty$(平衡状态)、$\sigma_{xy} = \sigma_C^D$ 以及 $r = w_C$ 代入式(7.10)得到

$$w_C = \Omega_D\,(T_\infty \sigma_C^D)^2 \tag{7.12}$$

式中,$\Omega_D = (1/2\pi)f_{xy}^2(\theta_m)\sin\theta_m$ 是一个屏蔽区几何形状系数,下标 m 代表 $r(\theta)$ 在裂纹平面上最远的切点(对于图 7.13 所示的理想构型,$\theta_m = \pm 111°$,$\Omega_D = 0.030$)。式(7.12)、(7.11)与 $R_\infty = R_0 + R_\mu^\infty$ 及 $T_\infty = (E'R_\infty)^{1/2}$(3.6 节)相结合即可给出一个近似的稳态阻力

$$R_\infty = R_0(1 + 2\Omega_D\overline{U}_D E'/\sigma_C^{D2}), \qquad (弱屏蔽) \tag{7.13}$$

注意到像前面所预期的那样,这里出现了 R_0 的倍增。

到这里为止我们尚未提及速率和温度这两个与涉及位错运动的材料性能密

切相关的变量。如何将这两个变量结合到上面的分析过程中？考虑当我们使裂纹以速率 v 发生扩展时图 7.13 中的位错构型的响应。在 $\sigma_{xy} = \sigma_D > \sigma_C^D$ 的区域内位错运动(以及裂纹运动)绝大多数情况下都遵循一个动力学"定律"：$v_D = v_D(G_D, T)$。这一定律与 $v_D = v_C$ 这一要求相结合就决定了稳态滑移力 $G_D = G_D(\sigma_D)$。对于单调变化的 $v_D(G_D)$，图 7.13 中的屏蔽区随裂纹扩展速率的增大而收缩，随着系统转变为动态，可动的位错数量减少。因此，对位错动力学的分析就成为脆性 – 延性转变的复杂力学分析的第一步。

众所周知，在共价 – 离子型固体中，室温下表现出显著的位错活性是特殊情况而不是普遍情况。材料科学家认识到塑性并不是陶瓷增韧的一个有实用意义的途径，对于较软的离子晶体来说，R 的提高最多也不过二分之一。当然，塑性对于金属来说是至关重要的。在这方面，关注一下一些研究者(Thomson 1978；Weertman 1978；Hart 1980)在将位错屏蔽/尖锐裂纹构型延伸到以脆性模式发生断裂的金属中的合理性方面展开的辩论是很有趣的。

7.3.2 微裂纹云

由断裂诱发的微裂纹导致的增韧在前端区和 R 曲线现象方面与位错云活性导致的增韧非常相似，只是前者中的离散组元是平稳的扩张而不是运动着的偏置。理论上说，微裂纹可以在初始的薄弱点(如晶粒和相间亚界面处的缺陷)处形成，其驱动力为主裂纹的应力场。主裂纹处的应力可能因为存在由于不同的热膨胀或弹性失配而导致的内部残余拉应力而增大。在消除这些拉应力的过程中，发育完善的微裂纹会不可逆地张开，典型的位移达到几个晶粒尺寸，从而对裂纹施加了一个扩张的闭合场。

关于微裂纹增韧有两个基本问题：微裂纹云在主裂纹场中形成的条件是什么？如果满足了这一条件，韧性会有多大的提高？为简便起见，我们主要讨论表现出沿晶断裂的单相陶瓷。

(i) 微裂纹云形成　如图 7.14 所示，我们在一条平衡主裂纹(P)的包围区向外观察可能的微裂纹源位置(M)，分析微裂纹形成的条件。作用在活化点[假设为位于 (r, θ) 处的晶界亚界面]处的应力 σ^M 为两个组元的叠加：一个是主裂纹尖端附近的静水拉应力，由式(2.14a)在 $K = K_*^P$ 和 $\sigma_{ij} = \overline{\sigma}_{ij} = (\sigma_{rr} + \sigma_{\theta\theta} + \sigma_{zz})/3$ 条件下给出

$$\overline{\sigma}_{ii} = K_*^P \overline{f}_{ij}(\theta)/(2\pi r)^{1/2} \tag{7.14}$$

式中，$\overline{f}_{ij} = \left(\dfrac{2}{3}\right)(1 + \nu)\cos(\theta/2)$。另一个是(非立方材料中的)平均热膨胀各向异性应力

$$\sigma_R = E\Delta\alpha\Delta T/2(1 + \nu) \tag{7.15}$$

式中的 $\Delta\alpha$ 为沿主晶轴的膨胀系数差。将微裂纹源近似处理为半径为 c_F、承受均匀应力作用的半饼状缺陷，应用式（2.20）和（2.21d）则得到临界条件为

$$K_*^M = 2\sigma_C^M (c_F/\pi)^{1/2} = 2(\bar{\sigma}_{ii} + \sigma_R)(c_F/\pi)^{1/2} = T_0 \qquad (7.16)$$

式中 T_0 为晶界韧性。

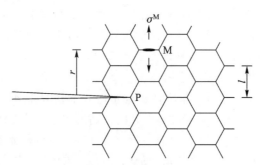

图 7.14　推导多晶材料中微裂纹形成条件的坐标系统。本征的微裂纹源（M）承受了由主裂纹场（P）和热膨胀失配应力叠加而成的张开应力 σ^M 作用。假定显微结构满足几何相似性条件，因此缺陷尺寸与晶粒尺寸 l 相当

最具有实用意义的显微结构参数之一是晶粒尺寸 l。存在一个极限尺寸 l_C，晶粒尺寸大于这一数值时非立方陶瓷趋向于在初始的冷却阶段自发形成微裂纹。这一极限尺寸成为推导主裂纹叠加场中微裂纹形成条件的一个参考状态。现在，注意到式（7.15）所描述的残余场的强度与裂纹尺寸无关，对于几何相似结构，自发微开裂的临界 K 场可以通过对缺陷半径进行调整（$c_F = \beta l$，β 为与尺度无关的量）而得到。于是我们就可以按照以下步骤确定微开裂的条件：

（a）自发（总体）微开裂　在不存在主裂纹（$\bar{\sigma}_{ii} = 0$）的情况下，微裂纹源 M 在内部拉应力（$+\sigma_R$）的单独作用下形成。当晶粒尺寸为

$$l_C = (\pi/4\beta)(T_0/\sigma_R)^2 \qquad (7.17)$$

时，式（7.16）成立。晶粒尺寸大于 l_C 时，整个材料内部中所有的活性源处发生总体的微开裂。注意到式（7.17）的极限情况当 $\sigma_R \to 0$ 时 $l_C \to \infty$，从而证实了在立方材料中不存在自发微开裂现象。

（b）激活的微开裂（云）　现在考虑在晶粒尺寸处于 $l < l_C$ 这一区域时由于主裂纹的影响而发生的激活过程。微裂纹云被局限在裂纹尖端附近，其半径可以通过在式（7.14）中令 $K_*^P = T_0$ 并结合式（7.16）而给出

$$r_C = 2\beta l \{f_{ii}/\pi[1 - (l/l_C)^{1/2}]\}^2, \qquad (l \leqslant l_C) \qquad (7.18)$$

对于裂纹直径 2β 的边界值，在 $f_{ii}(\theta) = 0.72(\theta = 60°$，见下文）的条件下，用 r_C/l 对 l/l_C 作图得到图 7.15。图中有两种令人感兴趣的极限情况：$l/l_C = 1$，这是前面（a）中所讨论过的总体微开裂那种极端情况；$l/l_C = 0$，这是超细晶（$l \to 0$）或立方［式（7.17）中 $l_C \to \infty$，$\sigma_R \to 0$］材料的情况。在这两种极限情况之间，随着晶粒

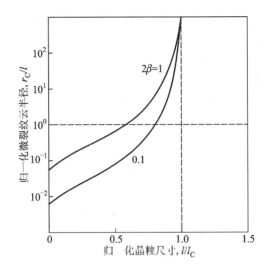

图 7.15　对于两个饼状缺陷直径作出的主裂纹尖端微裂纹
云半径随晶粒尺寸变化关系的归一化曲线

尺寸的减小，微裂纹云半径减小，在缺陷尺寸较小的情况下，微裂纹云半径减小的速率更快。$r_C/l = 1$ 这一条件给出了一个点，在这一点处所有的微裂纹源都会连通形成一条主裂纹；也就是说，不再存在分离的微裂纹云。所以，显著的微开裂现象（比如说 $r_C/l > 10$）被局限在处于显微结构尺度的一个狭小的"窗口"范围内。

（ii）韧性的提高　假定微裂纹云已经形成，那么它对韧性将做什么样的贡献呢？我们借助于上一小节中对位错云进行的讨论，假定在扩张的屏蔽区内微裂纹具有一个准连续的密度（Faber 和 Evans 1983）。图 7.16 以式（7.14）中的静水拉应力 $\bar{\sigma}_{ii}$ 的等值轨迹线表示出了扩张区的形状。图中还给出了与微裂纹云相交、由 $y = $ 常数（$< w_C$）确定的平面上一个体积单元的 $\sigma_\mu(x)$ 和 $\varepsilon_\mu(x)$ 的变化情况以及这一单元的扩张应力 – 应变本构关系。稳态阻力增量 $R_\mu^\infty = -G_\mu^\infty$ 可以直接由式（3.38）确定

$$R_\mu^\infty = 2\sigma_C^M \varepsilon^M w_C \tag{7.19}$$

式中，σ_C^M 是式（7.16）中定义的微裂纹形成的临界应力，$\varepsilon^M = e^M V_f [e^M = \Delta\alpha\Delta T/2$ 是与式（7.15）给出的内应力 σ_R 的释放有关的每一个微裂纹源处的无约束应变，V_f 为微裂纹源的体积分数，即活化晶粒的比例］为微开裂尾流区的残余应变[*]。"弱屏蔽"区的尺寸为［与式（7.12）比较］

---

　　[*]　严格地说，式（7.13）中 R_μ^∞ 应该包括一个弹性柔度项。但是，由于屏蔽区内材料的弹性"软化"，这一组元只有在微裂纹密度很高的情况下才显得重要。因此这里我们予以忽略。

$$w_C = \Omega_M (T_\infty / \sigma_C^M)^2 \tag{7.20}$$

式中，$\Omega_M = (1/2\pi)\bar{f}_{ii}^2(\theta_m)\sin\theta_m$（在最远的切点处 $\theta_m = \pm60°$，$\Omega_M = 0.062$）。类似于式(7.13)，我们近似得到

$$R_\infty = R_0(1 + 2\Omega_M e^M V_f E'/\sigma_C^M), \quad （弱屏蔽） \tag{7.21}$$

这样就再次看到了韧性关系式中 R_0 的倍增。

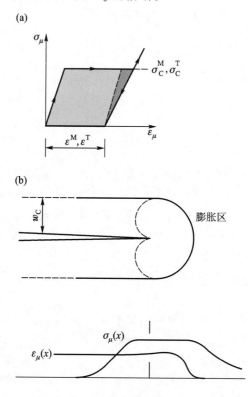

图 7.16　前端区增韧。(a)扩张区中体积单元内微开裂增韧(M)和相变增韧(T)的应力 - 应变 $\sigma_\mu(\varepsilon_\mu)$ 本构关系。(虚线右边的黑色阴影区代表由模量降低导致的对韧性的二次贡献)；(b)由静水拉应力 $\bar{\sigma}_{ii}$ 的等值线确定的扩张区轮廓及其尾流，下部示出了这一区域中材料单元体的应力 $\sigma_\mu(x)$ 和应变 $\varepsilon_\mu(x)$。韧性的提高量 R_μ 由 $\sigma_\mu(\varepsilon_\mu)$ 曲线下方的面积给出。（与图 3.12 比较。）

在这一韧性描述中存在一个尺寸效应。尽管 $e^M(\approx\Delta\alpha\Delta T/2)$ 与 l 无关，式(7.16)中给出的自相似晶粒结构的微开裂应力 σ_C^M 则是 l 的反(平方根)函数。(这是违背恒定临界应力概念的又一个例子。)因此，(在图 7.15 所示的窗口范围内)式(7.21)中的 R_∞ 应该随着显微结构尺度的增大而增大，直至自发微开裂的极限值。

相应地，我们来估计一下氧化铝中增韧的上限。取 $\sigma_C^M \approx \sigma_R \approx 250$ MPa [自发微开裂极限，式（7.16）中 $\bar{\sigma}_{ii} \rightarrow 0$]、$e^M \approx 0.000\,5$（$\Delta\alpha \approx 1 \times 10^{-6}$℃$^{-1}$、$\Delta T \approx 1\,000$ ℃）、$V_f \approx 1$、$E' \approx 400$ GPa，我们得到 $R_\infty / R_\mu \approx 1.1$，只是一个少量的提高。可以预期具有较大热膨胀各向异性（从而具有较大 e^M）的材料（如钛酸铝、钛酸钡）会表现出更明显的韧性提高。

关于微裂纹云在脆性陶瓷韧性中的作用问题已经出现了很多的讨论。普遍缺乏在单相陶瓷中对这一现象进行的直接证实（如通过对扩展着的主裂纹的前端区进行原位观察）。我们已经指出，微裂纹激活的条件在任何情况下都很严格。为了使得这样的微开裂确实发生，微裂纹源必须足够大并且间距很小，这样的要求是具有几何相似性的显微结构共同的要求。

另一方面，两相陶瓷则不受这样的相似性要求的限制。我们可以通过增加第二相的体积分数而使得微裂纹密度独立于微裂纹源的尺寸得以提高。确实，大多数关于陶瓷中激活的微开裂现象的令人信服的报道都是基于对基体/颗粒系统进行的观察（Evans 1990）。考虑到微裂纹密度与微裂纹源尺寸之间的相互独立性以及弹性失配应力和热膨胀各向异性应力的存在（相应的残余应变增大），对两相系统的分析可以沿着上面的思路进行下去。

7.4 前端区屏蔽：氧化锆中的相变

如果对位错和微裂纹作为实用的脆性陶瓷增韧机制的效果方面存在一些疑问的话，这些疑问在氧化锆相变这方面就不再存在了。现在那些具有异常高韧性的氧化锆陶瓷（"陶瓷钢"）的出现归功于 Garvie 和他的同事们的杰出工作（Gervie，Hannink 和 Pascoe 1975）。后来的研究者（包括 Clausen、Heuer、Lange、Swain 等）的贡献使得材料进一步优化，最终韧性达到了 $T_\infty \approx 20$ MPa m$^{1/2}$ 这样的水平。

关于氧化锆的描述的中心内容是由四方相到单斜相的位移型相变。在没有约束的情况下，这个相变在室温下是自发的，同时伴随有相当大的膨胀应变（$\approx 4\%$）和偏差应变（$\approx 7\%$）。关键是通过引进合适的工艺添加剂（MgO、CaO、Y$_2$O$_3$、CeO$_2$）以及借助于热处理来限制这一相变，从而使得所得到的"部分稳定"氧化锆（PSZ）的结构表现为弹性约束基质（通常为立方相）中分布有细小的亚稳四方相淀析物。图 7.17 示出了一个经典的淀析结构。而后，通过在裂纹前端区内施加应力作用，就可以诱发滞后的相变；这种方式与前面讨论微开裂问题时所设想的方式是一样的。

到目前为止，氧化锆是唯一一种具有实际效果的相变增韧陶瓷，尽管氧化铝和莫来石也已经被成功地用作四方氧化锆颗粒的弥散基体。关于另外的马氏

图 7.17　Mg-PSZ 的透射电镜照片，显示立方基质中未相变的
四方相淀析物。视场宽度 1.75 μm。（A. H. Heuer 提供。）

体系和其他的相变类型的探索仍在继续。同样，在这里我们只介绍这个在材料发展史上十分重要的领域中的一些最基本的内容。对这一问题感兴趣的读者可以从 Green、Hannink 和 Swain（1989）的专著中得到更详细的了解。

7.4.1　实验观察

在这一小节中，我们介绍关于氧化锆陶瓷的一些经过选择的观察结果，这些结果与相变区微观力学和相应的韧性性质有关。

我们从图 7.18 所示 Mg-PSZ 中滞后的四方－单斜相变的照片证实开始。照片所示为一个具有切口裂纹的试样的表面，是采用双光干涉法得到的。干涉条纹对应于前端尾流区内残余膨胀在表面处释放所导致的隆起。由这些条纹图案，我们可以直接估算出区域的宽度和瞬变区的长度，约为 1 mm。图中同时示出的还有同一裂纹处四方相和单斜相的拉曼探针信号。与裂纹面相对应的这些信号的空间变化直接与干涉条纹的空间变化相关联。

现在来分析一种具有中等韧性特征的相似的 Mg-PSZ 的断裂数据。图 7.19 给出了老化过程中韧性和强度的变化情况。随着老化时间的延长，两组数据都是先增大，到达一个最大值后开始降低。在最大值之前、在最大值处以及在最大值之后的材料分别称为欠老化、峰值老化和过老化。采用透射电镜进行的显

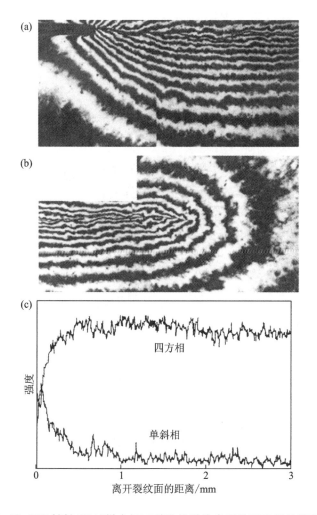

(a)

(b)

(c)

四方相

单斜相

强度

0   1   2   3

离开裂纹面的距离/mm

图 7.18　Mg-PSZ 材料 CT 试样中切口引进的裂纹表面的双光干涉照片，示出了(a)切口和(b)裂纹尖端处因为相变诱发膨胀所导致的表面隆起。每一个条纹代表了相对于光的半波长(≈0.25 μm)的高度变化。在切口前面的条纹轮廓图案的增宽对应于相变区的瞬变生长，从而也反映了 T 曲线的形状。视场宽度 2 500 μm。(c)切口与裂纹尖端之间的位置处，拉曼谱信号与离开裂纹平面的距离的变化曲线，表示了四方到单斜转变的强度。(取自：Marshall，D. B.，Shaw，M. C.，Dauskardt，R. H.，Ritchie，R. O.，Readey，M. & Heuer，A. H.，*J. Am. Ceram. Soc.*，**73** 2659.)

微结构观察(图 7.17)表明老化处理的作用是使得相变的淀析物粗化。在起始阶段，这一粗化通过明显地降低颗粒相变的临界应力而使得韧性提高。但是，当淀析物尺寸达到一定值时，相变会自发发生，增韧效果就失去了(与微开裂的临界晶粒尺寸相比较，7.3.2 节)。

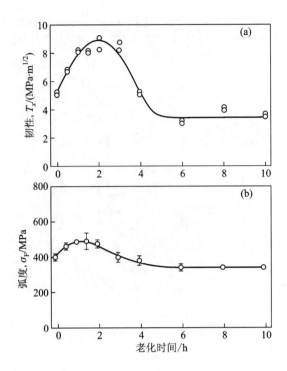

图 7.19 Mg-PSZ 的(a)稳态韧性和(b)强度随老化(1 400 ℃)时间的变化关系。(由 A. H. Heuer, R. Steinbrech 和 M. Readey 提供。)

不同程度老化处理后同一材料的韧性随裂纹扩展变化关系曲线如图 7.20 所示。韧性的提高在峰值老化状态下最为突出。这一提高一直延伸到裂纹扩展量达到约 1 mm，与从图 7.18 中直接测得的瞬变区长度一致。即使是过老化的

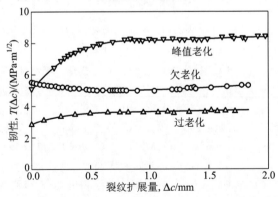

图 7.20 欠老化、峰值老化以及过老化的 Mg-PSZ 材料实测的韧性曲线。CT 试样。(由 A. H. Heuer, R. Steinbrech 和 M. Readey 提供。)

试样也表现出了残余的 T 曲线行为，说明增韧并不仅仅是由相变导致的：在图 7.21 所示的严重过老化的试样中可以看到粗化的颗粒处裂纹扩展路径严重偏转并桥接(7.5 节)。

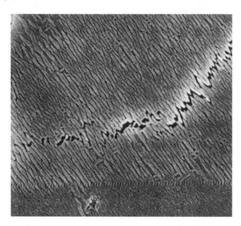

图 7.21　过老化 Mg-PSZ 中粗化的淀析物。注意明显的裂纹偏转和桥接。视场宽度 12.5 μm。[取自：Hannink, R. H. J. & Swain, M. V. (1986)，in *Tailoring of Maultiphase and Composite Ceramics*，eds G. L. Messing，C. G. Pantano & R. E. Newnham，Plenum Press，New York，p.259.]

对于氧化锆系统，已经对许多显微结构变量和外部变量进行了观察；起稳定作用的添加剂体积分数、基体材料的组成、淀析物以及基体晶粒的尺寸、老化稳定等仅仅是少数的几个例子(Green、Hannink 和 Swain 1989)。我们目前关于相变过程的知识还有很多是不完整的。

7.4.2　断裂力学理论

关于氧化锆可以通过激活的相变进行实质性增韧这一发现在 20 世纪 80 年代初期引发了断裂力学模拟的一个研究热潮(McMeeking 和 Evans 1982；Marshall, Drory 和 Evans 1983；Budiansky, Hutchinson 和 Lambropoulus 1983)。这是材料研究对固体力学产生重要贡献的一个领域。

和讨论微开裂问题一样，我们首先分析受约束的马氏体相变发生的条件，然后再评价这一相变所产生的韧性提高。

（i）相变起始　同样的，我们可以预期对于自发相变也存在一个门槛值颗粒尺寸。一种不精确的处理方法只考虑初始状态[四方相(t)]和终了状态[单斜相(m)]。对于一个半径为 a 的颗粒来说，这两个"端点"状态之间的能量差为

$$\Delta F = \frac{4}{3}\pi a^3 \Delta U_\mathrm{E} + 4\pi a^2 \Delta U_\mathrm{S} \qquad (7.22)$$

式中，$\Delta U_{\mathrm{E}} = U_{\mathrm{E}}^{\mathrm{m}} - U_{\mathrm{E}}^{\mathrm{i}}$ 为体积能量密度差（除受约束颗粒的弹性应变能外还包括化学能），$\Delta U_{\mathrm{S}} = U_{\mathrm{S}}^{\mathrm{m}} - U_{\mathrm{S}}^{\mathrm{i}}$ 为表面能差［与颗粒－基体界面有关的化学和构型组元（与式（7.3）中的 W_{AB} 相比较），再加上所有孪生界面的能量］。于是，当 $\Delta F < 0$ 时，相变从热力学上说是可以发生的，这就给出了门槛值半径

$$a_{\mathrm{C}} = -3\Delta U_{\mathrm{E}}/\Delta U_{\mathrm{S}} \tag{7.23}$$

（注意到和开裂的情况相似，随着体积能的释放 $\Delta U_{\mathrm{E}} < 0$，表面能增大 $\Delta U_{\mathrm{S}} > 0$。）

这一讨论是很不完整的，因为它没有对两个端点之间的"反应路径"作出任何描述，尤其是没有考虑这一路径上中间势垒的存在。因此 $\Delta F < 0$ 只是相变的必要条件而不是充分条件，而式（7.23）给出的则是一个下限。不过，门槛值颗粒半径的表述却是很普遍的。的确，在考虑能量在体积和面积项之间的平衡时，尺寸效应是任何一个过程的特征效应，在后续章节中我们将多次遇到这类问题。

类似于微裂纹问题那样，在前端云区中，主裂纹场可以激活 $a < a_{\mathrm{C}}$ 处的相变。因此，我们可以预期式（7.23）所示的门槛值条件将表现为淀析物尺寸的一个"窗口"（与图 7.15 相比较），从而与图 7.19 所示的实验数据相一致。

（ii）**韧性的提高**　现在来分析一条主裂纹附近发育完善的相变区对韧性的屏蔽贡献。忽略相变中的剪切组元的影响，前端尾流区的形状以及扩展裂纹附近一个体积单元的应力－应变本构关系已经在前面的图 7.16 中给出。我们关于稳态阻力增量 $R_{\mu}^{\infty} = -G_{\mu}^{\infty}$ 的分析与 7.3.2 节中一样

$$R_{\mu}^{\infty} = 2\sigma_{\mathrm{C}}^{\mathrm{T}}\varepsilon^{\mathrm{T}}w_{\mathrm{C}} \tag{7.24}$$

与式（7.19）相似，式中的 $\sigma_{\mathrm{C}}^{\mathrm{T}}$ 为临界扩张应力（同样也是颗粒尺寸的函数），$\varepsilon^{\mathrm{T}} \approx e^{\mathrm{T}}V_{\mathrm{f}}$（$e^{\mathrm{T}}$ 为单个相变颗粒在未约束状况下的扩张应变，V_{f} 为颗粒的体积分数）为尾流区相变的净应变。相似地，"弱屏蔽"区的宽度为

$$w_{\mathrm{C}} = \Omega_{\mathrm{T}}\left(T_{\infty}/\sigma_{\mathrm{C}}^{\mathrm{T}}\right)^2 \tag{7.25}$$

式中 $\Omega_{\mathrm{T}} = (1/2\pi)\bar{f}_{ii}^{2}(60°)\sin 60° = 0.062$［与式（7.20）相比较］。我们得到稳态阻力近似为

$$R_{\infty} = R_0\left(1 + 2\Omega_{\mathrm{T}}e^{\mathrm{T}}V_{\mathrm{f}}E'/\sigma_{\mathrm{C}}^{\mathrm{T}}\right), \quad （弱屏蔽） \tag{7.26}$$

式中 E' 为复合物的模量［与式（7.21）比较］。

作为对经过峰值老化处理的氧化锆的一个估计，由 $e^{\mathrm{T}} \approx 0.04$ 和 $V_{\mathrm{f}} \approx 0.20$（$\varepsilon^{\mathrm{T}} \approx 0.008$）、$E' \approx 250$ GPa、$\sigma_{\mathrm{C}}^{\mathrm{T}} \approx 25$ MPa、$R_0 \approx 35$ J$\cdot$m^{-2}（立方相，$T_0 \approx 3.0$ MPa$\cdot$m$^{1/2}$）得到 $R_{\infty} \approx 400$ J$\cdot$m^{-2}（$T_{\infty} \approx 10$ MPa$\cdot$m^{-2}）。显然还应该可以得到更高的韧性水平，如通过提高 V_{f}。

现在我们来讨论瞬变状态。图 7.20 所示的氧化锆中韧性的提高随裂纹扩展的变化反映了在扩展着的前端区后面一个活性尾流的形成。图 7.22 为通过

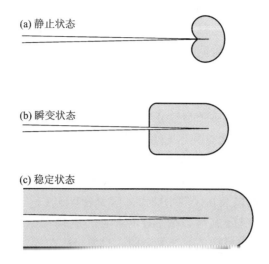

(a) 静止状态

(b) 瞬变状态

(c) 稳定状态

图 7.22　前端尾流区随着裂纹扩展而形成的过程：
(a)零扩展，平衡前端区，$R = R_0 \, (T = T_0)$；（b）小扩展，部分尾流区，$R = R_0 + R_\mu \, (T = T_0 + T_\mu)$；（c）大扩展，稳态尾流区，$R = R_0 + R_\mu^\infty \, (T = T_0 + T_\mu^\infty)$

如图 7.18a 所示的那种直接观察进行推测得到的这一形成过程的示意图。在 3.7.2 节中提到，沿一条初始静止的裂纹前缘膨胀的扩张区[图 7.22 中的状态 (a)]对屏蔽没有任何贡献(与不可运动的位错云相比较,7.3.1 节)。这是因为裂纹前面($\theta < 60°$)的扩张组元对裂纹平面施加了(环向的)张开拉伸应力作用，而邻近裂纹尖端及裂纹尖端后面的组元则施加了(径向的)闭合压缩应力作用 (与 7.5 节相比较)；平衡时的净效应相互抵消。在临界区域尺寸时，裂纹开始扩展，即进入状态(b)，扩张的尾流区中的颗粒发生不可逆的卸载，从而使得闭合应力出现不平衡，因此韧性开始得到提高。最后，当裂纹充分扩展至尾流区完全形成之后[状态(c)]，闭合应力的强度达到饱和值，从而进入稳态。瞬变稳态已经由 McMeeking 和 Evans(1982)加以分析。在尾流区宽度均匀恒定($w = w_C$)这一近似条件下，通过对整个相变区边界进行积分，对韧性增量 $T_\mu = -K_\mu$ 进行的应力强度分析给出

$$T_\mu(\Delta c) = \eta E \varepsilon^{\mathrm{T}} w_C^{1/2} \phi(\Delta c / w_C) \tag{7.27}$$

式中，$\eta = 1/3^{1/4} 2\pi^{1/2}(1 - \nu) \approx 0.28$，$\phi(\Delta c / w_C)$ 是关于裂纹扩张量的一个(通过数值分析得到的)量纲一的函数。这一函数在从 $\Delta c = 0$（无尾流）时的 $\phi = 0$ 到 $\Delta c \gg w_C$（稳态）时的 $\phi = 1$ 这一范围内是单调函数，如图 7.20 中的数据所直接反映的那样。

　　上面关于相变增韧的描述在许多重要问题上还需进一步改进。在获得简单

韧性关系封闭解的过程中，我们引用了关于弱屏蔽和不变的尾流区宽度的限制条件。如果不对式(7.25)所示的 w_c 的近似表达式进行修正以允许区域边界处的位移 K 场通过改变"塑性"区和逐渐增宽的瞬变区而松弛，式(7.24)和(7.27)之间的自恰事实上是无法获得的。我们的分析中也暗含了一个前提，即我们考虑的是一条长裂纹。对于图7.18所示的氧化锆来说，这意味着裂纹长度 $\gg w_c \approx 1$ mm。将这一长裂纹分析外推到缺陷和强度区域的合理性就很值得商榷。一个相关的问题是在区域尺寸与试样尺寸可比的情况下所出现的 R 曲线的唯一性以及相应的宏观应力 - 应变特性中的非线性。这里没有提到的其他一些问题包括：在确定马氏体相变应力 σ_c^T 时成核力的作用、尾流区形状及其对剪切应力、孪晶以及在区域中应力 - 应变分布 $\sigma_\mu(\varepsilon_\mu)$ 的不均匀性[从而使得式(3.37)点到点积分成为必要]的依赖性、本构关系中的"亚临界"和"超临界"相变。相变增韧是一个复杂的、目前仍然在发展着的课题。

7.5 裂纹面桥接导致的屏蔽：单相陶瓷

许多单相多晶材料在前端区机制不发挥作用的显微结构尺度上表现出了显著的阻力曲线行为。在这些情况下增韧的主要来源是扩展着的裂纹前缘后面跨越裂纹界面的晶粒间桥接作用。了解这一桥接过程对耐缺陷陶瓷(包括两相材料及复合材料)的设计具有特殊的作用(Bercher 1991)。

在7.3节开始的时候曾经简要地提到了混凝土文献中出现桥接的早期例子。但是最近对单相陶瓷中桥接现象的认识实际上是从 Knehans 和 Steinbrech 对氧化铝的切口试样进行的一个巧妙的实验开始的。他们的实验的本质如图7.23所示。在使裂纹从切口处沿 R 曲线扩展一定距离($a-b$)之后，他们锯掉了裂纹尖端后面的界面材料(但是必须很小心，不要除去裂纹尖端本身)。他们发现重新切口之后形成的裂纹回到了 R 曲线的底部($b-c$)，而后沿着新的曲线发生重新扩展($c-d$)，而不是沿着 R 空间的初始途径($b-d'$)继续扩展。这里的结论是很明确的：增韧源位于尾流区。Knehens 和 Steinbrech 承认这一结果与诸如微裂纹增韧那样的前端 - 尾流过程是不一致的，但他们也引进了界面间的摩擦阻力作为一个新的机理。这后一种可能性的提出触动了那些具有敏锐观察力的断裂实验师们的神经：他们曾经观察到了一些"已经破坏"的试样有时仍然保持完整，好像裂开的两部分之间通过一条韧带结合在一起。

我们将要说明，桥接是陶瓷的一种有效的增韧手段。另一方面，提高的韧性并不会自动地转化为提高的强度；这意味着要在长裂纹和短裂纹之间进行取舍。我们将要看到，为了获得有效的前端区过程，需要一些确定的源条件，比如说强的内应力和弱的界面以及有利的桥接。的确，在某些情况(图7.21)下，

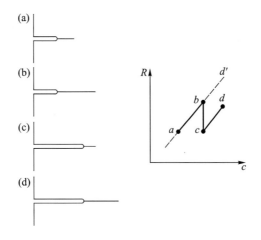

图7.23　Knehens-Steinbrech 实验：(a)切口试样；(b)从切口处开始扩展；(c)对扩展后的裂纹进行重新开槽以除去尾流区；(d)重新使裂纹扩展。重新开槽除去了屏蔽约束，这一点可以从 R 曲线上的减量 $b-c$ 反映出来。[取自 Knehans, R. & Steinbrech, R. (1982) *J. Mater. Sci. Lett.*, [1] **1** 327.]

桥接可能与微裂纹增韧以及相变增韧共同发挥作用。

7.5.1　实验观察

对单相陶瓷中阻力曲线或韧性曲线的第一个报道是一所德国学校在 20 世纪 70 年代末至 80 年代初对氧化铝进行大量研究所得到的一个最终报告(参见 Dörre 和 Hübner 1984)。由一种晶粒尺寸为 35 μm 的氧化铝得到的一些长裂纹 $T(\Delta c)$ 数据示于图 7.24。T 的提高相当明显，在裂纹扩展量 Δc 超过 1 mm 的范围内，T 提高了约二分之一。一般说来，这样的曲线的陡度随晶粒尺寸而增大，从而证实了在增韧过程中显微结构的重要性。其他一些学校采用别的实验构型对其他的一些简单陶瓷进行的研究也得到了类似的结果。但是，对于立方单相陶瓷，韧性的提高相对较小，表明在基本的增韧过程中残余内应力可能是一个关键的因素。

对单相陶瓷中桥接现象的权威性识别只能通过对裂纹扩展过程进行原位观察而得到。早期的研究集中于具有显著 R 曲线行为(图 7.24)和特征的沿晶断裂特性(图 7.4)的多晶氧化铝，采用短裂纹(压痕)和长裂纹(DCB)实验构型(Swanson 等 1987)。后来对其他陶瓷进行的延伸研究证实了这一现象的普遍性

---

① 原文为 "*J. Mater. Sci.*", 有误。——译者注。

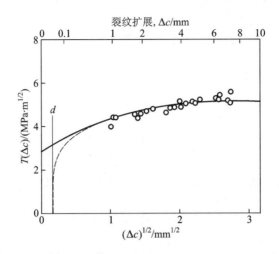

图 7.24　高密度多晶氧化铝(晶粒尺寸 35 μm)的韧性 $T(\Delta c)$
曲线。柔度标定的 CT 数据(起始切口深度约为 14 mm)。实线
为长裂纹数据按 7.5.2 节中的理论进行拟合的结果。虚线为
在 $\Delta c > d$ 的区域等效的短裂纹预测结果。(数据及其分析由
S. Lathabai 和 N. Padture 提供。)

(Swanson 1988)。在这些观察中，最直接的、引人注目的断裂特征是在稳定增
加的荷载作用下发生的一次越过两个或三个晶粒界面的间歇性扩展。特别令人
惊讶的是压痕(或天然的)表面裂纹的第一次"突进"，裂纹长度的增量甚至可
能超过其初始长度本身。尽管存在这样的间歇性猛增，相对于对(单晶)蓝宝
石所进行的可控实验而言，裂纹扩展的整体稳定性还是得到了明显的改善。这
种改善的稳定性使得我们能够对裂纹沿 T 曲线的完整扩展过程进行全面的观
察。这样的观察表明，在裂纹尖端后面主裂纹界面处十分频繁地出现了连续不
断的起桥接作用的晶粒间接触现象。在所观察的所有材料中没有发现微裂纹云
存在的迹象，即使是在裂纹尖端 K 场完全保持的情况下。

　　图 7.25 示出了氧化铝中一个特定的活化晶粒桥接位置在直至断裂的加载
过程中 6 个阶段的发育情况。这个过程对应于裂纹尖端沿着视场的右侧向外不
断地扩展。注意观察在第 I 阶段主裂纹如何在活化晶粒处分段以及在第 II 阶段
重叠程度不断增加。在第 III 阶段，主裂纹越过晶粒的上半部分相连接。在这一
晶粒下方增强的光反射表明，分段的裂纹不仅沿着试样表面扩展，而且还延伸
到了表面以下。即使是这样的连接也并不意味着活动的结束：注意观察在第 IV
阶段的左侧以及第 V 阶段的右侧出现的那些连续的(即便是不显著的)次生缺
陷，即使在后一种情况下，裂纹尖端已经在 2 mm 以外了。最后，在第 VI 阶
段，试样发生断裂。在最后这个阶段，断裂的晶粒下方的裂纹段发生闭合，尽

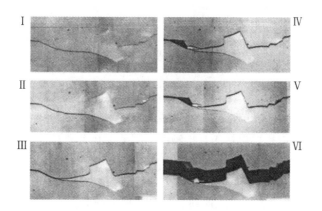

图 7.25　纯的多晶氧化铝(与图 7.4 相同的材料)中一个晶粒桥接位置的发展过程,示出了加载过程的 6 个阶段(楔形承载的锥形 DCB 试样)。裂纹尖端位于视场右边界外(I)0.1 mm、(II)0.4 mm、(III)0.8 mm、(IV)1.3 mm、(V)1.7 mm 和(VI)∞(断裂)处。反射光照片。视场宽度 225 μm。[取自 Swanson, P. L. , Fairbanks, C. J. , Lawn, B. R. , Mai, Y-W. & Hockey, B. J. (1987) *J. Am. Ceram. Soc.* , **70** 279.]

管并不完全,但也表明了局部储存的应变能的部分释放。

　　对活化桥接位置进行的仔细的扫描电镜观察表明在滑动的晶粒光滑界面上存在高的摩擦应力。图 7.26 中显示的接触"碎片"证实了这些应力的强度。在大晶粒处,摩擦的累积效应可以导致主裂纹附近的穿晶断裂。在极端情况

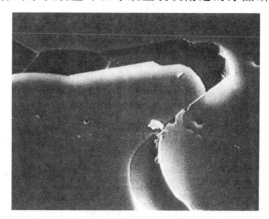

图 7.26　图 7.25 所示氧化铝材料中的裂纹,示出了在滑动的晶粒 - 基体界面上摩擦接触的证据。注意在接触面上存在的"碎片"。扫描电镜照片。视场宽度 30 μm。[取自 Swanson, P. L. , Fairbanks, C. J. , Lawn, B. R. , Mai, Y-W. & Hockey, B. J. (1987) *J. Am. Ceram. Soc.* , **70** 279.]

下，互锁的晶粒可以在它们的"关节"位置处发生转动或者甚至从表面上弹射出来(图7.4)。这些更具破坏性的特征在那些具有强 T 曲线行为的材料(具有粗化的、细长的晶粒结构、弱的晶界或相界以及高的内应力)中表现得尤为显著。

这类详细的观察为随后的断裂力学分析所需的关键的显微结构尺寸提供了定量的信息。在单相陶瓷中，桥接晶粒之间的平均距离典型值为晶粒直径的 2~3 倍。裂纹尖端后面桥接保持相互接触的距离稍大几个数量级，对应的典型的裂纹张开位移约为晶粒直径的 10%。这些量值说明在单个晶粒的应力-分离位移拔出函数上存在一个长程的"尾部"(与图3.11相比较)。

在结束7.1节时我们曾经提到了根据事后的断裂形貌进行的常规失效分析中存在的隐患。这里的讨论就是一个典型的例子。桥接经常很难观察到，这是因为将试样分离为两部分的最终动作通过破坏跨越裂纹界面相互接触的晶粒之间的连接而销毁了"证据"。

7.5.2 断裂力学理论

上面的观察奠定了在显微结构尺度上对单相陶瓷中的桥接进行模拟分析(Mai 和 Lawn 1987；Bennison 和 Lawn 1989)的基础。偏转和残余应力是这一模拟中的重要的辅助组元：前者使裂纹沿较弱的沿晶途径扩展，从而为桥接的形成创造了有利的条件；后者主要用于考虑由于晶粒接触摩擦所导致的约束。

考虑均匀等轴多晶体中的一条沿晶裂纹，晶粒尺寸为 l，裂纹界面上发生了桥接。图7.27a描述了长度为 c 的裂纹从长度为 c_0 的起始切口处开始扩展，裂纹在桥接区 $0 \leqslant X \leqslant \Delta c$ 内承受了分布的约束力 $p_\mu(X)$ 作用。图7.27b所示为间距为 d 的桥接晶粒，即那些在横截面上承受了残余场的压缩组元($-\sigma_R$)的晶粒。在界面剥离过程中，被锁定的晶粒通过库仑摩擦力来抵抗拔出。图7.27c所示则为在桥接激活之前一个早期缺陷的构型。最活跃的缺陷是那些位于界面上且承受残余场的拉伸组元($+\sigma_R$)作用的缺陷(如那些导致微裂纹的缺陷，7.3.2节)。我们将看到，图7.27中的裂纹系统包括了在长裂纹范畴和短裂纹范畴内对桥接进行普遍描述所需的所有要素。

起约束作用的组元的本构关系在这里再一次成为理解显微结构基本作用的关键。当(而且仅当)裂纹与图7.27中的第一组桥接相交时，我们可以将作用在裂纹面上离散的闭合力置换成一个连续的面间应力-分离位移函数 $p_\mu(u)$。通过主裂纹沿横断的晶界或相界偏转而导致的剥离(尽管是形成桥接的必要前提)在这个函数中被忽略了，这是因为随之而来的摩擦滑动是在一个非常大的裂纹张开位移条件下发生的(图7.26)，相应具有较大的能量耗散。拔出过程的本构关系具有以下形式

$$p_\mu(u) = p_C^B(1 - 2u/\xi^B), \qquad (0 \leqslant 2u \leqslant \xi^B) \tag{7.28}$$

式中，$p_\mu = p_C^B$ 为第一个滑动位置（$u=0$）处的临界桥接应力，$2u = \xi^B$ 为晶粒拔出状态下裂纹面之间的距离。$p_\mu(u)$ 的降低反映了随着相对裂纹面的分离晶粒 - 基体接触面积的减少。我们认为，由于摩擦约束真实的（不守恒）本质，式（7.28）应该是滞后的。

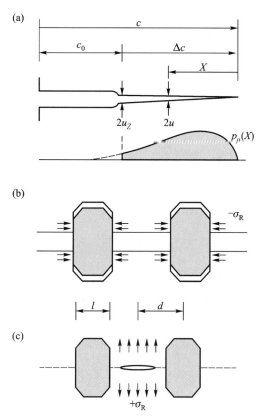

图 7.27　桥接的裂纹。（a）从切口处的扩展激活了桥接应力（阴影区）；（b）在 $c > c_0$ 处的晶粒拔出；（c）小的饼状裂纹，半径 $c < d$，承受热膨胀应力 $+\sigma_R$ 作用。在均匀的几何相似的显微结构中，桥接间距 d 与晶粒尺寸 l 相当，因此桥接的面密度 $l^2/2d^2$ 是一个与尺度无关的量

借助于由单一晶粒作用下初始分离的基体表面间的约束力 P_C^B 来评估 $p_C^B(p_C^B = P_C^B/d^2)$，可以很容易地将式（7.28）与显微结构变量联系起来。对于库仑摩擦起主导作用的系统，这个力等于晶粒 - 基体滑动接触面积 $\lambda l \xi^B$（其中 λ 为每个桥接晶粒上发生接触的面的数量）、这一界面的摩擦系数 μ 和残余压应力 $-\sigma_R$ 的乘积。规定在扩展的主裂纹平面上由内应力导致的力处于平衡状

态，并定义一个桥接断裂应变 ε^B，我们得到（Bennison 和 Lawn 1989）

$$\xi^B = \varepsilon^B l \qquad\qquad (7.29a)$$

$$p_C^B = \varepsilon^B \lambda \mu (1 - l^2/2d^2) \sigma_R \qquad\qquad (7.29b)$$

对于具有几何相似性的显微结构，ε^B 和 d/l 都是与尺寸无关的量，因此晶粒尺寸效应表现在分离位移 ξ^B 而不是临界应力 p_C^B（与 7.3.2 和 7.4.2 节中的 σ_C^M 和 σ_C^T 不同）。关于这一相似性的图示表达形式如图 7.28 所示，图中对应于四个晶粒尺寸画出了式(7.28)所确定的曲线。

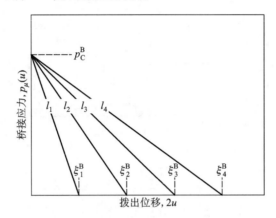

图 7.28　对应于晶粒－基体拔出机制的桥接应力本构函数 $p_\mu(u)$，晶粒尺寸 $l_1 < l_2 < l_3 < l_4$。$p_\mu(u)$ 曲线下方的面积给出了桥接断裂过程中吸收的能量。注意到拔出开始时的临界应力是常数，但是拔出位移却随 l 而变。通常，在界面分离距离相对较小时会出现一个先期的剥离阶段，但在这里的能量分析中被忽略了

我们可以从 3.7.1 节中的一般性公式出发计算出桥接对韧性的贡献。在获得完整韧性曲线的封闭解的过程中通常遇到的困难包括了可能存在的次生的反屏蔽贡献，这些贡献同样是由式(7.28)中所暗含的与摩擦约束有关的热膨胀各向异性应力导致。对于一条长的直通裂纹来说，一个交替变化的内场在裂纹平面上所产生的影响在超出几个桥接点之后就迅速消失了。而对于一条短的饼状裂纹来说，其初始的发育可能会由这个内部场的局部拉伸组元所主导（图 7.27）。因此，在评价 T 曲线增量时，利用 K 场的可加和性 $-K_\mu = T_\mu = T'_\mu + T''_\mu$（其中 T'_μ 对应于桥接点出现时的拔出效应，T''_μ 对应于桥节点之前的局部拉应力场）是很方便的。

（i）长的直通裂纹。考虑这么一条直通裂纹，在第一个增量扩展时，沿无限长的裂纹前缘上的平均内应力为零。于是，对增韧的唯一贡献 $R'_\mu = -G'_\mu$ 来自式(7.28)给出的准连续的桥接应力。对式(3.34)积分得到

$$
\left.
\begin{aligned}
R'_\mu(u_z) &= 0, \quad (2u_z = 0) \\
R'_\mu(u_z) &= 2p_C^B u_z(1 - u_z/\xi_B), \quad (0 \leqslant 2u_z \leqslant \xi_B) \\
R'_\mu(u_z) &= \frac{1}{2}p_C^B \xi_B, \quad (2u_z \geqslant \xi_B)
\end{aligned}
\right\}
\tag{7.30}
$$

式中，u_z 为屏蔽区边界处的裂纹张开位移。在长裂纹（$\Delta c = c - c_0 \ll c_0$，图 7.27）情况下，我们调用式(3.31)得到

$$
T'_\mu(u_z) = [E'R'_\mu(u_z) + K_*^2]^{1/2} - K_*
\tag{7.31}
$$

以转换得到 T 表述形式。

到目前为止，所有的推导都没有涉及裂纹的几何形状。现在需要一个 $u_z(c)$ 的形状函数来将式(7.30)和(7.31)中的韧性组元表示为裂纹长度的函数。像推导式(7.20)和(7.25)时考虑弱屏蔽效应一样，这里我们简便地选用 Irwin 关于狭长裂纹的近场解，也就是说假定 K_A 场不受任何扰动作用延伸到了屏蔽区的边界处（参看图 3.8）。对于图 7.27a 所示的切口，我们将 $X = X_z = \Delta c$ 处 $u = u_z$ 这一关系代入式(2.15)则得到

$$
u_z(c) = [K_A(c)/E'](8\Delta c/\pi)^{1/2}
\tag{7.32}
$$

这就使得我们可以确定 $T'_\mu(\Delta c)$。

式(7.30)中给出的对应于 $2u_z \geqslant \xi_B$ 的解是一个稳态极限，对应于桥接在切口端部从基体中脱离出来。此后，屏蔽区与扩展着的裂纹尖端一起发生平移。在这一边界解与式(7.19)和(7.24)给出的相应的前端区解之间存在一个基本关系：屏蔽对裂纹阻力能量的贡献由恰当的 $p_\mu(u)$ 曲线下方的面积给出。但是，由式(7.29a)可以看出，[与式(7.20)和(7.25)中的前端区尺寸 w_C 不同]式(7.30)中的标度参数 ξ_B 是一个与任意阻力参数无关的材料性能参量。因此，对于桥接来说，R_μ 和 R_0（或者 T_μ 和 T_0）并不具有倍增性质。

在式(7.32)中应用平衡条件 $K_A(c) = T_0 + T_\mu(\Delta c) = T(\Delta c)$，式(7.30) ~ (7.32)可以同时求解以确定 T 曲线 *。已经采用这一方法对图 7.24 所示的氧化铝直通裂纹数据进行了拟合，拟合时使用的调整参数为：$E' = 400$ GPa、$T_0 = 2.75$ MPa · m$^{1/2}$（$R_0 = 20$ J · m^{-2}）、$\varepsilon^B = 0.040$、$d = l = 35$ μm、$p_C^B = 50$ MPa、（$\sigma_R = 350$ MPa、$\lambda = 4$、$\mu = 1.7$）。对于图 7.24 的材料，这一参数"校正"对应于式(7.29a)中的临界裂纹张开位移 $\xi^B \approx 2$ μm 以及式(7.30)中的稳态韧性 $R_\infty = R_0 +$

---

* 严格地说，这些函数对于 $T_\mu(\Delta c)$ 来说是隐式的，因此必须采用迭代求解。但是，在 $T_\mu(\Delta c) \ll T_0$、$K_A \approx K_* = T_0$ 的近似条件下，式(3.32b)中的弱屏蔽极限 $T_\mu(\Delta c) = E'R_\mu(\Delta c)/2T_0$ 提供了一个有用的显式解。

$R_\mu^\infty \approx 65 \text{ J} \cdot \text{m}^{-2} (T_\infty \approx 5.2 \text{ MPa} \cdot \text{m}^{1/2})$。

（ii）短的饼状裂纹。现在考虑图 7.27c 中所示的一个小的饼状裂纹，这一裂纹在一个受拉伸作用的晶界亚表面处形成，就像天然的显微结构缺陷的形成（第 9 章）一样。除了前面提到的由于桥接导致的闭合 K 场外，这条裂纹还在 $0 \le r \le d$ 这一区域内受到了一个由离散的内部拉伸应力导致的相反的张开 K 场作用。为评价后一个场对韧性产生的负作用 $K_\mu'' = -T_\mu''$，我们对饼状裂纹的 Green 函数式（2.22b）进行积分得到

$$\left.\begin{array}{l} T_\mu''(c) = -\psi\sigma_{\text{R}}c^{1/2}, \quad (c \le d) \\[2mm] T_\mu''(c) = -\psi\sigma_{\text{R}}c^{1/2}[1 - (1 - d^2/c^2)^{1/2}], \quad (c \ge d) \end{array}\right\} \quad (7.33)$$

由式（2.21）可知，式中的 $\psi = 2\alpha/\pi^{1/2}$。在 $c \gg d$ 这一极限条件下，我们得到 $T_\mu'' \to \psi\sigma_{\text{R}}d^2/2c^{3/2} \to 0$，因此在系统到达稳态之前，显微结构离散性的影响就已经完全消除了。

这样一来，短裂纹的 T 曲线就由 $T(c) = T_0 + T_\mu'(c) + T_\mu''(c)$ 给出，其中的 $T_\mu'(c)$ 与长裂纹情况下一样，只是式（7.32）中的"切口"长度由 $c_0 = d$ 处的第一个桥接点确定。局部残余拉伸场的作用是在 $c \le 10d$ 区域内降低了韧性（图 7.24），结果则是提高了裂纹的稳定性。回顾一下图 3.10 中提到的"切线"构型，这一类 $T(c)$ 的降低可能伴随有裂纹的突进以及后续的显微结构尺度缺陷的稳态扩展，这在前面的章节中有所提及。很有意义的是，这些扰动所在的区域正是决定强度性质的区域。

作为对上述推导过程适用性的一个证明，图 7.29 给出了具有不同晶粒尺

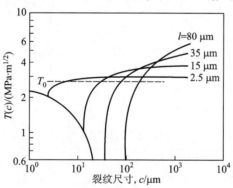

图 7.29　采用校正的长裂纹关系式（7.30）~（7.32）并考虑短裂纹项[式（7.31）]的作用重新作出的四种具有不同晶粒尺寸的氧化铝中饼状裂纹的 T 曲线。在 c 较大时，韧性由于耗散的桥接应力而得到提高。在 c 较小时，在第一个桥接发生之前，基体中内部（拉）应力的反作用很明显，$T(c)$ 降低到了本征韧性 T_0 的边界值以下。[取自：

Chantikul, P., Bennison, S. J., & Lawn, B. R. (1990) *J. Am. Ceram. Soc.* **73** 2419.]

寸的一些氧化铝的短裂纹 T 曲线，这些曲线是采用校正的显微结构参数绘出的。我们假定显微结构满足相似性要求，即式(7.29)中的参量 $\varepsilon^{\shortmid}$、λ 以及 d/l 都与尺度无关，因此 l 成为唯一的变量。这些曲线所表现出的交叉性反映了在 c 较小时残余应力驱动的 K 场的负作用以及后来的(起主导作用的)较大 c 时桥接 K 场的约束作用。前者通过将裂纹面积在(与尺度无关的)拉应力 $+\sigma_R$ 起作用的区域内扩张而发挥作用，而后者则通过增大摩擦拔出距离 $\xi^{\shortmid}$ 而发挥作用。在 l 足够大的情况下，T 曲线的最小值在 $c=d$ 处与 c 轴相交；这一点处的有效韧性为零，裂纹处于向 $c>d$ 的稳定方向发生自发扩展的边缘。因此，常规的微开裂(7.3.2 节)就作为一种极限状态包括在了桥接模型之中。在调整显微结构以改善长裂纹韧性时，我们必须很小心以保证短裂纹主导区域中的本征内应力不会导致材料解体。

我们知道，只要桥接 T 曲线方程中的参数被校正到了合适的水平，上述模型就可以用来预测其他一些重要的显微结构变量(比如说晶界能、残余内应力、晶粒间的摩擦系数等)的作用。将这一分析推广到晶粒形状(长径比)、第二相以及其他一些场合就需要在断裂力学方面进行进一步的微小修正。在 10.4 节中，我们将给出一个例子说明如何在材料设计中使用这一预测功能。

我们也不能忽略上述分析过程中引进的假设和近似。我们假定桥接区很小而且属于弱屏蔽，因此在具有短裂纹和强 T 曲线的材料中应用就必须特别谨慎。尽管与韧性方程无关，Irwin 的位移关系式(7.32)并不允许对不可避免地参与了桥接约束的裂纹的形状进行修正；即使是在弱屏蔽近似条件下，这个解也并不是严格自洽的。此外，关于本构关系式(7.28)中理想的线性尾流也缺乏直接的实验证实。根本上说，这一模型只是考虑了简单的桥接陶瓷中裂纹响应的最独特的一些特征，为对脆性复合材料中增强体进行更一般化的描述提供了一个基础。

7.6 陶瓷复合材料

我们现在来分析增强的陶瓷基复合材料的断裂力学基础。在一个完全脆性的多相体系中，对韧性的唯一贡献来自组分间的本征附着能，可以根据一些"混合物法则"通过"加权"而得到。通过对前面章节中介绍的各类屏蔽过程进行优化，我们可以期望最终这一下限值能够在 R 的基础上提高两个数量级(T 提高一个数量级)。理论上说，复合材料的外加应力–应变曲线应该表现出显著的非线性，具有大的峰值应力(以使承载能力最大化)和大的断裂应变(以使能量吸收能力最大化)。这些展望导致了在过去的十年里关于陶瓷基复合材料的研究和开发的突飞猛进。这些研究和开发的效果将在商业领域中得到体现。一些复杂的因素［比如说与单裂纹扩展完全不同的断裂模式、界面处的化学衰减效应（高温下尤为突出）］对于复合材料设计者来说仍然是具有挑战性的课题。

脆性复合材料具有多种形式：（ i ）天然材料（如骨骼、牙齿、岩石）；（ ii ）颗粒第二相增强陶瓷（如玻璃陶瓷、氧化铝/氧化锆）；（ iii ）连续纤维和晶须增强复合材料；（ iv ）陶瓷基/延性弥散复合材料；（ v ）层状复合材料。这里我们只讨论其中两种研究得最深入、最具代表性的体系：（ iii ）和（ iv ）。那些需要在这个多样化且仍然发展着的领域中寻找各种方法的读者可以找到很多的文献，即使某些文献在实验探索方面有所欠缺，但在固体力学分析方面却十分详尽。

正如前面所述，陶瓷复合材料中的增韧归因于屏蔽过程，特别是桥接，即增强相保持相互接触像一根韧带作用在裂纹界面间（Evans 1990；Becher 1991）。在这种情况下，基体的裂纹阻力能为

$$R_0 = (1 - V_f) W_{BB} \qquad (7.34)$$

式中 $W_{BB} = 2\gamma_B$ 为基体材料的本征聚合能，V_f 为增强相的体积分数（或者，更确切地说是裂纹平面上的面密度）。获得有效增韧的关键是合适的弱界面的存在以允许基体和增强相之间发生脱附以及在分离时后续的桥接区内发生的滞后的能量耗散。从工艺角度上说，这意味着对于指定的基体对增强相以及相应的相界进行巧妙地裁剪。陶瓷复合材料最终韧性可能需要通过导致能量耗散的前端区过程和桥接过程的结合才能实现，这两种过程的结合最好是交互式（倍增）的。

7.6.1　纤维增强复合材料

采用高强纤维或晶须对陶瓷基体进行增强可以导致长裂纹韧性的显著改善。这一方面材料的发展始于 Kelly 及其同事们的早期工作（Kelly 1966；Aveston，Cooper 和 Kelly 1971），但后来又沉寂了大约 10 年。20 世纪 80 年代一类新的高强度纤维（如碳化硅和氧化锆）的出现及其紧接着在玻璃、玻璃陶瓷甚至胶凝材料中的应用引发了断裂力学模拟研究的复兴（Marshall，Cox 和 Evans 1985；Mai 1988），这一复兴一直持续到了现在。研究得最多的是单轴体系，即连续纤维阵列沿着最终的受拉方向排列的情况。这个体系的一个吸引人的特点是能够通过对单个的内含纤维进行独立实验（如拉伸拔出实验或者压痕推入实验）预先确定桥接裂纹的至关重要的压力 - 分离本构关系（8.6.3 节）。这里我们也仅仅讨论单轴系统。

我们从结合一些显微结构参数对图 7.30 所示的应力 - 分离位移函数的微

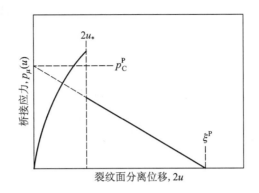

图 7.30　纤维增强脆性基体的应力 – 分离位移本构函数。
在 $0 \leqslant 2u \leqslant 2u_*$ 范围内，纤维发生脱附并最终断裂；而后
在 $2u_* \leqslant 2u \leqslant \xi^P$ 的范围内，纤维从基体中拔出

观力学进行分析（Marshall，Cox 和 Evans 1985）开始。这些显微结构参数包括：复合材料的杨氏模量 $E = V_f E_f + (1 - V_f) E_m$（其中 f 和 m 分别代表纤维和基体）、

基体/纤维界面处的滑移摩擦剪应力 τ（包括残余应力钳制组元和表面粗糙度组元）、纤维断裂时裂纹壁间临界位移 $2u_*$（或强度 σ_F）、纤维拔出时的发生位移 ξ^P、纤维半径 r。我们在 $p_\mu(u)$ 曲线上区分出两个阶段，如图 7.31 所示。

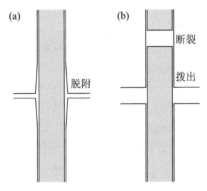

图 7.31　在分离的裂纹上纤维增强体桥接的发育：(a) 脱附 $(0 \leqslant 2u \leqslant 2u_*)$ 及 (b) 拔出 $(2u_* \leqslant 2u \leqslant \xi^P)$

（i）脱附，图 7.31a。这是基本的前兆性的桥接形成阶段。主裂纹沿着基体/纤维界面发生偏转（参见图 7.7），在裂纹面分离的过程中外加荷载逐渐从基体转移到纤维。随着偏转的裂纹沿着界面扩展，出现了一个大的剪切组元（$K_I \approx K_{II}$，参见 2.8 节和 7.1 节）。对这一构型进行的近似分析给出了作用在基体裂纹面上的闭合应力（Marshall，Cox 和 Evans 1985）

$$p_\mu(u) = p^D (2u/r)^{1/2}, \quad (0 \leqslant 2u \leqslant 2u_*) \tag{7.35}$$

式中的应力系数为

$$p^D = (2\tau E_f)^{1/2} E V_f / [E_m (1 - V_f)] \tag{7.36}$$

（ii）摩擦拔出，图 7.31b。在临界位移 u_*（或临界应力 σ_F）处，纤维断裂（或沿着其全部长度发生脱附），使闭合应力达到一个上限值。脱附的纤维滑出，承受了来自基体墙面的摩擦约束，从而对基体施加一个闭合应力

$$p_\mu(u) = p_C^P(1 - 2u/\xi^P), \quad (2u_* \leqslant 2u \leqslant \xi^P) \tag{7.37}$$

这个式子与单相陶瓷的桥接关系式(7.28)十分相似。式中的 p_C^P 是一个临界滑移应力

$$p_C^P = (2V_f\xi^P/r)\tau \tag{7.38}$$

该式与式(7.29b)相似。物理量 ξ^P 与相对于裂纹面的纤维断裂距离成比例。如果脱附距离比较小,像短纤维或者倾斜的纤维(如晶须)所表现的那样,则拔出是可以忽略的,脱附能将像声波那么快地迅速耗散。

因为增韧的量是由图7.30所示的应力－分离位移曲线下方的面积确定的,似乎我们应该致力于使式(7.35)和(7.37)中的物理量 p^D、p_C^P、u_* 和 ξ^P 最大化。在这样的努力中,弱的基体/纤维界面是极为重要的:结合不应该太强以至于纤维断裂过早地在脱附之前发生,也不应该太弱以至于滑移的摩擦阻力显著降低至零。在界面摩擦(如有目的地引进一个合适界面相)以及式(7.36)和(7.38)中包括的其他显微结构变量(以及其他可能的与残余应力和泊松效应有关的变量)之间建立一个合适的平衡对于复合材料设计者来说具有相当的挑战性。考虑到纤维强度的统计波动后,问题将更为复杂,会显著地延长本构曲线的尾区。

即便是最简单的单轴系统也会表现出复杂的断裂模式。在纵向加载时,初始的一条基体裂纹形成而后生长穿过试样到达边界处。假设增强材料的强度大于基体,未断裂的纤维将分离的裂纹面桥接起来,因此将承受外加荷载作用。在进一步加载的过程中,基体开裂的发生率增大,通常的应力－应变曲线将开始明显地偏离线性。在外加应力峰值处,纤维开始断裂。此后,随着纤维从基体中拔出,应力开始逐渐下降。因此,体系会表现出"延性"特征,表现出一个不易定义的韧性。如果是横向加载,材料则表现得相对较弱,从而使外加应力状态成为一个重要的因素。如在弯曲加载时,复合材料会在压缩面上首先发生早期的断裂,断裂模式多种多样,如微裂纹连通、分层、纤维失稳等。相应地,必须保持一种特别谨慎的态度来认识,以薄弱为代价获得的拉伸强度在压缩或者剪切方式下是得不到的。

根据这一描述,直至第一条基体裂纹穿过整个试样,常规的断裂力学都是适用的。和7.5节中对单相陶瓷中的桥接进行的分析一样,将应力－分离位移函数(7.35)和(7.37)代入式(3.34),即可在形式上得到韧性的增量 $R_\mu = -G_\mu$。积分给出

$$R_\mu(u_z) = (8u_z/9r)^{1/2}p^D u_z, \quad (0 \leqslant 2u \leqslant 2u_*) \tag{7.39a}$$

$$R_\mu(u_z) = (8u_*/9r)^{1/2}p^D u_* + 2p_C^P u_z[(1 - u_z/\xi^P) - (u_*/u_z)(1 - u_*/\xi^P)],$$
$$(2u_* \leqslant 2u \leqslant \xi^P) \tag{7.39b}$$

这里再次需要一个裂纹形状函数 $u_z(c)$ 以将式(7.39)转换为 $R_\mu(c)$，进而确定 R 曲线：$R(c) = R_0 + R_\mu(c)$。作为一级近似，如推导式(7.32)那样，我们可以借助于熟知的无扰动 Irwin 解，尽管这一解所依据的弱屏蔽近似对于韧性较好的复合材料来说并不一定成立。在稳定状态下，$2u_z = \xi^P$，在占优势的拔出 $(2u_* \ll \xi^P)$ 这一极限条件下我们得到

$$R_\mu = \frac{1}{2} p_C^P \xi^P \qquad (7.40)$$

为产生实质性的增韧量 $R_\mu^\infty \approx 500 \text{ J} \cdot \text{m}^{-2}$、$T_\mu^\infty \approx 12 \text{ MPa} \cdot \text{m}^{1/2}$（$E' \approx 300 \text{ GPa}$），仅仅需要中等程度的拔出应力和位移，即 $p_C^P \approx 100 \text{ MPa}$、$\xi^P \approx 10 \text{ μm}$。

另一种不同的方法是对 $T_\mu = -K_\mu$ 进行 K 场分析以确定韧性曲线 $T(c) = T_0 + T_\mu(c)$（Marshall，Cox 和 Evans 1985）。在需要考虑叠加的应力场的情况（参见 7.5 节）下，这一方法具有特别的功效。

正如前面所述，关于纤维增强陶瓷复合材料的断裂力学分析的理论研究尚没有得到严格的实验评价。一个显著的例外是 Mai 和他的同事们对胶凝复合材料所进行的工作（Mai 1988）。他们对一种纤维增强水泥得到的一些 T 曲线数据示于图 7.32。实验结果强烈依赖于试样构型，表明桥接区相对于试样宽度来说是较大的。实线是采用具有较大拔出尾端 $(2u_* \ll \xi^P)$ 的桥接本构律、并在 $K_A(c)$ 和 $K_\mu(c)$ 中考虑了试样厚度效应基础上得到的分析解。从模型和实际体系两个方面都存在空间，需要更多的这类数据来检测现有的韧性理论的适用范围。

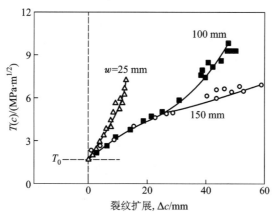

图 7.32　一种纤维增强水泥的 T 曲线数据。数据采用具有不同厚度 w 的 SENB 试样测得，试样中起始切口长度 $c_0/w = 0.3 = $ 常数。T 曲线依赖于 w，表明相对于试样宽度来说桥接区较大。实线为桥接分析结果（考虑了试样厚度效应）。[取自：Foote, R. M. L.，Mai，Y-W. & Cotterell，B.（1980），in *Advances in Cement-Matrix Composites*, ed. D. M. Roy，Materials Research Society，Pennsylvania，p. 135.]

7.6.2 延性弥散增韧

对陶瓷基复合材料进行增韧的另一种方式是引进金属相(如氧化铝/铝、碳化钨/钴金属陶瓷)(Evans 1990)。这一方法保持了两种材料的优点：脆性基体提供了刚度和轻质，金属相则提供了韧性和能量吸收能力。这类复合材料有很多种变体，与两相的连续性有关。这里我们考虑陶瓷作为连续相的情况，这样的情况下裂纹尖端附近不会出现完全尺度的塑性区。于是，屏蔽在很大程度上与跨越裂纹界面的桥接金属上的塑性能耗散有关，如图 7.33 所示。

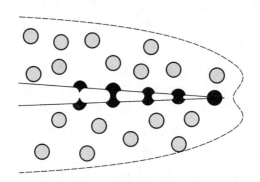

图 7.33　陶瓷基体中金属颗粒处发生的裂纹界面桥接

于是，利用 J 积分，增韧量就可以由导致桥接金属发生颈缩并最终断裂所需的塑性功来确定。在稳定状态下，对式(3.34)积分得到

$$R_\mu^\infty = \alpha V_f \sigma_C^Y \varepsilon^Y a \qquad (7.41)$$

式中，σ_C^Y 为弥散颗粒发生塑性流动时的屈服应力，ε^Y 为相应的断裂应变，a 为颗粒半径，α 是一个数值系数[约等于 1 但是对颗粒从基体中分离的详细模式、功硬化速率等比较敏感(如应力 – 分离位移曲线的形状所反映的那样)]。采用氧化铝/铝基体/颗粒复合材料的一些合理值(Evans 1990)：$V_f \approx 0.2$，$\sigma_C^Y \approx 200$ MPa，$a \approx 2$ μm，$\varepsilon^Y \approx 1.5$，$\alpha \approx 2.5$，我们可以得到 $R_\mu^\infty \approx 300$ J·m^{-2}，$T_\mu^\infty \approx 10$ MPa·m$^{1/2}$($E' \approx 300$ GPa)。

如前面所述，在任意的前端塑性区中的能量耗散将使得增韧量提高。另外一个贡献则可能源自颗粒中残余应力的松弛(7.5 节)。

上面阐述的与强的 R 曲线或 T 曲线行为有关的裂纹稳定性为结构工程师描绘了一个极有吸引力的前景：强度对裂纹不敏感，从而就有了一个明确定义的设计应力。对于陶瓷科学家来说，这为发展经济且新颖的工艺过程提供了一条途径，无需考虑通过对增强相进行合适的裁剪以消除所有的缺陷。对于后一种情况，我们回顾一下7.5节，在任何一个韧性方程中残余内应力都是一个关键的元素，因此长裂纹韧性的提高可能意味着短裂纹性能的同时降低。这些问题将在第10章中讨论。关于陶瓷复合材料革命的最终评价需要明天的科学家和工程师们来完成。

8

压痕断裂

现在我们转而讨论一类特殊的断裂，这是一种由硬质压头与脆性表面接触而导致的断裂。所谓的压痕断裂是一个历史话题，也是一个有实用价值的话题。它可以追溯到 1880 年 Hertz 关于两个弯曲玻璃表面间弹性接触导致的锥形断裂所进行的著名研究（参见 Hertz 1896）。发育完全的 Hertz 锥形裂纹是脆性固体中稳态断裂的一个典型例子。Hertz 之后不久，Auerbach（1891）经验性地发现在平板试样中诱发锥形断裂的临界荷载正比于压入球的半径：$P_c \propto r$。"Auerbach 定律"作为断裂理论中最有争议的一个定律已经持续了 75 年；关于当 Hertz 场中的最大拉应力恰好等于材料的体强度时将开始发生断裂的说法给出了另一个关系式 $P_c \propto r^2$。这一争议的解决是在现代断裂力学出现之后的事情（Frank 和 Lawn 1967）。最近，在由金刚石棱锥形压头产生的弹 – 塑性场中形成的径向 – 中位裂纹充当了主要角色。在脆性材料的力学评价中，径向裂纹系统现在已成为了所有断裂测试方法中最广泛应用的一个构型。

压痕断裂具有许多方面的内容：它提供了共价 – 离子固体中脆性断裂基本过程的一些有价值的信息以及关于集中接触区次生变形

过程的稀有的细节描述；它提供了用于系统地评价强度性能、特别是考察"自然"缺陷稳定性的"可控裂纹"；它可以作为测定包括韧性、裂纹速率指数等在内的材料断裂参数的一种简单的显微探针；对于具有 R 曲线（T 曲线）行为的材料，它在显微结构缺陷的短裂纹区域与传统韧性测试的长裂纹区域之间搭起了一座必需的桥梁；它可以用于研究裂纹的起始以及扩展过程，从而使得研究者可以定量地研究"脆性"这个力学性能中通常难以评价的因素；它可以用于模拟陶瓷中的服役损伤，如由表面瞬间颗粒冲击导致的强度降低以及表面加工、摩擦和冲蚀过程中的材料去除。压痕方法的最具吸引力之处在于它的多面性、可控性和简单性，仅仅需要常规的硬度测试设备。

在本章中，我们将概述压痕断裂的基本原理。我们从对经典的接触应力场的回顾开始，这是断裂力学建模的出发点。为便于讨论，可以将产生弹性接触和弹－塑性接触的压头分别描述为"钝压头"和"尖锐压头"。于是，锥形裂纹和径向裂纹这两个关键的组元就可以分别与这两种接触模式联系起来。在裂纹生长过程中需要将裂纹起始和裂纹扩展这两个阶段区分开来：在这两个阶段中，裂纹起始阶段显然更复杂一些，这是因为接触点附近场中存在高的应力梯度以及（至少对于钝接触过程而言存在的）对表面缺陷状态的一定程度的依赖性。平衡状态和动力学状态也需要加以区分，特别是与韧性和疲劳相联系。我们的最终目标是为基本的断裂力学描述建立一个合理的框架，首先考虑接触应力的存在，而后，因为涉及强度，需要考虑均匀的外加应力的叠加作用。

我们的描述将强调应力场不均匀性和裂纹稳定性作为接触问题中的关键要素。这些要素在断裂力学其他场合都没有得到如此令人信服的阐述。对随之出现的临界应力概念的分解以至相应导致的起始特性的尺寸效应也给予了特别的关注。在形成一个分析性的描述时，我们将侧重于简单的、理想化的体系，更认真的读者可以从别处获得更详尽的分析过程（Lawn 和 Wilshaw 1975；Evans 和 Wilshaw 1976；Lawn 1983；Cook 和 Pharr 1990）。在后续的各节中，还将从理论上和实践上讨论在材料方面的特殊应用。

8.1 接触场中的裂纹扩展：钝压头和尖锐压头

压痕断裂起始于一个接触应力场，在这个应力场中裂纹逐渐发育而成（Lawn 和 Wilshaw 1975；Johnson 1985）。这个应力场主要由几何因素（压头形状）和材料性能（弹性模量、硬度和韧性）决定。前面已经说明，将压痕区分为"尖锐的"和"钝的"是有利的，这两种类型取决于接触时是否出现了不可逆形变。在讨论裂纹形状时，场的拉伸组元将得到更多的关注。拉应力分布的一个特征是在接触区附近存在不同寻常的高梯度，特别是在压头的顶角及棱边处。因为在本节中我们主要讨论的是远场中发育完善的裂纹的扩展问题,我们将对这些极端应力梯度的详细讨论推迟到 8.4 节中并结合亚门槛值压痕问题进行。

相应地,我们从最简单的构型——点接触 Boussinesq 场开始讨论。我们将仅仅讨论法向加载情况,而且除了特别说明之外只针对具有单值韧性($T = T_0 = K_c$)的均匀各向同性材料。

8.1.1 接触应力场

考虑一个承受法向点力 P 作用的线弹性半空间。这一构型对应于图 8.1 所示的轴对称 Boussinesq 场。事实上,为避免应力的奇异性,接触将发生在一个具有特征线尺寸 a 的非零的面积区域上。因此,应力场可以由两个标量表征:在空间方面为接触尺寸 a 本身,在强度方面则为平均接触压力 $p_0 = P/(\alpha_0 a^2)$,其中的 α_0 是一个量纲为一的几何常数(例如,对半径为 a 的圆形接触 $\alpha_0 = \pi$)。在以点力作用点为原点的球坐标系统 (ρ, θ, ϕ) 中,远场的弹性力分布

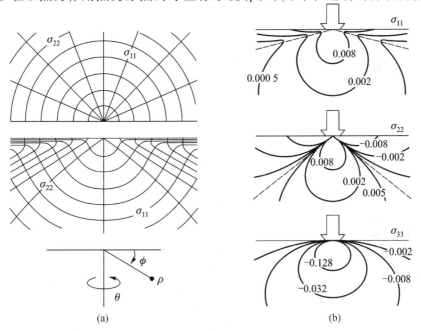

图 8.1 Boussinesq 场中的主应力 σ_{11}、σ_{22} 和 σ_{33}。(a)应力轨迹线,半空间视图(上图)和侧视图(下图);(b)等高线,侧视图。接触应力的单位为 p_0,接触区直径为 $2a$(箭头)。注意虚线所示的 $\sigma_{11}(\phi)$ 的最小值和 $\sigma_{22}(\phi)$ 的零值。绘图时采用 $\nu = 0.25$。[参见:Johnson, K. L. (1985) *Contact Mechanics*. Cambridge University Press, Cambridge, Ch. 3]

具有以下形式

$$\sigma_{ij}/p_0 = (\alpha_0/\pi)(a/\rho)^2 [f_{ij}(\phi)]_\nu, \quad (\rho \gg a) \qquad (8.1)$$

式中 $f_{ij}(\phi)$ 为对应于给定的泊松比 ν 的一个关于极角 ϕ 的明确定义的函数。应力与距离的平方成反比是发育完善的接触断裂固有稳定性的根源。此外，这里关注 $\rho < a$ 区域中场的性质仅仅是因为它可以预期裂纹图案的空间原点以及此后的最终形式。

图 8.1 中给出了 Boussinesq 场的主应力：(a)轨迹线(曲线的切线表示了主应力的方向)；(b)等高线(每一点给出了主应力的大小)。规定在几乎任何位置处这些应力之间都存在 $\sigma_{11} \geqslant \sigma_{22} \geqslant \sigma_{33}$ 这一关系：σ_{11} 在场中所有点处均为拉应力，在表面($\phi = 0$)处及沿着接触轴方向($\phi = \pi/2$)具有最大值；σ_{22}("环形"应力)在亚表面上为拉应力；σ_{33} 在任何地方均为压应力。我们可以认为：尽管比较小，但拉应力的存在在接触场中一般是不可避免的。考虑到脆性裂纹有沿着垂直于最大拉应力方向发生扩展的趋势(2.8 节)，我们可以预期发育完善的裂纹将位于准锥形($\sigma_{22} - \sigma_{33}$)或中位的($\sigma_{11} - \sigma_{33}$)轨迹线上。下面我们将给出关于这两种情况的一些例子。

接触场中的另外一些组元——剪切组元[即($\sigma_{11} - \sigma_{33}$)/2、($\sigma_{11} - \sigma_{22}$)/2 和 ($\sigma_{22} - \sigma_{33}$)/2]和静水压缩组元[即 $-(\sigma_{11} + \sigma_{22} + \sigma_{33})/3$]——并不是无需考虑。这些组元的强度实质上超过了拉应力的强度，典型值大约高出一个数量级。因此，在拉伸受到抑制的区域(如接触圆下方，特别是在尖锐接触情况下)，材料可能会发生不可逆变形，从而留下一个残余的"塑性"压痕。

8.1.2　钝压头

钝压头构型的一个最具实用性的形式是一个硬的球形压头受力垂直压入一个平整的、厚的弹性试样。这一构型中产生了经典的 Hertz 锥形裂纹。裂纹发育过程的一些概要性特征示于图 8.2a：(i)预先存在的表面缺陷在接触区外受到了拉应力作用；(ii)在加载的某一点处，一条处于有利位置的缺陷绕着接触圆发生扩展，形成一条表面"环形"裂纹；(iii)进一步加载时，处于发育期的环形裂纹向下在迅速减弱的拉应力场中逐渐生长；(iv)在临界荷载下，环形裂纹失稳，向下扩展形成完整的 Hertz 锥形体(突进)；(v)继续加载，锥形裂纹处于稳态扩展状态(除非接触圆增大包住了表面环形裂纹;在这种情况下,锥形裂纹将被受压应力作用的接触区所吞没)；(vi)在卸载过程中，锥形裂纹发生闭合。

作为一个例子，图 8.3 示出了钠钙玻璃在外力作用下形成的一条发育完善的 Hertz 裂纹。在这一材料中，($\sigma_{22} - \sigma_{33}$)锥形表面与自由表面间形成了一个 $\alpha \approx 22°$ 的夹角。在卸载之后，这样的裂纹倾向于保持为可见状态，表明由于

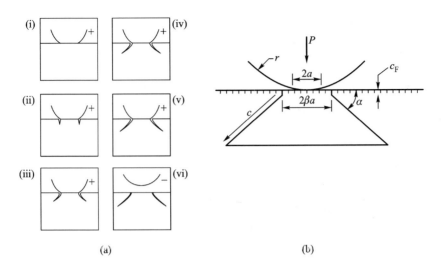

图 8.2　Hertz 锥形裂纹系统。(a)在完整的加载(+)和卸载(–)循环中锥形裂纹的发育过程;(b)几何参数

图 8.3　钠钙玻璃中的锥形裂纹。在荷载($P = 40$ kN)作用下圆柱形压头压入得到的光学显微镜照片(区域长度为 50 mm)。裂纹与自由表面间夹角约为 22°。[取自:Roesler, F. C. (1956)*Proc. Phys. Soc. Lond.* **B69** 981.]

裂纹界面上存在一些力学上的障碍,裂纹的闭合是不完全的。

已经指出,钝压头的一个显著特征是弹性接触(图 8.2b)。根据 Hertz 的弹性分析,接触压力随着接触圆的增大而单调增大

$$p_0 = P/(\pi a^2) = [3E/(4\pi k)](a/r) \qquad (8.2)$$

式中,$k = (9/16)[(1 - \nu^2) + (1 - \nu_s^2)E/E_s]$ 是一个量纲为一的因子,E 和 ν、E_s 和 ν_s 分别为弹性半空间和球形压头的杨氏模量和泊松比(对于 $\nu = 1/2$ 和类似的材料,$k = 1$)。只有在锥形断裂发生之前 p_0 的大小就超过了不可逆变形所需的某个临界水平这一情况下,接触才会表现出非弹性。注意到在固定接触情况(a 为常数)下,式(8.2)指出 p_0 与 r 成反比关系,这说明"更尖锐的"压头具有更大的接触压力。

现在来讨论断裂力学。关于锥形裂纹的远场解首先是由 Roesler(1956)通过量纲分析得到的。这里考虑突进的锥形裂纹在逐渐膨胀的圆形前缘处扩展的

情况，我们简单地将这一构型处理为一个中心承载的饼状裂纹（尽管有点失真）。这样由式（2.23b）可以直接得到

$$K_P = \chi P / c^{3/2}, \quad (P > P_C, c \gg a) \tag{8.3}$$

式中的 χ 是一个量纲为一的因子。在 $c = c_I$ 时 $K_P = K_C = T_0$ 这一条件给出了在维持荷载 P 时的一个主导的平衡状态。由于 c_I 随 P 而增大，即 $P \propto c_I^{3/2}$，因此这一状态是稳定的。对于锥形裂纹，参数 χ 与泊松比有关，$\chi = \chi(\nu)$［回顾式（8.2）］，因此是一个材料常数。但是，对 χ 进行精确的计算是很不容易的，我们通常是通过对如图 8.4a 所示的钠钙玻璃的这类实验数据进行拟合而得到这个参数的一个经验校正值。因为接触是弹性的，在卸载后的系统中不存在任何残余应力（那些与裂纹不完全闭合有关的残余应力除外）。必须注意的是，在式（8.3）中没有包含任何关于近接触条件的信息。

Hertz 断裂具有多种表现形式。图 8.5 和图 8.6 示出了其中的两种。图 8.5

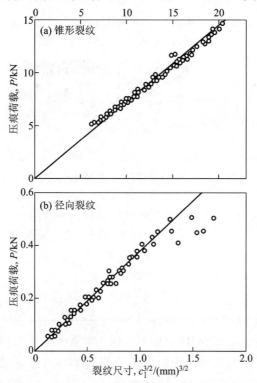

图 8.4　惰性环境中钠钙玻璃的压痕荷载与裂纹特征尺寸之间的关系：（a）锥形裂纹（球形压头与试样机加工平面）；（b）径向裂纹（Vickers 压头）。［取自：Lawn, B. R. & Marshall, D. B. (1983), in *Fracture Mechanics of Ceramics*, eds. R. C. Bradt, A. G. Evans, D. P. H. Hasselman & F. F. Lange, Plenum, New York, Vol. 5, p. 1.］

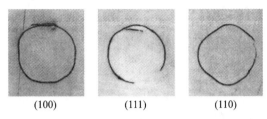

|(100)|(111)|(110)|

图 8.5　单晶硅三个表面上的锥形裂纹，示出了各向异性解理的影响。压痕之后对表面进行了腐蚀，在反射光下观察。表面裂纹中比较直的那些部分位于(111)平面与表面的交线上。视场宽度 1 500 μm。[取自:Lawn, B. R. (1968)*J. Appl. Phys.* **39** 4828.]

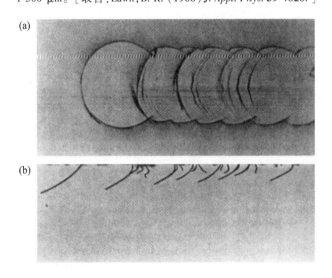

图 8.6　钠钙玻璃中的锥形裂纹痕迹，由滑动的球引进(从左到右)，摩擦因子为0.1。(a)表面视图。注意表面裂纹的不完整性。(b)裂纹所在的试样横切面腐蚀后得到的切面视图。裂纹与自由表面间夹角的增大(参见图8.3c)反映了荷载分量方向的偏移。视场宽度 2 000 μm。[取自:Lawn, B. R. , Wiederhorn, S. M. & Roberts, D. E. (1984)*J. Mater. Sci.* **19** 2561.]

说明了结晶学各向异性对硅中锥形裂纹形貌的影响。表面环形裂纹的一般特征仍然保留，但金刚石结构的解理倾向(2.8节)对裂纹图案的对称性造成了影响。图8.6示出的是当球形压头从侧向划过玻璃表面时所形成的裂纹图案。接触时的摩擦显著地改变了近场。在划痕边界处拉应力增强，导致了"不完整的"锥形裂纹的间断性生长。摩擦对远场的影响相对较小，主要反映为式(8.2)中分荷载 P 的增大。因此，划痕的效果是提高了裂纹密度而不是使裂纹尺寸增大。最后，在活性环境中，在荷载固定的情况下，锥形裂纹会按照某个速率函数 $v = v(K_p)$ 向材料内部发生进一步的扩展。

8.1.3　尖锐压头

我们在前一小节中提到，随着压头半径的减小，弹性接触应力将增大。在尖锐点接触极限情况下，式（8.2）给出了一个应力奇异点（当 a 为常数时，$r \rightarrow 0$，$p_0 \rightarrow \infty$）。从物理上看，这种奇异性将通过压头顶点下方的不可逆（塑性）变形而得以避免，直到接触区大到足以承受荷载作用。

诸如硬度测试中使用的 Vickers 压头和 Knnop 压头这样的尖锐压头会引进两类基本的裂纹构型：径向 – 中位裂纹和侧向裂纹（Lawn 和 Wilshaw 1975）。图 8.7 绘出了这些裂纹系统的发育过程：（i）尖锐的点接触导致了非弹性的不可逆变形；（ii）在一个临界荷载下，变形区内一个或多个初生的缺陷变得不稳定，发生突进而在受拉的中位面［也即包含了加载轴（通常也包括一些应力集中线，如试样表面上压痕对角线或解理面与表面的交线）的平面］上形成亚表面径向裂纹；（iii）随着荷载的进一步增大，裂纹持续向下扩展；（iv）在卸载过程中，随着接触弹性组元的逐渐恢复，中位裂纹在表面下方闭合，而在表面上的残余拉应力场中则同时保持张开状态；（v）在压头刚刚开始离开试样表面时，残余应力场占据主导位置，使得表面径向裂纹发生进一步扩展，并在形变区底部附近区域诱发出一个向斜侧扩展的碟状侧向裂纹次生系统；（vi）裂纹的扩展直到压头完全离开试样表面时才停止，两个裂纹系统最终倾向于形成以承载点为中心的半饼状。

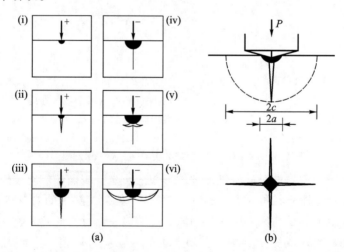

图 8.7　径向 – 中位裂纹和侧向裂纹系统。（a）在完整的加载（ + ）和卸载(–)循环中裂纹的发育过程。黑色区域代表不可逆变形区。（b）径向裂纹的几何参数

裂纹发育过程中这些依次出现的特征在图8.8和图8.9所示的对钠钙玻璃进行 Vickers 压痕实验所得到的显微照片中得到了证实。图8.8所示是在偏振光下观察到的接触的亚表面状态。在卸载过程中径向裂纹和侧向裂纹的连续扩展以及玻璃试样中双折射"马耳他十字线"的持久保留都证实了残余接触应力的重要性。图8.9示出了在试样断裂后同一个压痕的中位裂纹平面形貌，说明了在卸载过程中径向扩展的表面约束以及最终构型所表现出的饼状几何形貌。

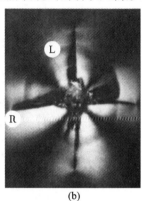

(a)　　　　　　　　　　　　　(b)

图8.8　钠钙玻璃中的 Vickers 压痕，在偏振光下观察到了径向裂纹系统(R)和侧向裂纹系统(L)的发育，加载过程中反射光来自压头下方：(a)完全加载($P=90$ N)；(b)完全卸载($P=0$)。注意：随着压头逐渐离开试样表面，两个裂纹系统都持续扩展，在压痕过程完成之后仍残留有强的应力双折射，反映了接触场中存在实质性的残余组元。视场宽度700 μm。[取自：Marshall, D. B. , & Lawn, B. R. (1979) *J. Mater. Sci.* **14** 2001.]

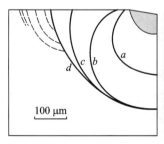

图8.9　图8.8所示的同一个压痕，在试样断裂后钠钙玻璃中位断裂平面的形貌。完整形成的裂纹的半饼状构型很明显。左图中的实线勾勒出了在压痕加载阶段由于次生的扰动而发生的止裂痕迹：(a)加载一半；(b)完全加载(参照图8.8a)；(c)卸载一半；(d)完全卸载(参照图8.8b)。虚线给出的是在压痕之后的弯曲加载过程中裂纹的扩展轨迹，给出了一个表面断裂源。反射光。[取自：Marshall, D. B. , & Lawn, B. R. (1979) *J. Mater. Sci.* **14** 2001.]

我们意识到图 8.7 所示的过程的各个阶段是理想化的。在很多材料中都观察到了几何形状上的偏离(Cook 和 Pharr 1990)。特别是在峰值荷载较小的情况下，图 8.7 中的中间阶段(ii)和(iii)可能被抑制了，以至于只形成了表面径向("Palmqvist")裂纹。文献中对这些偏离进行了大量的描述。我们认为，即便是这样的部分发育的裂纹，只要它们的中心位于接触点处，且在压痕结束之后发生的任何扩展过程中具有迅速发育成完整的中位构型的趋势，就可能保持有基本的半饼状特性。

现在来讨论接触力学。对于具有几何相似性的、刚性的具有固定外形的锥形压头(Vickers 压头或 Knoop 压头)，我们规定弹塑性接触的接触应力为

$$p_0 = P/(\alpha_0 a^2) = H \tag{8.4}$$

式中的 H 定义了"压痕硬度"。对于理想的均匀表面，硬度是一个材料常数，因此式(8.4)中的 p_0[与描述弹性接触的式(8.2)不同]是一个与尺寸无关的量。

理想的径向 – 中位裂纹构型的合适的应力强度因子可以再次从用于中心承载饼状裂纹的式(2.23b)得到

$$K_R = \chi P/c^{3/2} , \quad (P > P_C, c \gg a) \tag{8.5}$$

式中的 χ 是一个量纲为一的因子。同样，在 $c = c_I$ 处令 $K_R = K_C = T_0$，我们可以得到(稳定的)平衡关系 $P \propto c^{3/2}$，这一点从图 8.4b 所示的数据中得到了证实。

尽管式(8.5)与描述锥形裂纹的式(8.3)具有相同的形式，二者达到平衡的过程以及因子 χ 的物理意义却截然不同。尖锐接触构型可以视作一个逐渐膨胀的腔体，如图 8.10 所示。一个受压的球形体积(硬度压痕)在环绕着它的一个区域(变形区)内引发了变形，而二者组成的整体则被一个弹性基质所约束。在图 8.10a 中，最大荷载时的复合场是两个组元的叠加结果：一个是(b)中所示的弹性组元，另一个是(c)中所示的残余组元(Lawn, B. R., Evans 和 Marshall 1980)。

(i) 残余组元。在完全卸载后[构型(c)]，需要容纳压痕体积而产生的变形区膨胀受到弹性基质的约束而形成了一个残余场。这个场是环状拉伸且中心对称的，以保持图 8.9 所示的最终的半饼状构型。对这一过程进行的适当分析给出

$$\chi = \xi_\theta (\cot \Phi)^{2/3} (E/H)^{1/2} \tag{8.6}$$

式中的 Φ 为压头的半锥角。这一关系式中的量纲为一的因子 ξ_θ 取决于变形的本质。体积消耗("反常")过程的 ξ_θ 小于体积维持("正常")过程，这是因为前者中压痕应变可以通过密实化以及变形区内的弹性压缩而得以松弛。

(ii) 弹性组元。因为后续的重新加载将沿着卸载的途径进行，完全加载条件下的场可以通过在残余场上叠加上一个弹性场[构型(b)]而得以重建。在中位面上，这一弹性场近似为图 8.1 所示的 σ_{22} 应力分布；也就是说，在表面

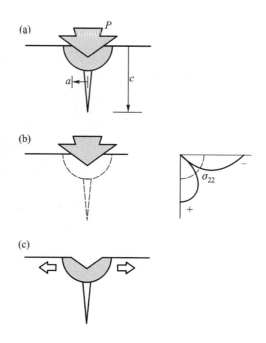

图 8.10　径向 – 中位裂纹系统：（a）满负荷状态下的弹塑性构型，由可叠加的（b）可逆（弹性）的平面应力（σ_{22}）和（c）残余的（塑性）中心张开力组元组成。［取自：Lawn，B. R. ，Evans，A. G. & Marshall，D. B.（1980）*J. Am. Ceram. Soc.* **63** 574.］

上为拉应力，在表面下方为压应力。于是，卸载就有效地消除了作用在最大压痕处的持续的压缩约束，并允许径向裂纹在图 8.9 所示的表面区域完成扩张。

现在就很明显了：式（8.5）所示的应力强度因子是特定地与完全卸载条件下的残余应力场相关的，而不是与完全加载条件下的复合场相关。式（8.6）中的量 H/E 作为弹塑性接触的一个重要参数出现：H 量化了加载阶段，而 E 则量化了卸载阶段。较高的 H/E（如"硬的"陶瓷）对应于较小的残余场强度 χ，意味着强烈的弹性恢复以及在卸载阶段出现更显著的径向扩展。

对于侧向裂纹也可以导出类似于式（8.5）和式（8.6）的关系式，尽管分析过程更为复杂，需要考虑与相邻的试样表面间的相互作用。通过残余应力松弛或者借助于几何形状调整［例如，很明显地通过降低式（8.5）中的 χ 值］，侧向裂纹系统会依次与穿过它的径向裂纹系统发生相互作用。

Vickers 裂纹系统更多的一些细节示于图 8.11 和图 8.12。在图 8.11 中，我们示出了三种氧化铝以说明显微结构的影响。在单晶蓝宝石（图 8.11a）和细晶的多晶氧化铝（图 8.11b）中可以很明显地看到发育完善的径向裂纹。而粗晶的多晶氧化铝（图 8.11c）中则出现了不规则的沿晶开裂。图 8.12 所示为钠钙

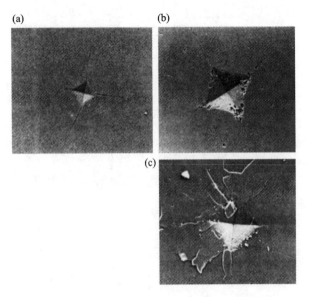

图 8.11 氧化铝中的 Vicker 压痕:(a)单晶(蓝宝石);(b)多晶, 晶粒尺寸 3 μm;(c)多晶, 晶粒尺寸 20 μm。扫描电镜照片。视场 宽度 175 μm。[取自:Anstis, G. R. , Chantikul, P. , Marshall, D. B. & Lawn, B. R. (1981) *J. Am. Ceram. Soc.* **64** 533.]

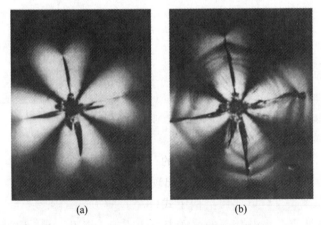

图 8.12 与图 8.8 所示相似的压痕, 示出了钠钙玻璃中的 Vickers 裂纹形 貌:(a)压痕结束后立即观察;(b)在潮湿环境中放置 1 小时后观察。视场 宽度 1 000 μm。(由 D. B. Marshall 提供。)

玻璃中的裂纹在压痕结束后立即观察以及在潮湿环境中放置 1 小时后观察所得 到的情况, 说明了残余接触场所产生的持续性的影响。按照某个速率函数 $v = v(K_R)$, 径向裂纹发生扩展, 先是很快, 而后由于 K_R 随着 c 的增大而减小 [式(8.5)]开始变慢, 最终在系统达到 $v - K$ 曲线的门槛值时停止扩展。

8.2 作为可控缺陷的压痕裂纹：惰性强度、韧性以及 T 曲线

在外加拉伸应力场中，脆性固体的强度由其表面或内部存在的最危险裂纹决定。通过在试样表面引进一条可控压痕裂纹，我们可以预先确定断裂源，而后跟踪分析裂纹扩展的微观力学。有人或许会质疑压痕裂纹是"人工的"，这样的裂纹不能表征真实的强度性能。但是，我们将在第 9 章中看到，压痕确实包含了"自然"裂纹的许多重要的成分，包括局部的残余应力状态。此外，因为裂纹几何形状是确定的，压痕分析使得我们可以将强度特性中的材料因素与几何因素分离开来。

考虑如图 8.13 所示的一条半饼状压痕裂纹，半径为 c，垂直于外加拉应力方向。由式（2.20）可以写出外加的 K 场

$$K_A = \psi \sigma_A c^{1/2}$$

考虑更一般化的情况，压痕具有一个残余场，材料具有韧性曲线（T 曲线），裂纹尖端处的净 K 场 $K_* = K_*(P, \sigma_A, c)$ 可以写成

$$K_* = K_A + K_R + K_\mu \tag{8.7}$$

式中 $K_R = K_R(P, c)$ 在上一节中已经给出，$K_\mu = -T_\mu(c, 显微结构)$ 由第 7 章给出。

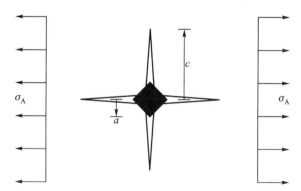

图 8.13　承受外加应力场 σ_A 作用的（Vickers）压痕半饼状裂纹示意图：半径为 c，压痕对角线半长为 a

在本节中，我们来确定在基本惰性（也即非活性环境和高加载速率，以保证动力学裂纹生长可以忽略不计）的条件下含有压痕的表面的断裂应力。我们可以在平衡状态（$K_* = K_C = T_0$）下通过寻找无限制的失稳扩展条件（$dK_*/dc \geqslant 0$），求解式（8.7）以获得"惰性强度"。起初，我们将注意力集中于具有单值

韧性的材料，如玻璃、单晶和细晶多晶体。而后，我们来说明如何将压痕–强度数据进行转换以评价这些材料的韧性。最后，我们将分析推广到具有 T 曲线行为的材料。

应该明确的是：这里所考虑的裂纹都是发育完善的，也就是说压痕是在门槛值以上区域压制的。由亚门槛值裂纹引发的断裂将在 8.5 节中加以讨论。

8.2.1　惰性强度

现在来讨论具有恒定韧性($T = T_0$)的材料从钝压痕和尖锐压痕处断裂的力学。

（i）钝压头，锥形裂纹。在不存在残余接触场($K_R = 0$)和显微结构屏蔽($K_\mu = 0$)的情况下，式(8.7)简化为 $K_* = K_A$。压痕结束后得到的构型 $c = c_I$[由 $K_p = T_0$ 通过式(8.3)给出] 是传统上的 Griffith 型裂纹，断裂是自发发生的，$\sigma_A = \sigma_F = \sigma_I$，则有

$$c_I = (\chi P/T_0)^{2/3} \tag{8.8a}$$

$$\sigma_I = T_0/\psi c_I^{1/2} = (T_0^4/\psi^3 \chi P)^{1/3} \tag{8.8b}$$

钠钙玻璃的惰性强度随 Hertz 接触荷载的变化曲线如图 8.14 所示。在门槛值以下，没有锥形裂纹形成(8.4 节和 8.5 节)，强度由预先存在的缺陷分布决定；在这种情况下为磨蚀引进的缺陷。在门槛值以上，缺陷尺寸的影响并不明

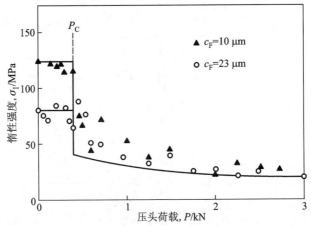

图 8.14　钠钙玻璃惰性强度随钝压头(球形,半径为 $r = 1.6$ mm)荷载的变化关系。试样表面采用碳化硅磨粒进行磨蚀以形成尺寸为 c_F 的缺陷。曲线为式(8.8b)的预测结果。注意在裂纹起始门槛值以上区域，数据对 c_F 并不敏感。[取自:Lawn, B. R., Wiederhorn, S. M. & Johnson, H. H. (1975) *J. Am. Ceram. Soc.* **58** 428.]

显，这与远场响应是一致的。曲线代表了式(8.8b)的预测结果：在 $P < P_C$ 时，使用 $c_I = c_F$；在 $P > P_C$ 时，使用预先确定的系数 ψ（根据对锥形裂纹构型进行的理论分析）和 χ［根据式(8.4a)进行试验校正得到］。

（ii）尖锐压头，径向 – 中位裂纹。现在就出现了残余应力，因此对于没有显微结构屏蔽作用($K_\mu = 0$)的材料，式(8.7)给出 $K_* = K_A + K_R$，其中 $K_R(c) = \chi P/c^{3/2}$ 由式(8.5)给出。$K_*(c)$ 的曲线形式示于图 8.15：$K_R(c)$ 在 c 较小的区域（稳定区域）中起主导作用，而 $K_A(c)$ 则在 c 较大的区域（失稳区域）起主导作用。现在断裂就是一种激活过程，从压痕结束后形成的稳定状态 $\sigma_A = 0$ 时 $c = c_I$（$\mathrm{d}K_*/\mathrm{d}c < 0$）到最终的失稳状态 $\sigma_A = \sigma_F = \sigma_M$ 时 $c = c_M$（$\mathrm{d}K_*/\mathrm{d}c = 0$），裂纹经历了一个先期的稳态生长（$K_* = T_0$）过程

$$c_M = (4\chi P/T_0)^{2/3} \tag{8.9a}$$

$$\sigma_M = 3T_0/(4\psi c_M^{1/2}) = \frac{3}{4}\left[T_0^4/(4\psi^3\chi P) \right]^{1/3} \tag{8.9b}$$

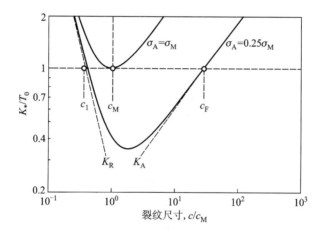

图 8.15 尖锐压痕（显微结构屏蔽效应为零）的归一化 $K_*(c)$ 曲线。给出了在两个不同的均匀外加应力 σ_A 水平下的曲线。倾斜的虚线为在 $\sigma_A = 0.25$ σ_M 时小裂纹 $K_R(c)$ 和大裂纹 $K_A(c)$ 的渐近线。由 σ_A 增大到 σ_M 所产生的影响是使得裂纹在 $K_* = T_0$ 的稳态平衡条件下发生扩展，从 c_I 扩展到在 c_M 处发生激活断裂。（与图 2.17 比较。）

这一先期的稳态阶段证实了缺陷微观力学中外力所起的潜在的稳定作用。对于压痕裂纹而言，这是残余接触场的一种完美表现。

已经对一些脆性材料中压痕裂纹的先期稳态扩展进行了直接的观察。图 8.16 是一个例子，示出了氮化硅中承受弯曲作用的 Knoop 压痕。（在这些研究中使用的氮化硅不受环境相互作用的影响，因此裂纹的扩展不能归因于腐动力学生长。）对类似的试样在压痕后进行退火处理以消除残余应力后进行可控研

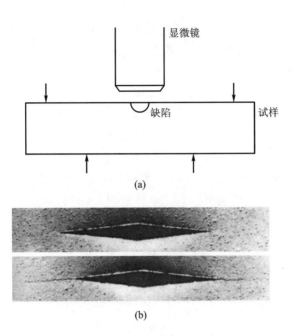

(a)

(b)

图 8.16　在外加应力作用下压痕中径向裂纹的扩展。(a)原位观察裂纹
演变过程的装置示意图；(b)显微照片显示出在承载前后热压氮化硅中
的 Knoop 压痕。视场宽度 400 μm。(由 D. B. Marshall 提供。)

究发现：裂纹不会发生这类先期的稳态扩展；在这种情况下，断裂条件回归到
式(8.8)所描述的情况。

关于"激活的"断裂状态的另一种描述是将 $K_A = \psi \sigma_A c^{1/2}$ 代入平衡关系式
$K_*(P, \sigma_A, c) = T_0$［式(8.7)］而后求解外加应力

$$\sigma_A(c) = (1/\psi c^{1/2})[T_0 - K_R(c)] \tag{8.10}$$

对于含有压痕的表面($K_R = \chi P/c^{3/2}$)，这一函数如图 8.17 中下端的曲线所示。
沿着途径①越过一个"势垒"，得到了一个大小为 $c_M/c_I = 4^{2/3} \approx 2.5$［与式
(8.8a)和(8.9a)相比较］的稳态扩展量。通过调整 ψ 和 χ 对图 8.18 所示的氮
化硅的 $\sigma_A(c)$ 数据按式(8.10)拟合后得到的结果证实了这一预期的响应。同
样，在强度测试之前对试样退火或者磨去变形区($K_R = 0$)将导致 $\sigma_A(c)$ 曲线回
归到图 8.17 中上端描述 Griffith 型裂纹的曲线。因此，残余接触项的引入对应
于强度的降低：$\sigma_M/\sigma_I = (3/4)(c_I/c_M)^{1/2} \approx 0.47$［与式(8.8b)和(8.9b)相比
较］。如果还发生了环境诱导的压痕后裂纹扩展，比如说从 c_I 扩展到 c_I'，σ_M
将不受影响(除非通过 χ 或者 ψ 的任何弛豫)，而 σ_I 则将降低到 σ_I'。

从不同的观察者角度(3.6 节)借助于 K 场概念对强度关系式(8.10)进行
重新解释可以得到一些有启发性的结果。我们采用在两个压痕荷载水平下得到
的钠钙玻璃的数据来进行这一工作，分别参见图 8.19a、b、c：

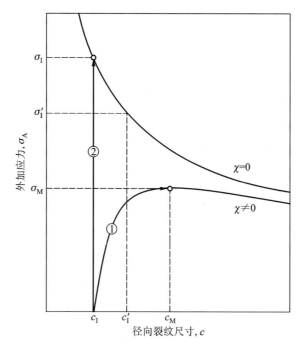

图 8.17　具有残余应力场($\chi \neq 0$)和不具有残余应力场($\chi = 0$)的平衡径向裂纹的 $\sigma_A(c)$ 函数曲线形式。路径①代表在 σ_M 时发生的激活的断裂；路径②为在 σ_I 作用下发生的自发断裂。压痕后发生的缓慢裂纹扩展（由 c_I 到 c_I'）使得自发断裂强度从 σ_I 降低到了 c_I'，但激活断裂强度 σ_M 则不受影响

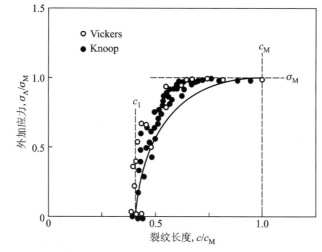

图 8.18　氮化硅中压痕裂纹在承载过程中发生稳态扩展的归一化曲线（与图 8.16 所示为同一种材料）。数据为实验观测值，实线为理论拟合结果。

（由 D. B. Marshall 提供。）

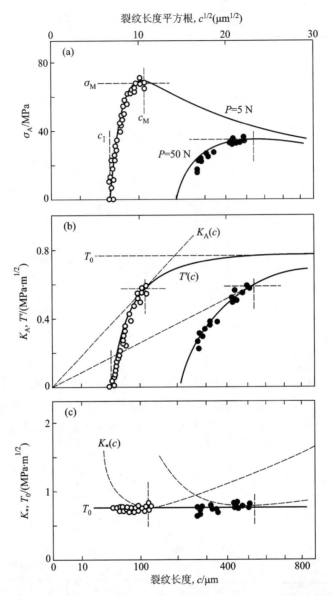

图 8.19 惰性条件下，在施加外加应力直至断裂发生这一过程中钠钙玻璃中 Vickers 裂纹的扩展：（a）在两个压痕荷载水平下应力与裂纹尺寸之间的关系；（b）等效的赝 T 曲线，$K_A(c) = T(c)$；（c）将 $K_R(c)$ 从 $T(c)$ 中排除之后得到的等效 $K_*(c) = T_0$ 表述。[取自：Mai, Y-W. & Lawn, B. R.（1986）*Ann. Rev. Mater. Sci.* **16** 415. 数据由 D. B. Marshall 提供。]

（a）直接绘出了 $\sigma_A(c)$ 的数据，通过调整 ψ 和 χ 对数据进行曲线拟合。

（b）从一个外部 K 场观察者的角度[即 $K_A(c) = \psi\sigma_A c^{1/2} = T'(c)$]重新对同

样的这些数据作图。虚线表示外加应力 σ_A 等于切点处应力 σ_M 时的 $K_A(c)$。实线则给出了赝 T 曲线：$T'(c) = T_0 + T_R(c)$，其中 $K_R = -T_R$ 是一个反屏蔽项。由于式(8.5)所给出的 $K_R(c)$ 是一个正的、逐渐减小的函数，在 c 很大的情况下，T' 将渐近地逼近 T_0。

（c）这些数据现在又从一个裂纹尖端包围区观察者的角度进行重新作图，也就是直接考虑 $K_*(c) = K_A(c) + K_R(c)$。虚线为在给定 P 的条件下对应于外加应力 σ_A 等于切点处应力 σ_M 时计算得到的 $K_*(P, \sigma_A, c)$。在这最后一种情况下，在 $K_* = T_0 = $ 常数这一条件发生径向裂纹稳态扩展的平衡路径最为明显。

通常，按照式(8.9b)以 $\sigma_M(P)$ 函数形式来图示压痕 – 强度数据是最为方便的，这相当于是用了一个独立的变量 P 来表征裂纹的大小。图 8.20 给出了由三种相对较为均匀的脆性固体所得到的这样的曲线。在低荷载下，曲线迅速地截断，这时断裂开始从自然缺陷而不是压痕裂纹处发生（参见图 8.14）。式(8.9b)所示的对 $P^{-1/3}$ 的依赖关系在这些数据中得到了验证，这可以看成是对单值韧性假设合理性的一个支持。

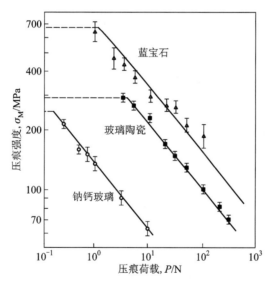

图 8.20　钠钙玻璃、细晶堇青石玻璃陶瓷以及单晶蓝宝石的惰性强度随 Vickers 压痕荷载的变化关系曲线。试样表面抛光。所有数据点都对应于发生在压痕处的断裂。误差棒表示标准差。实线为在对数坐标系统中按照斜率为 –1/3 拟合得到。虚线表示自然缺陷主导区域。（数据由 R. F. Cook 和 D. B. Marshall 提供。）

8.2.2　韧性

压痕提供了一种评价韧性的简便方法。尖锐压头通常更为实用，这是因为可以采用常规的硬度测试设备进行实验。我们借助于图 8.21 来讨论两种方法。

图 8.21 示出的是一些玻璃和细晶多晶陶瓷的压痕韧性与独立的长裂纹韧性测试结果之间的相关性。

（i）直接测量。这一方法是在压痕结束后，在惰性环境中不施加外加应力（$\sigma_A = 0$）的条件下立即测量径向裂纹尺寸与压痕荷载之间的函数关系（例如图 8.4b）。在式（8.5）中令 $c = c_1$ 时有 $K_R = T_0$，并利用式（8.6）给出的 $\xi = \xi_0 (\cot \Phi)^{2/3}$，我们得到

$$T_0 = \xi (E/H)^{1/2} P/c_1^{3/2} \tag{8.11a}$$

这一方法的优点是：非常简单、经济，在一个表面上可以压制很多个压痕。

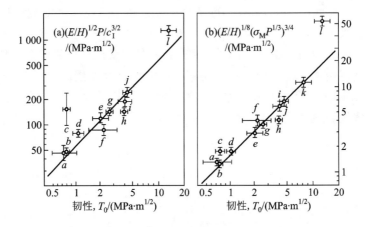

图 8.21　图示韧性公式（8.11）的 Vickers 压痕数据：（a）直接裂纹尺寸测量；（b）压痕－强度方法。纵轴为压痕实验变量，横轴为独立测量得到的长裂纹韧性。选用的玻璃和细晶陶瓷为：a. 硅；b. 钠钙玻璃；c. 熔融石英（异常）；d. 钛酸钡；e. 氮化硅（反应结合）；f. 蓝宝石；g. 董青石玻璃陶瓷；h. 氧化铝；i. 碳化硅；j. 氮化硅（热压）；k. 氧化锆；l. 碳化钨。（取自：Anstis, G. R., Chantikul, P., Lawn, B. R. & Marshall, D. B. *J. Am. Ceram. Soc.* 64 533,539, 并包括了由 R. F. Cook 提供的一些补充数据。）

这一方法的缺点是：在荷载较低以及（对于粗晶多晶体）压痕形状不太理想的情况下，测量裂纹尺寸通常较为困难，即便是在抛光表面上；门槛值以上的裂纹扩展会导致对 c_1 的高估，从而使得得到的 T_0 值偏低；在一定程度上取决于 H/E，因此后者需要预先准确测定；取决于几何参数 ξ_0，而这个参数对变形模式较为敏感。（8.4.2 节；可以看到图 8.21a 中熔融石英的数据显著偏离了拟合线，这是因为熔融石英的变形是异常的，变形通过密实化而实现。）

（ii）压痕－强度。这一方法测定惰性强度随压痕荷载的变化关系（例如图 8.20）。结合式（8.9b）和式（8.6）并令 $\eta = (256\psi^3 \xi^{2/3}/27)^{1/3}$，我们得到

$$T_0 = \eta (E/H)^{1/8} (\sigma_M P^{1/3})^{3/4} \tag{8.11b}$$

这一方法的优点是：不需要测量裂纹尺寸（径向裂纹系统并不总是发育完善的，如图 8.11c 所示）；对 H/E 以及 ψ、ξ_0 等参数不太敏感（注意到图 8.21b 中熔融石英的数据与拟合直线之间的偏差很小）。

这一方法的缺点是：需要制备弯曲试样；一根试样只给出一个强度数据点。

图 8.21 所示的拟合实线给出了式（8.11）中各系数的值：$\xi = 0.016$，$\eta = 0.62$。

测试方法必然会出现一些变体。其中一种变体是"杂交"的，涉及在失稳时对裂纹尺寸 c_M 和外加应力 σ_M 这两个参数的测量；然后，根据式（8.9）导出 $T_0 = (4/3)\psi\sigma_M c_M^{1/2}$。这一方法在实验方面更为苛刻，但是在公式中消除了 ξ_0，从而避免了变形模式可能产生的任何影响。另一种变体要求通过退火或者抛光消除残余接触应力，而后测定（自发）断裂时的裂纹尺寸 c_I 和强度 σ_I；根据式（8.10），在 $K_R = 0$ 时有 $T_0 = \psi\sigma_I c_I^{1/2}$。这一方法依赖于对表面半饼状裂纹几何项 ψ 进行的第一性分析。其不足之处在于必须对试样进行繁琐的加工（进一步说，这一加工可能会导致显微结构的变化）。此外，ψ 的计算也可能面临相当的不确定性；大多数计算方法都忽略了相交的径向裂纹之间以及侧向裂纹之间的相互作用。

作为一种测量韧性绝对值的方法，压痕技术是简便的，但也是有局限性的。由图 8.21 我们可以看到，对于拟合效果最差的材料，实验数据与校正曲线之间的系统偏差超过了 50%。对一种指定的材料进行的测试，相对偏差的典型值大约在 20% 以上。

8.2.3 韧性曲线

到目前为止，我们仅仅讨论了具有单值韧性的材料。许多陶瓷，特别是那些具有粗晶显微结构的陶瓷（例如图 8.11c）表现出了显著的 T 曲线（第 7 章）。通过在力学分析中引进一个屏蔽项 $-K_\mu = T_\mu$，我们可以将压痕断裂分析推广到这些材料中。在 $K_* = T_0$ 时对式（8.7）进行以下变换是很方便的

$$K'_A(c) = K_A(c) + K_R(c) = T_0 + T_\mu(c) = T(c) \tag{8.12}$$

这样一来，K'_A 就成为一个有效外加 K 场。（这相当于一个位于压痕顶角和裂纹尖端之间进行观察的观察者所得到的关系式。）于是，在 $c = c_M$、$\sigma_A = \sigma_M$ 处发生的断裂可以在适当考虑赝断裂状态（后面将提及）的基础上，由式（3.33）给出的失稳条件 $dK'_A/dc = dT/dc$ 确定。通常，除了最简单的 $K_\mu(c)$ 函数外，类似于式（8.9b）那样对 $\sigma_M(P)$ 求解都需要进行数值分析。

图 8.22 给出了一种具有裂纹界面桥接屏蔽效应的粗晶氧化铝的压痕 – 强度实验结果。数据点代表了那些被证实是从压痕裂纹处发生的断裂，左侧的阴影区为从自然缺陷处发生断裂的数据。实线是通过调整 7.5 中给出的 $T_\mu(c)$ 函数中各个显微结构参数而得到的拟合结果。虚线是根据单晶氧化铝（蓝宝石）的数据按式（8.9b）拟合得到的 $\sigma_M \propto P^{-1/3}$ 直线，在这里作为一个可供比较的基

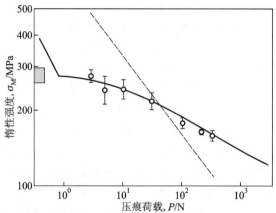

图 8.22　晶粒尺寸为 35 μm 的多晶氧化铝 Vickers 压痕惰性强度实验结果。数据点代表了那些被证实是从压痕裂纹处发生的断裂；误差棒给出了数据的标准差。左侧的阴影区对应了从自然缺陷处发生的断裂。实线为氧化铝数据的理论拟合。虚线为由单晶蓝宝石数据（图 8.20）进行拟合得到的 $\sigma_M \propto P^{-1/3}$ 对比曲线。氧化铝数据对荷载的相对不敏感度是"缺陷容限"的一个量度。［取自：Mai, Y-W. & Lawn, B. R. (1986) *Ann. Rev. Mater. Sci.* **16** 415. 数据及其分析由 S. Lathabai 和 S. J. Bennison 提供。］

线。多晶氧化铝数据与对比基线之间的偏差是很显著的。随着 P 的降低，数据强烈地倾向于形成一个平台，渐进地逼近由自然缺陷导致的断裂所对应的强度。这里就引出了一个称为缺陷容限的量。

由根据氧化铝压痕数据"校正"得到的 $-K_\mu = T_\mu$，我们可以根据式 (8.12) 重新获得函数 $\sigma_A(c)$［比如说在式 (8.10) 中用 $T(c)$ 代替 T_0］。这一函数

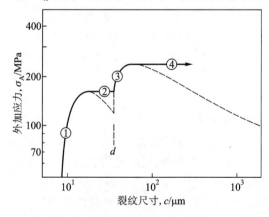

图 8.23　根据对图 8.22 所示数据进行参数评价所得到的氧化铝 Vickers 压痕裂纹尺寸与外加应力的关系。对 $P = 2$ N 进行计算。注意到在沿着路径①→②→③→④发生断裂的过程中，平衡曲线上出现了多个稳定和不稳定状态。［取自：Mai, Y-W. & Lawn, B. R. (1986) *Ann. Rev. Mater. Sci.* **16** 415. 数据及其分析由 S. Lathabai 和 S. J. Bennison 提供。］

在一个完全包含了平台区域的荷载范围的曲线形式示于图8.23(Mai和Lawn 1986)。这里明显地出现了两个稳定区间，分别位于$c = d$处的第一个桥接激活点两侧：$c < d$一侧的稳定区间与主导的$K_R(c)$函数(短程且正向减小)有关，$c > d$一侧的稳定区间则与主导的$K_\mu(c)$函数(长程且负向增大)有关。路径①→②→③→④给出了断裂的演变过程。在区域②内发生的第一次失稳对应于压痕裂纹的突进，与7.5中所提及的那些观察现象相一致。在区域④内发生的第二次失稳对应于在σ_M处发生的断裂。正是在后一个势垒附近处与荷载有关的K_R项(这一项反过来又决定了图8.23中所示的$\sigma_A = 0$时的初始裂纹尺寸)的逐渐弱化的敏感性最终导致了图8.22所示的缺陷容限。

至此，对于一个特定的材料所获得的校正的韧性函数可以用来预测显微结构变化(如晶粒尺寸l)对强度的影响。我们已经在图7.29中说明了氧化铝中l对T曲线的影响。相应的l对压痕 强度关系的影响以及一些实验数据示于图8.24。这些结果表明，随着显微结构的粗化，尽管平台强度有所减低，在短裂纹区域缺陷容限明显提高，曲线依次在长裂纹区域发生相交。这里曲线的相交再次说明在利用长裂纹数据预测多晶陶瓷的强度特性时必须尤为谨慎。

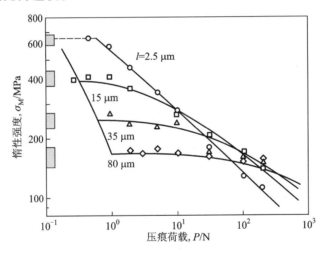

图8.24 四种具有不同晶粒尺寸l的氧化铝Vickers压痕试样的惰性强度数据。所有的数据点都对应于发生在压痕裂纹处的断裂(为简洁起见略去了误差棒)。左侧的阴影区域对应于从自然缺陷处发生的断裂。曲线为采用校正的T曲线函数对于每一个l进行预测得到的$\sigma_M(P)$函数。[取自：Chantikul, P., Bennison, S. J. & Lawn, B. R. (1990) *J. Am. Ceram. Soc.* **73** 2419.]

8.3 作为可控缺陷的压痕裂纹：与时间有关的强度及疲劳

8.3.1 与时间有关的强度

在活性环境中，强度通常会因为动力学裂纹扩展而降低（第5章），加载速率越低，强度降低越多。在惰性环境的情况下，利用可控的压痕裂纹来观察强度特性是很方便的。

为建立压痕裂纹的断裂动力学，只需要用一个合适的 $v(K_*)$ 或 $v(G_*)$ 函数来取代上一节中的裂纹扩展平衡条件

$$v = dc(t)/dt = v\{K_*[P, \sigma_A(t), c(t)]\} \tag{8.13}$$

在接触荷载 P 和应力 – 时间函数 $\sigma_A(t)$ 确定的前提下，式（8.13）简化为一个关于 $c(t)$ 的微分方程。最实用的加载方式是 $\dot{\sigma}_A = $ 常数，如在恒定的加载速率下进行弯曲实验。我们可以通过从 $t = 0$，$\sigma_A = 0$，$c = c_I$（或者在压痕后发生了裂纹扩展的情况下的 c_I'）时的初始稳定平衡状态（$dK_*/dc < 0$）到 $t = t_F$，$c = c_F$（例如图8.15）时的最终失稳状态（$dK_*/dc > 0$）将 c 逐步对 t 积分而求解式（8.13），进而确定断裂应力 $\sigma_A = \sigma_F = \sigma_F(t_F)$。

式（8.13）的分析解只有在几个非常特殊的情况下才能得到。一种情况是采用幂定律速率函数 $v = v_0(K_*/T_0)^n$［参见式（5.22）］并考虑具有单值韧性 $K_* = K_A + K_R$ 的材料。在给定压痕荷载和加载速率恒定的情况下，我们可以得到以下形式的关系式（Marshall 和 Lawn 1980）

$$\sigma_F = A'(n' + 1)\dot{\sigma}_A^{1/(n'+1)} \tag{8.14}$$

对于压痕后退火表面（$\chi = 0$）和压痕后直接测试的表面（$\chi \neq 0$）[1]，n' 分别为

$$n' = n \quad （压痕后退火） \tag{8.15a}$$

$$n' = \frac{3}{4}n + \frac{1}{2} \quad （压痕后直接测试） \tag{8.15b}$$

系数 $A' = v_0 f(n', P, T_0)$。这一经验的速率曲线可以通过对合适的实验数据按式（8.14）进行拟合而得到。

图8.25 所示的在水中测得的钠钙玻璃 Vickers 压痕强度随加载速率的变化关系实验数据证实了式（8.14）的适用性。对压痕后退火试样在整个数据范围内进行拟合所得到的直线斜率给出式（8.14）和（8.15a）中的 $n = 17.9$（在实验误差范围内，这与长裂纹技术测得的钠钙玻璃 I 区结果是一致的，例如图

---

[1] 原文中两个括号内给出的参数均为"ψ"，疑有误。——译者注

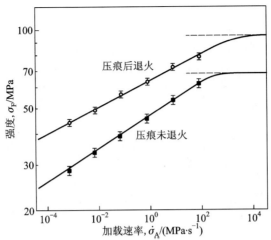

图 8.25　在水中测得的钠钙玻璃 Vickers 压痕强度随加载速率的变化关系。
对于压痕后直接测试的试样和压痕后退火的试样，压痕荷载均为 $P = 5$ N。
误差棒表示数据的标准差。虚线代表惰性强度水平。对数据按式(8.14)
进行拟合，得到了线性区中的 n 和 v_0，而后采用这些参数根据式(8.14)
绘出了图中的曲线。[取自：Marshall, D. B. & Lawn, B. R. (1980)
J. Am. Ceram. Soc. **63** 532.]

5.11)。对于压痕后直接测试，直线斜率则给出式(8.14)中的 $n' = 13.7$，这与由式(8.15b)给出的 $n' = 13.9$ 是可比的。类似地，参数 v_0 可以由截距 A' 给出。根据这些校正的结果，我们用式(8.13)(在数值上)重新建立了图 8.25 中的实线，在高速率区部分给出了在 $K_* = T_0$ 处的截断值，这一数值对应于在高 $\dot{\sigma}_A$ 下逐渐逼近的惰性强度极限。具有局部拉应力的试样明显表现了疲劳敏感性的提高。从图 8.26 所示的显微照片中可以清楚地看到一个在断裂前形成的增大的"缓慢"扩展区，证实了这一提高的敏感性。

但是，对大多数材料－环境体系来说，幂定律速率函数和单值韧性假设并不是严格成立的。通常，我们必须采用一个更基本的速率方程以考虑门槛值的存在(例如图 5.7 ~ 5.10)以及在式(8.13)中引进一个屏蔽项 $-K_\mu = T_\mu$ $(K_* = K_A + K_R + K_\mu)$ 以考虑 T 曲线行为(8.2.3 节)。进行这样一个校正就需要对式(8.13)进行完整的数值求解。

相应地，考虑图 8.27 所给出的耐缺陷氧化铝在水中进行的恒定加载速率实验所得到的数据。实线是采用前面 8.2.3 节中给出的"校正的"桥接 K 场项 $K_\mu(c)$ 以及双曲正弦 $v - G_*$ 函数式(5.27)中的调整参数而由式(8.13)绘出的。注意在较低的加载速率下曲线表现出逼近下限值的趋势，而在较高的加载速率下曲线逼近上限值惰性强度。因此，根据这些拟合结果，我们也许可以得到描述氧化铝裂纹尖端包围区行为的单一的 $v - G_*$ 曲线(对于沿晶断裂，这一曲

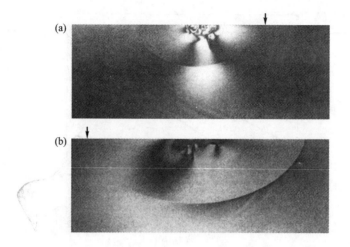

图 8.26 带有 Vickers 压痕($P = 5$ N)的钠钙玻璃在一个通常的加载速率($\dot{\sigma}_A = 0.15$ MPa·s^{-1})下在水中断裂后的断裂表面：（a）压痕后退火试样；（b）压痕后直接测试试样。箭头所指处为在临界应力下的断裂源。注意在压痕后直接测试的试样中出现了明显的断裂前裂纹缓慢扩展。视场宽度 700 μm。［取自：Marshall, D. B. & Lawn, B. R. (1980) *J. Am. Ceram. Soc.* **63** 532.］

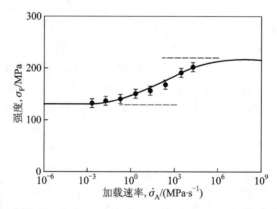

图 8.27 含有 Vickers 压痕的、晶粒尺寸为 35 μm 的氧化铝在水中的强度随加载速率的变化关系。所用的材料与图 8.22 中使用材料相同。压痕荷载为 $P = 30$ N。误差棒代表数据的标准差。采用从图 8.22 得到的显微结构 K 场校正以及通过对线性区中的数据按式（8.14）拟合得到的裂纹速率函数式（5.18）中调整参数，对式（8.13）求解得到图中所示的曲线。虚线分别给出惰性强度（上限）和疲劳极限（下限）。［取自：Lathabai, S. & Lawn, B. R. (1989) *J. Mater. Sci.* **24**, 4298.］

线具有一个门槛值 $G_* = -R_E = 2\gamma_{BE} - \gamma_{GB}$，见 7.1 节）。5.3 节中曾经提到外场的 $v-G$ 曲线不是唯一的，而是如图 5.15 所示表现为与过程有关。在较大的起始裂纹尺寸和较低的加载速率下，外场 $v-G$ 曲线向裂纹速率曲线的左侧移动，对应于较大的断裂前裂纹扩展量以及更宽的 T 曲线范围。

8.3.2 疲劳

现在我们来讨论如何将上一小节中所得到的结果与疲劳联系起来。这里的"疲劳"一词指的是在任意的持续荷载(静态的或循环的)作用一段时间之后发生断裂。对于仅由裂纹缓慢扩展引起的疲劳，我们可以通过采用一个合适的 $v-K_*$ (或 $v-G_*$)函数(可以直接测定,5.4 节；也可以通过分析加载速率实验数据得到,8.3.1 节)对式(8.13)进行积分而预测出在给定的 $\sigma_A(t)$ 作用时的"寿命" t_F。

对与图 8.25 所示相同的 Vickers 压痕钠钙玻璃 - 水系统在恒定外加应力条件(静态疲劳)下进行测试所得到的结果示于图 8.28。同样，假定速率函数为 $v = v_0(K_*/T_0)^n$，并考虑单值韧性时的情况，式(8.13)在恒定外加应力条件下的解为

$$t_F = A'/\sigma_A^{n'} \tag{8.16}$$

式中的 A' 和 n' 如式(8.14)和(8.15)所定义。图 8.28 中的实线采用根据图 8.25 得到的校正的 $v-K_*$ 函数由式(8.13)绘出。可以看出通过退火消除残余接触

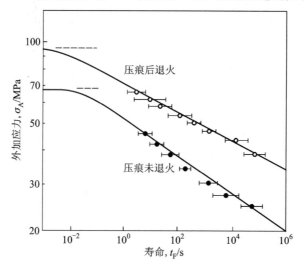

图 8.28　含有 Vickers 压痕的钠钙玻璃在水中(与图 8.25 所示为同一个体系)的静态疲劳行为。数据由压痕后退火试样和压痕后直接测试试样得到，压痕荷载 $P = 5$ N。误差棒代表数据的标准差。虚线给出了惰性强度水平。实线为式(8.13)的再生解。[取自:Chantikul, P., Lawn, B. R. & Marshall, D. B. (1981) *J. Am. Ceram. Soc.* **64** 322.]

应力可以使任意外加应力水平的断裂寿命提高大约三个数量级。

现在来分析图 8.29 所示的与图 8.27 所示相同的含有 Vickers 压痕的氧化铝 – 水系统的静态疲劳数据。同样，图中的实线是采用由图 8.27 得到的 v – $K_*(v - G_*)$ 函数以及由 8.2.3 节得到的氧化铝的校正 $K_\mu(c)$ 函数导出的式 (8.13) 的预期形式。图 8.29 中最令人惊奇的特征是在 $t_F > 1$ s 的区域内曲线的平直性。这是疲劳极限的一个表现，标志着迅速接近于 v – G_* 门槛值。在结构设计方面，疲劳极限是很重要的。在这里所考虑的情况下，极限应力因为式 (8.7) 所描述的 K_μ 桥接项对裂纹尖端 K 场的屏蔽效应而得到显著提高。在 10.4 节中讨论断裂寿命中缺陷容限问题时，我们将详细讨论这一点。

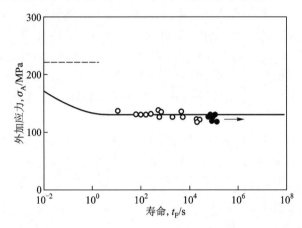

图 8.29 含有 Vickers 压痕($P = 30$ N)的氧化铝在水中(与图 8.27 所示为同一体系)的静态疲劳行为。每一个数据点分别对应一个试样：空心符号表示延迟断裂，实心符号表示试样未发生断裂。曲线为式(8.13)的再生解。虚线给出了惰性强度水平。这一实验体系接近于疲劳极限。

[取自:Lathabai, S. & Lawn, B, R. (1989) *J. Mater. Sci.* **24** 4298.]

因此，为了能够进行与任意的材料韧性特性(具有或者不具有 T 曲线)、缺陷状态(特定的几何形状、具有或者不具有局部残余应力)以及承载模式(如循环荷载)相关的寿命预测，我们只需要两套常规的压痕 – 强度数据：一套是在惰性条件下的 $\sigma_M(P)$，用于校正显微结构屏蔽参数；另一套是在环境条件下的 $\sigma_F(\dot{\sigma}_A)$，用于校正速率参数。

8.4 亚门槛值压痕：裂纹起始

现在我们把注意力转移到压痕裂纹起始的临界条件方面上来。正是在这方面，钝压头与尖锐压头之间的差异表现得十分明显。最能说明问题的是缺陷状态的作用：在钝接触情况下，纯净表面的临界荷载明显高于经受了污染的表面，表明临界荷载依赖于初始缺陷；对于尖锐压头，临界荷载对表面状态却并不敏感，表明压痕过程引发了新的缺陷分布。另一方面的差异与门槛值应力强度因子的尺寸效应产生的根源有关：对于钝压头，接触应力随荷载的增大而增大，但初始裂纹的尺寸保持为常数；对于尖锐压头，初始裂纹尺寸随荷载的增大而增大，而接触应力保持不变。

我们现在来考虑这两类接触中裂纹起始的微观力学问题。在本节的结论部分，我们采用描述尖锐接触过程的公式来定于一个"脆性指标"。

8.4.1 Hertz 锥形裂纹

这一小节的主要目的是计算当一个球形压头压入一个平整的弹脆性表面时压头下方 Hertz 锥形裂纹起始的门槛值条件。更明确地说，我们将试图解决在本章的引言中提及的 Auerbach 争议。

锥形裂纹所涉及的 Hertz 应力场是可以明确给出的。这个应力场在接触圆上具有一个最大的拉应力组元，与平均接触压力 p_0 和泊松比 ν 有关

$$\sigma_{\mathrm{T}} = \frac{1}{2}(1 - 2\nu)p_0 \tag{8.17}$$

通常，裂纹起始发生在位于接触圆外、与接触中心径向距离为 $\beta a(\beta \geqslant 1)$ 的一个有利位置处的预先存在的缺陷处（图 8.2）。在图 8.30 中，我们对 $\beta = 1$ 绘出

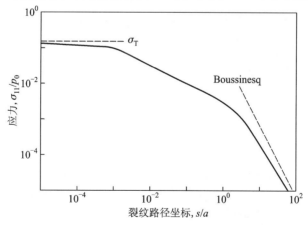

图 8.30　Hertz 场中，沿 $\sigma_{22} - \sigma_{11}$ 应力轨迹表面主拉应力 σ_{11} 随距离 s 变化的归一化曲线。渐近线（虚线）分别对应于均匀场 $\sigma_{11} = \sigma_{\mathrm{T}}$（Griffith 裂纹，$c \ll a$）和 Boussinesq 反平方场（Roesler 锥形，$c \gg a$）。注意到在表面下方应力迅速降低。在 $s/a = 0.1$ 处 $\sigma_{11}/\sigma_{\mathrm{T}} < 0.1$。作图时采用 $\beta = 1$，$\nu = 1/3$。［取自：Frank，F. C. & Lawn，B. R. (1967) *Proc. Roy. Soc. Lond.* **A229** 291；Lawn，B. R. & Wilshaw，T. R. (1975) *J. Mater. Sci.* **10** 1049.］

了沿锥形 $\sigma_{22} - \sigma_{11}$ 应力轨迹表面主应力 σ_{11} 随距离 s 的变化关系曲线(8.2.1节)。我们看到拉应力场从其在接触圆上的最大值 σ_T 开始迅速降低。

利用描述线裂纹的 Green 函数表达式(2.22a)可以给出裂纹向下扩展的应力强度因子(Frank 和 Lawn 1967)

$$K_P(c/a) = p_0 a^{1/2} f(\beta, \nu, c/a) \qquad (8.18)$$

式中,与裂纹尺寸有关的量纲为一的积分为

$$f(c/a) = 2(c/\pi a)^{1/2} \int_0^{c/a} \sigma_{11}(s/a, \beta, \nu) \, \mathrm{d}(s/a)/(c^2/a^2 - s^2/a^2)^{1/2}$$

在 $c/a \ll 1$ 这个我们最关注的区域内线裂纹假设是最可信的,在这个区域中锥形曲率的影响很小。利用图 8.30 所示的 $\sigma_{11}(s/a)$ 曲线对式(8.18)积分给出了如图 8.31 所示的曲线,这些曲线均采用 T_0 进行了归一化。在给定的 P 作用下,K_P 具有四个分区:①和③是不稳定区($\mathrm{d}K_P/\mathrm{d}c > 0$),②和④是稳定区($\mathrm{d}K_P/\mathrm{d}c < 0$);①区渐进逼近对应于 $c \ll a$ 处的一个不减小的应力场 $\sigma_{11} = \sigma_T$ 的极限值 $K_P = \sigma_T(\pi c)^{1/2}$,④区则渐进逼近对应于 $c \gg a$ 处 Boussinesq 远场中一条完全形成的锥形裂纹的极限值 $K_P = \chi P/c^{3/2}$。

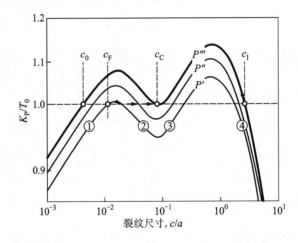

图 8.31　对应于逐渐增大的荷载 $P' < P'' < P'''$ 得到的 K 场随锥形裂纹长度变化的归一化曲线。箭头所指部分表示环状裂纹从 c_F 到 c_C 的稳态扩展(起始)以及随后在 $P = P_C = P'''$ 处的失稳扩展至 c_I (锥形裂纹的突进)。在 $c_0 \leqslant c_F \leqslant c_C$ 这一裂纹尺寸范围内,Auerbach 定律成立。[取自:Lawn, B. R. & Wilshaw, T. R. (1975) *J. Mater. Sci.* **10** 1049.]

图 8.31 所示的曲线使得我们可以跟踪研究从表面缺陷开始的锥形裂纹演变过程。因为式(8.2)中 p_0 和 a 都随 P 的增大而增大,随着压痕过程的进行,式(8.18)中的 $K_P(c/a)$ 增大。相应地,荷载由 $P' \rightarrow P'' \rightarrow P'''$ 的逐渐增大在图 8.31 中可以表示为曲线的向上移动。假设表面含有初始尺寸在 $c_0 \leqslant c_F \leqslant c_C$ 范

围内的固有缺陷，在 $P = P'$ 时，任意一条这样的缺陷都会在①区从 $c = c_F$ 开始自发扩展进入②区而形成一条表面环形裂纹。荷载提高到 $P = P''$ 会使得环形裂纹沿着 $K_P/T_0 = 1$ 发生向下的稳态扩展。最后，当环形裂纹在 $P = P''' = P_C$ ($a = a_C$) 条件下到达深度 $c = c_2 = c_3 = c_C$ ($\approx 0.1a$) 时，系统将变得不稳定，裂纹发生突进并在 $c = c_I$ 处形成完整的锥形。利用式(8.2)消除 p_0 和 a，并引用 $K_P = T_0$，$f(\beta, \nu, c_C/a) = f_C$，式(8.18)给出了临界条件

$$P_C = A r T_0^2 (1 - \nu^2)/E = A r R_0, \quad (c_0 \leqslant c_F \leqslant c_C) \tag{8.19}$$

式中，$R_0 = T_0^2 (1 - \nu^2)/E$ (平面应变)，$A = 4\pi^2 k/3(1 - \nu^2) f_C^2 = A(\beta, \nu)$。这一结果正式地表示了 Auerbach 定律，$P_C \propto r$，系数 A 是一个合适的 "Auerbach 常数"。通过式(8.18)中的积分式对 A 进行完整的评价通常是不可能的，这是因为应力场对 ν 以及材料的各向异性、裂纹表面的曲率、临界缺陷位置 β 的不确定性以及其他一些因素都比较敏感。

Auerbach 定律的合理性与处于 $c_0 \leqslant c_F \leqslant c_C$ 范围的缺陷的存在有关。在这一范围内，P_C 与 c_F 无关，是激活型断裂条件(参见 2.7 节)的一个直接体现。决定这一断裂条件的是临界深度 c_C 而不是初始深度 c_F。实验师们通常会对他们所用的测试表面进行磨削以保证位于 Auerbach 主导区域的起始缺陷具有足够的密度。对于非常小的缺陷($c_F \ll c_0$)，锥形裂纹会在较高的荷载(比如说 $P_C = P'''' > P'''$)下自发形成。采用图 8.31 所示 1 区的渐进解 $K_P = \sigma_T (\pi c)^{1/2}$ 近似处理这一区域的 $K_P(c/a)$，并在 $K_P = T_0$ 的条件下结合式(8.2)和式(8.17)，我们得到临界荷载的另一个关系式 $P_C \propto r^2/c_I^{3/2}$。从实验角度上看，对于典型的脆性固体 $c_0 \approx 1 \sim 10 \ \mu m$，因此后面这个关系式仅仅适用于完全平整(如严格抛光)的表面。对于纯净表面，临界荷载可能会相当高(9.1.1 节)。

Auerbach 定律已经在一些材料中得到了证实(Lawn 和 Wilshaw 1975)。对磨削过的钠钙玻璃采用半径范围很宽的球形压头进行试验所得到的数据示于图 8.32。这些数据可以用于对式(8.19)中的 Auerbach 常数进行校正。我们要特别注意到数据对磨削缺陷尺寸的不敏感性。

推导出的式(8.19)并不仅仅是验证了 Auerbach 定律。它还提供了一个评价本征韧性波动的方法，即 $P_C \propto R_0$。图 8.33 给出了两种不同的 SiO_2 在 Auerbach 区域内对应于固定 r 的 P_C 随温度的变化关系曲线。随着温度的升高，相对于无定型二氧化硅来说，晶态石英的韧性表现出强烈的降低趋势。在石英 $\alpha \to \beta$ 转变温度处出现的明显的最小值反映了 Si—O 网络中 SiO_4^{4-} 四面体堆垛的失稳，从一个有序状态转变成了一个无序状态(Swain, Williams, Lawn 和 Beek 1973)。

前面我们曾经提到了裂纹起始条件的尺寸效应。在 Auerbach 定律中，这样的尺寸效应是明显的。利用式(8.2)评价在式(8.19)给出的临界起始条件 $P = P_C$

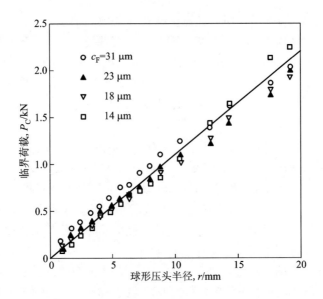

图 8.32 钠钙玻璃中锥形裂纹起始临界荷载随压头半径的变化。玻璃表面预先经过了磨削以形成可控缺陷，图中给出了可控缺陷的尺寸。(每一个数据点代表至少 10 次测试的平均值。)注意到 Auerbach 定律对初始缺陷尺寸并不敏感。[取自：Langitan, F. B. & Lawn, B. R. (1969) *J. Appl. Phys.* **40** 4009.]

下式(8.17)中的拉应力 $\sigma_T = \sigma_c$，我们得到 $\sigma_c \propto r^{-1/3}$；也就是说，随着球形压头半径的减小，断裂应力逐渐增大。这样，就违背了临界应力不变的概念。最后，在压头尺寸足够小的情况下，在断裂之前应力将超过剪切状态下的结合应力，从而发生不可逆变形，意味着向"尖锐"接触的过渡。

环境的相互作用以及滑动摩擦显著地降低了锥形裂纹起始的临界荷载(Lawn 和 Wilshaw 1975)。在持续的亚临界荷载(如在 $P'' < P_c$ 下)作用下可能会发生越过如图 8.31 所示势垒的动力学裂纹扩展，在 $c > c_c$ 处发生突进。摩擦提高了接触的滑动边界上的拉应力，增大了式(8.18)中的 $f(\beta, \nu, c_c/a)$，反过来就降低了式(8.19)中的 A。

8.4.2 径向裂纹

和 Hertz 断裂一样，径向开裂也存在有一个临界荷载。但是，径向开裂的门槛值与测试表面是纯净的还是磨削的无关。这就使得我们得到一个结论：尖锐压头有能力在非弹性接触区中引进一些它们需要的起始缺陷。对于金属来说，这样的非弹性变形可以借助于晶体位错加以很好的理解，但是对于"较硬的"(高的 H/E)共价－离子固体来说，就不能进行同样的解释。对于这些材料，接触压力与本征内聚强度处于同一数量级(6.1 节)，在这种情况下，将

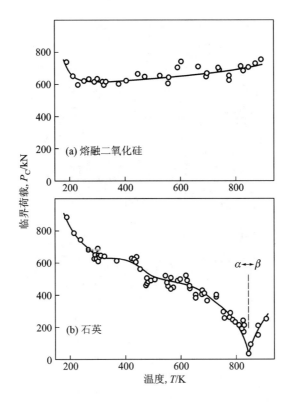

图 8.33 (a)熔融二氧化硅和(b)石英锥形裂纹起始临界荷载随温度的变化关系。
在真空中测得的磨削表面数据，碳化钨压头，$r = 6.35$ mm。（每一个数据点代表
至少 10 次测试的平均值。）［取自：Swain, M. V., Williams, J. S., Lawn, B. R. & Beck, J.
J. H. (1973) *J. Mater. Sci.* **8** 1153.］

变形看成是刚性结合的结构的协同破坏应该更为合理。

于是就出现了"剪切层断"或者"块状滑移"这样的说法。尽管这类变形是沿着最大剪应力方向以位错的方式发生的，但并不局限于通常那些择优的滑移面。确实，也并不要求材料一定是晶态。Hagan(1980)和其他学者就在硅酸盐玻璃中观察到了剪切层断。图 8.34 示出了钠钙玻璃和熔融二氧化硅中变形区的表面和剖面形貌。表现为分离的表面痕迹线的层断是很明显的，类似于塑性领域中的滑移线。可以看出，在体积维持型（"正常"）的钠钙玻璃中亚表面的层断穿透深度较大，而在体积消耗型（"异常"）的熔融二氧化硅中，这些样变形的一部分被体积致密化容纳了。

这些观察导出了图 8.35a 所示的模型。径向裂纹起始的驱动力来自残余场，通过将变形区表示为一个弹塑性的"不断膨胀的腔体"，在图 8.35b 中对残余场进行了评价。我们将层断 FF 视为在其界面上的一条承受均匀摩擦应力

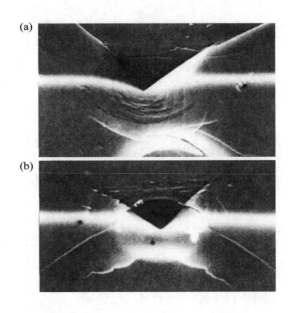

图 8.34　(a)钠钙玻璃和(b)熔融二氧化硅中 Vickers 变形区(通过使一条极细的预制裂纹沿压痕直径方向发生扩展而获得)的半表面和截面形貌。扫描电镜照片，视场宽度 35 μm。[取自：Multhopp, H. , Dabbs, T. P. & Lawn, B. R. (1984) in *Deformation of Ceramic Materials*, eds. R. E. Tressler & R. C. Bradt, Plenum, New York, p. 681.]

τ_R 的受约束的剪切裂纹，其受拉部分从其位于 $\beta a(\beta \leqslant 1)$ 的边界处径向扩展至外场 $\sigma_R(c)$。根据相似性原理(Marshall, Lawn 和 Chantikul 1979)，这一应力场的强度与式(8.4)中的接触压力 H 成比例，层断的尺寸与 a 成比例。因此，图 8.35 所示的层断 – 微裂纹系统的应力强度因子可以假定为具有以下形式

$$K_R(c/a) = Ha^{1/2}f(\beta, \nu, c/a) \tag{8.20}$$

式中，$f(c/a)$ 是一个量纲为一的函数，可以通过对图 8.35b 中的 τ_R/H 和 σ_R/H 对裂纹面积积分[参见式(8.18)]而得到。因为式(8.20)中的 H[与式(8.18)中的 p_0 不同]是一个材料常数，这里 K_R 随荷载增大而出现的任何增大都仅仅是因为接触区在空间上的变化。

图 8.36 给出了对应于逐渐增大的荷载 $P' \to P'' \to P''' \to P''''$ 的 $K_R(c/a)$ 曲线。因为假定了层断在卸载一开始就完全形成，我们仅仅考虑在微裂纹扩展主导的区域($c \geqslant c_0 = a, \beta = 1$)内的解。对于平衡断裂，在失稳区①，在 $P = P''' = P_C$，$a = a_C$，$f(\beta, \nu, c_0/a) = f_C$ 处，自发发生了从 $c = c_0$ 开始的径向突进。将 $K_R = T_0$ 代入式(8.20)和(8.4)，我们可以得到裂纹起始的临界条件(Lawn 和 Evans 1977)为

$$a_C = \Theta(T_0/H)^2 \tag{8.21a}$$

$$P_C = \Theta\alpha_\theta H(T_0/H)^4 \tag{8.21b}$$

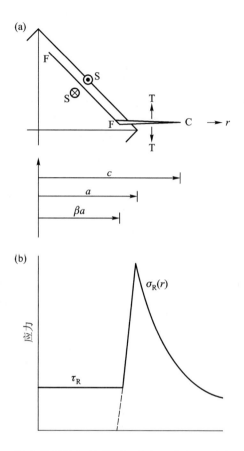

图 8.35　Vickers 压痕处裂纹起始模型：（a）四分之一压痕，示出了从剪切
（S）层断 FF 处开始的受拉（T）的微裂纹扩展 FC；（b）作用在层断上的残余剪
应力 $\tau_R =$ 常数以及作用在微裂纹段上的拉应力 $\sigma_R(r)$。［取自：Lathabai, S.,
Rödel, J., Lawn, B. R. & Dabbs, T. P.（1990）*J. Mater. Sci.* **26** 2157.］

式中的量纲为一的因子 $\Theta = 1/f_C^2$。同样，通过 $f(\beta, \nu, c/a)$ 积分对 Θ 进行完整
的计算面临很多的不确定因素。此外，注意到确定这一积分的残余应力组元
τ_R 和 σ_R 是由一个弹塑性场中导出的，因此严格地说，Θ 应该还包括一个以
H/E 表述的项（8.1.3 节）。

　　径向裂纹一旦发生突进，它们将在图 8.36 所示的②区在 $c = c_I$（$\approx 2a \sim 3a$）
处中止。像任何一个"普适的"模型所要求的一样，这个区域中的应力强度
因子倾向于逼近完全发育的径向裂纹解（8.5），$K_R \propto c^{-3/2}$（$c \gg a$）。在突进处
对 a_c 和 c_I 进行的测量可以用于评价 $f(\beta, \nu, c/a)$ 中的可调参数。

　　同样，环境的相互作用会导致门槛值荷载的显著降低。动力学裂纹扩展的
一个有意思的体现是"滞后的突进"，也即在压痕过程完成之后的某个时间段

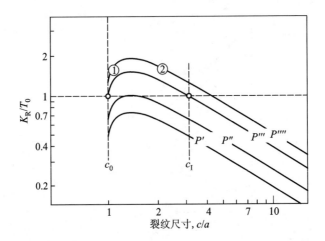

图 8.36 对应于逐渐增大的荷载 $P' < P'' < P''' < P''''$ 的径向裂纹起始残余 K 场随裂纹长度变化关系的归一化曲线（$\beta = 1$）。在 $P = P_C = P'''$ 处的裂纹起始是自发的，从 c_0 到 c_I。在 $c \gg a$ 的极限情况下，$K_R \propto c^{-3/2}$。[取自：Lathabai，S.，Rödel，J.，Lawn，B. R. & Dabbs，T. P.（1990）*J. Mater. Sci.* **26** 2157.]

内，比如说在图 8.36 中 $P'' < P_C$ 的荷载下突然出现裂纹起始（Lawn，Dabbs 和 Faibanks 1983）。这样的现象强化了我们关于残余接触场在径向（以及侧向）裂纹微观力学中重要作用的认识。

8.4.3 压痕门槛值作为评价脆性的一个指标

直观上看，"脆性"描述的是变形与断裂之间的竞争。在低温及高应变速率下金属发生的众所周知的延性－脆性转变中，这一点表现得很明显。但是，我们这样来对脆性进行定量化？为什么金属很难开裂而共价－离子固体则很容易开裂？

上一小节中对尖锐接触问题进行的分析提供了一个简便的方法来讨论这些问题（Lawn 和 Marshall 1979）。注意到在压痕门槛值关系式（8.21）中，空间尺寸（a, c）与材料性质（T_0/H）^{2} 成比例，荷载（P）则与 $H(T_0/H)^4$ 成比例。通过在硬度（H）关系式（8.4）和韧性（$K_R = T_0$）关系式（8.5）中对这些变量进行归一化，我们可以将所有材料的变形－断裂数据汇集在同一个普适图中。图 8.37 给出了按这一方法对 Vickers 压痕数据进行处理得到的结果。裂纹起始处的（a_C, P_C）由径向裂纹数据的截断给出。$P > P_C$（大尺度区域）时，压痕引进的图案由韧性决定；$P < P_C$（小尺度区域）时，则由硬度决定。

由于在建立图 8.37 所示的归一化曲线方面起到决定性作用，式（8.21）中的比值 H/T_0 被认为是"脆性的一种量度"（Lawn 和 Marshall 1979）。表

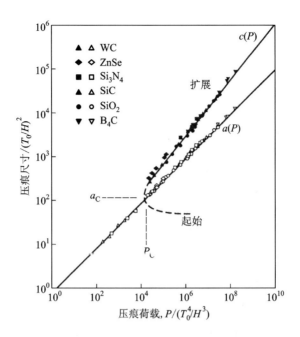

图 8.37　"普适的"压痕变形–断裂图。采用一些材料的 Vickers 压痕数据绘成。实线为在 $K_R = T_0$ 条件下根据式(8.4)得到的 $a(P)$ 关系和由式(8.5)得到的 $c(P)$ 关系。延伸的 $c(P)$ 虚线为裂纹起始条件式(8.21)的函数形式。［取自:Lawn,B. R. & Marshall, D. B. (1979) *J. Am. Ceram. Soc.* **62** 347. 数据由 A. G. Evans 和 A. Arora 提供。］

8.1 列出了一些材料的 H/T_0 值以及利用由图 8.37 得到的 Θ 校正值由式 (8.21) 计算得到的 a_C 和 P_C。陶瓷相对于金属而言的极端脆性是很明显的。这样的列表形式可以用于评价材料对导致强度降低的表面损伤的敏感程度。

表 8.1　一些选择的单晶(mc)和多晶(pc)固体的硬度 H、韧性 T_0 和脆性 H/T_0（从大到小排序）以及门槛值接触尺寸 a_C 和荷载 P_C

材料	H/GPa	$T_0/$ $(\text{MPa} \cdot \text{m}^{1/2})$	$H/T_0/\mu\text{m}^{-1/2}$	$a_C/\mu\text{m}$	P_C/N
金刚石(mc)	80	4	20	0.3	
硅(mc)	10	0.7	14	0.6	0.004
氧化镁(mc)	9	0.9	10	1.2	0.01
二氧化硅(玻璃)	6	0.75	8	2	0.02
碳化硅(mc)	19	2.5	8	2	0.1
蓝宝石(mc)	20	3	7	3	0.2
氮化硅(pc)	16	4	4	8	1
氧化锆(pc)	12	3	4	8	0.8

材料	H/GPa	$T_0/$ ($\text{MPa} \cdot \text{m}^{-1/2}$)	$H/T_0/\mu\text{m}^{-1/2}$	$a_\text{c}/\mu\text{m}$	P_c/N
碳化钨（pc）	20	13	1.5	50	60
硒化锌（pc）	1.1	0.9	1.2	80	8
钢（pc）	5	50	0.1	12 000	800 000

注意到压痕功被分成两部分分别用于形成变形体积和断裂表面（Puttick 1980），尖锐接触门槛值中表现出的尺寸效应可以以量纲为基础加以解释。如第 7 章中多次讨论的那样，体积/表面尺寸效应在脆性断裂中是很常见的。所以不可避免地，图 8.37 中 $a(P)$ 函数和 $c(P)$ 函数会在某个临界的比例尺度上相交。

8.5 亚门槛值压痕：强度

现在来分析如图 8.35 所示的具有单值韧性的材料中一条尖锐接触裂纹对外加均匀应力 σ_A 的响应（图 8.13）。裂纹尖端 K 场为

$$K_* = K_\text{A} + K_\text{R} = \psi\sigma_\text{A}c^{1/2} + Ha^{1/2}f(\beta,\nu,c/a) \qquad (8.22)$$

式中的 K_R 由式（8.20）给出。

在本节中，我们主要考虑在进入到亚门槛值主导区域时惰性强度所表现出的过渡性增大现象（Dabbs 和 Lawn 1985）。图 8.38 给出了在门槛值以上（$P > P_\text{C}$，$a > a_\text{c}$）和门槛值以下（$P < P_\text{C}$，$a < a_\text{c}$）两个区域压痕裂纹的 $K_*(c/a)$ 曲线。（读者可以将这些曲线看成是图 8.36 和图 8.15 的复合。）σ_A 逐渐增大（$\sigma_\text{A}' \to \sigma_\text{A}'' \to \sigma_\text{A}'''$）的结果是使得 $K_*(c/a)$ 向上移动，c 较大时更为明显。在 $P > P_\text{C}$ 时，径向裂纹在平衡条件下扩展，从其初始的发育完善状态（$c = c_\text{I}$，$\sigma_\text{A} = \sigma_\text{A}' = 0$）扩展到 $c = c_\text{M}$、$\sigma_\text{A} = \sigma_\text{A}''' = \sigma_\text{F} = \sigma_\text{M}$ 所决定的激活的断裂状态（$K_* = T_0$，$\text{d}K_*/\text{d}c = 0$）（8.2.1 节）。另一方面，对于 $P < P_\text{C}$[①] 的情况，径向裂纹处于萌芽状态（$c = c_0$，$\sigma_\text{A} = \sigma_\text{A}' = 0$），将保持静止直到在 $\sigma_\text{A} = \sigma_\text{F} = \sigma_\text{A}''' = \sigma_0$ 时外加应力满足自发断裂条件（$K_* = T_0$，$\text{d}K_*/\text{d}c > 0$）。因此，在门槛值以上区域强度由裂纹扩展决定，在门槛值以下区域强度则由裂纹起始决定。

为说明这一点，图 8.39 给出了含有 Vickers 压痕的熔融二氧化硅的惰性强度数据。即使是在亚门槛值区域，数据也是由压痕处断裂的试样的测试结果。对应于每一个指定的 P，通过调整 $f(\beta,\nu,c/a)$ 中的系数并求解式

---

① 原文为 "$P > P_\text{C}$"，疑有误。——译者注。

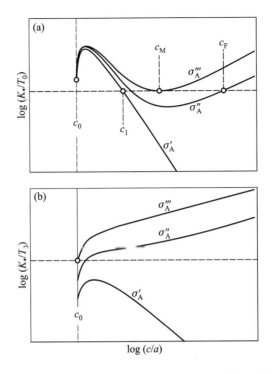

图 8.38　在逐渐增大的外场 $\sigma'_A \rightarrow \sigma''_A \rightarrow \sigma'''_A$ 中，K 场随径向裂纹长度变
化的归一化曲线（$\beta = 1$）：（a）门槛值以上压痕（$P > P_C$），激活断裂；
（b）门槛值以下的压痕（$P < P_C$），自发断裂。[取自：Lathabai, S. ,
Rödel, J. , Lawn, B. R. & Dabbs, T. P. (1991) *J. Mater. Sci.* **26** 2157.]

(8.22) 得到失稳应力 $\sigma_A = \sigma_F$，而后进行理论拟合得到图中的实线。在 $P >$
P_C 时，$\sigma_F(P)$ 拟合线在对数坐标系中接近于一个斜率为 $-1/3$ 的直线，与式
(8.9b) 一致。在 $P < P_C$ 时，强度比由门槛值以上区域外推得到的结果高出许
多。这种不连续性是在光学用玻璃纤维中观察到的双峰强度分布（10.3.1）的
一种表现。

　　对亚门槛值缺陷进行的压痕分析可以很容易地推广到与时间有关的强度。
理论上说，我们只需将一个合适的速率方程 $v = v\{K_*[P, \sigma_A(t), c(t)]\}$ 代入
（校正的）$K_*(c/a)$ 函数，然后以通常的方式求解所得到的微分方程（参见 8.3
节）。在水中对硅酸盐玻璃中的亚门槛值缺陷进行的测试发现对疲劳的敏感程
度提高，由于径向突进的过早出现，在稍稍低于 P_C 的荷载处，强度表现出迅
速降低的趋势，如图 8.39 所示，从较高值降低到（外推的）下端曲线处的较
低值。

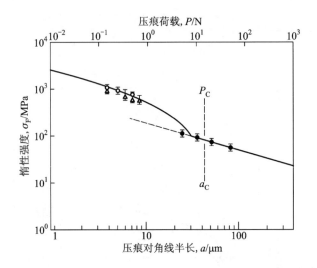

图 8.39　熔融二氧化硅的惰性强度与 Vickers 压痕尺寸（下部的横轴）或荷载（上部的横轴）之间的关系。误差棒表示证实为在压痕缺陷处断裂的试样测试结果的标准差：空心符号为亚门槛值区域，实心符号为门槛值以上区域。（试样前表面在压痕之前经过酸腐蚀消除固有缺陷，以保证断裂在压痕位置处发生。）实线为理论拟合结果。（将门槛值以上曲线外推至刚刚低于 $P = P_C$ 时的那部分数据对应于受力断裂过程中出现的突进。）［取自：Lathabai, S., Rödel, J., Lawn, B. R. & Dabbs, T. P. (1991) *J. Mater. Sci.* **26** 2157.］

8.6　压痕方法的一些特殊应用

压痕技术在研究脆性断裂性质方面有很多的应用。下面我们讨论其中的三种。

8.6.1　尖锐裂纹与钝裂纹

Mould 于 1960 对钠钙玻璃磨蚀表面强度进行的深入研究导致了关于脆性裂纹的本征结构的长时间的争议。Mould 的测试发现将磨蚀表面在水中老化若干天后强度会提高大约 30% 。在没有任何手段可以观察各个缺陷的响应方式的情况下，Mould 认为强度的提高应该归因于潮湿环境中产生的钝化（5.5.5 节和 6.7 节）。退火后测得了更高的强度，表明高温应该加速了钝化过程。但是，在退火之后再进行老化，玻璃磨蚀表面的强度就不再有进一步的提高。

最近的一项采用 Vickers 压痕裂纹进行的对比性研究（Lawn, Jakus 和 Gonzalez 1985）表明这个早期的结论需要加以修正。如图 8.40a 所示，压痕表面（类似于 Mould 研究的磨蚀表面）的惰性强度随着在水中老化时间的延长而

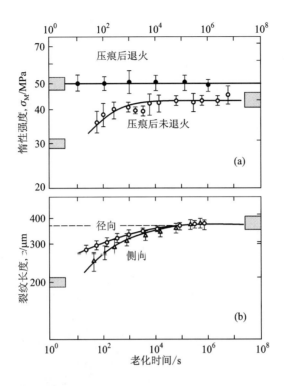

图 8.40　水中钠钙玻璃 Vickers 压痕裂纹（$P = 50$ N）的老化：（a）压痕试样及压痕后退火试样的惰性强度；（b）径向裂纹和侧向裂纹的尺寸。阴影区域对应于极限情况。［取自：Lawn, B. R., Jakus, K. & Gonzalez, A. C. (1985) *J. Am. Ceram. Soc.* **68** 25.］

增大，在一天或者更长的时间后趋近于一个平台值。此外，压痕后再经退火处理的试样的强度高于退火前的试样强度，但是在后续的老化过程中并不随老化时间而变化。

与磨蚀缺陷相比，压痕的独特优势在于可以在老化的任何阶段进行直接观察。我们已经多次提到这么一个事实：刚刚压制的 Vickers 压痕（类似于磨蚀缺陷）承受了一个起稳定作用的残余应力场作用，因此在潮湿环境中会发生（减速的）压痕后扩展（8.1.3 节，图 8.12）。从图 8.40b 可以看出，无论是径向裂纹还是侧向裂纹，这样的扩展在整个老化期间都在持续稳定地发生，沿着 v–G 曲线（图 5.10）向下变化，直到在门槛值处强度达到其长程平台值。

这些结果表明了一种与钝化假设明显不同的情况。可以预期任何一个溶解型的钝化过程在最低的裂纹扩展速率下能变得最为显著，在门槛值处达其最大的效果。但是这正是图 8.40a 中强度达到饱和值时的区域。我们可以认为老化效应与裂纹尖端结构的基本变化没有任何关系，而是反映了由于决定强度的径向裂纹与其附近以相对较低的速率扩展的侧向裂纹之间的相互作用所导致的式 (8.9b)中残余应力场项 χ 或几何项 ψ 的逐渐弛豫。我们再次把注意力放在退火试样表现出没有任何老化效应这一引人注目的事实上：退火完全消除了残余应力，从而排除了进一步的侧向裂纹扩展，从而使强度提高到了充分老化的压痕试样强度水平之上。

压痕老化试验提供了一个令人信服的证据证明了脆性裂纹持久的原子尺度上的尖锐性。

8.6.2 表面应力评价

脆性材料的表面在经受热、机械或化学处理后可能会形成宏观的残余应力。压应力层由于能够抑制缺陷的扩展而起到了有效的表面"保护"作用（假定缺陷并没有延伸到亚表面的拉应力区）。关于表面压应力的益处的一个例子示于图 8.41，图中示出了退火前及热回火后的玻璃表面上的 Vickers 压痕。

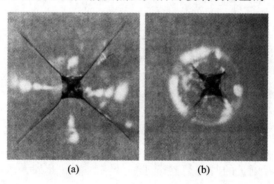

(a)   (b)

图 8.41　(a)退火前和(b)热回火后的钠钙玻璃中的 Vickers 压痕。两种情况下所使用的荷载是相同的。回火表面上存在的残余应力抑制了径向裂纹扩展。视场宽度 400 μm。（由 D. B. Marshall 提供。）

可以利用压痕断裂实验确定残余应力 σ_R 的大小。考虑处于深度为 $d(>c)$ 的均匀的压应力($\sigma_S<0$)层中的一条压痕裂纹。我们可以定义 $K_S=\psi\sigma_S c^{1/2}$，并将其与任意后续施加的外加拉应力 σ_A 引起的 $K_A=\psi\sigma_A c^{1/2}$ 叠加而得到净的"有效外加" K 场：$K_A'=\psi(\sigma_A+\sigma_S)c^{1/2}$。在不稳定平衡条件($K_*=K_A'+K_R=T_0,\mathrm{d}K_*/\mathrm{d}c=0$)下，式(8.9b)中的惰性强度可以简单地变换为

$$\sigma_M^S=\sigma_M^0-\sigma_S \tag{8.23}$$

式中的上标"0"对应于没有表面应力时的对比状态。

图 8.42 给出了对经过淋滤处理的玻璃表面的压痕－强度实验结果。淋滤处理引进了一个均匀的压缩层，应力大小取决于（除了其他因素之外）处理时

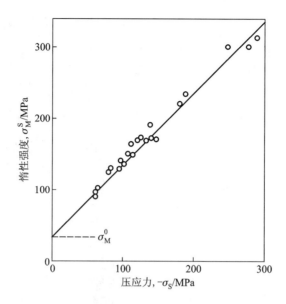

图 8.42　经表面淋滤处理的玻璃棒的惰性强度随（独立测试得到的）表面压应力的变化关系。$\sigma_M^S = \sigma_M^0 (\sigma_S = 0)$ 给出的点为无应力控制点。所有数据都在 Vicker 压痕荷载固定（$P = 100$ N）的条件下测得。[取自：Chantikul, P., Marshall, D. B., Lawn, B. R. & Drexhage, M. G. (1979) *J. Am. Ceram. Soc.* **62** 551.]

间。所获得的 $\sigma_M^S(\sigma_S)$ 数据可以拟合成一条直线，截距为 $\sigma_M^S = \sigma_M^0$，与式（8.23）一致。

对不均匀应力层的分析尽管不会这么简单，但也是可以实现的。在对一个指定的表面进行点到点应力梯度测量方面，压痕是一种理想的技术（图 8.41）。

8.6.3　基体－纤维滑动界面上的摩擦

压痕方法的一个独创性的应用是由 Marshall（1984）提出的，用于评价滑动的基体－纤维界面上的摩擦约束。在 7.6 节中我们已经知道，摩擦在纤维增强陶瓷复合材料增韧的微观力学中是一个关键的因素。

Marshall 方法如图 8.43a 所示。将一个 Vickers 锥体轴向压入位于一个抛光截面上的纤维处。纤维滑动几个脱附长度后，在卸载后仍然保持沉陷在表面以下的状态。能量平衡分析给出了纤维/基体位移为

$$u = P^2/4\pi^2 r^3 E_f \tau - 2\Gamma/\tau \tag{8.24}$$

式中，P 为压痕荷载，r 为压头半径，E_f 为纤维的模量，τ 为摩擦应力，Γ 为（Ⅱ型）脱附能。在图 8.43b 所示的玻璃基体中一条压制了压痕的碳化硅纤维

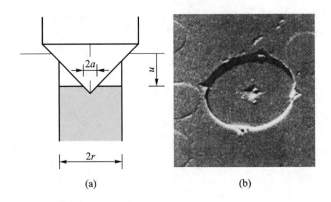

(a)   (b)

图 8.43　用于评价滑动的基体 – 纤维界面摩擦应力的压痕推入方法。(a)分析所用的坐标系统；(b)玻璃陶瓷基体中的碳化硅纤维上一个 Vickers 压痕($P = 0.5$ N)的扫描电镜照片。注意观察残留的沉陷纤维以及基体上孔洞边缘处残留的锥形痕迹。视场宽度 50 μm。［取自：Marshall, D. B.（1984）*J. Am. Ceram. Soc.* **67** C – 259.］

的显微照片中，位移可以借助于孔洞表面边缘处 Vickers 压痕顶角留下的痕迹来推断。通过测量不同荷载下的数据，对于图 8.43b 所示的体系，Marshall 得到：$\tau = 3.5$ MPa，$\Gamma = 40$ mJ·m^{-2}。

在后续的关于陶瓷复合材料的一些研究中，这一技术得到了进一步的发展。

8.7　接触损伤：强度衰减、冲蚀和磨损

本章前几节为模拟由于撞击接触而产生的表面损伤提供了一个基础，这样的撞击接触可能是服役过程中无意间产生的颗粒碰撞（冲蚀和磨损），也可能不可避免地发生在磨削加工过程（研磨和抛光）中。可控压痕和颗粒接触所导致的损伤样式基本上是相同的，仅仅在表面几何细节上存在一些差异。

这里我们讨论特别令人感兴趣的两类接触损伤过程：强度衰减和冲蚀磨损。

8.7.1　强度衰减

小颗粒侵入脆性表面可能会引进具有足够深度的径向裂纹或锥形裂纹，从而构成起主导作用的表面缺陷。强度性能因此将有所衰减。

作为一种最坏的情况，想象一个表面受到一个或者多个尖锐颗粒的撞击。假设一个指定的颗粒的入射动能完全转换成了渗入功，根据接触力学可以计算出冲击荷载(Lawn, Marshall, Chantikul 和 Anstis 1980)为

$$P = \left[9\alpha_0 H (U_K \tan \Phi)^2 \right]^{1/3} \qquad (8.25)$$

式中，Φ 为"压头"的平均半锥角。将该式代入式(8.9a)即可得到适用于具有单值韧性材料的 $\sigma_M(U_K)$ 函数关系。因此，我们可以对处于恶劣颗粒环境中的运动部件的强度衰减做出事先的预测。

退火前和热回火后的钠钙玻璃在经受了砂粒喷射气流的冲蚀之后测得的惰性强度随颗粒动能的变化关系曲线示于图8.44。实线是采用根据静态压痕实验(例如图8.19)结果"校正"得到的常数 χ 和 ψ 以及式(8.23)中回火表面的 $\sigma_S = -130$ MPa 进行预测得到的结果。表面压应力的益处在这里再次表现出来。

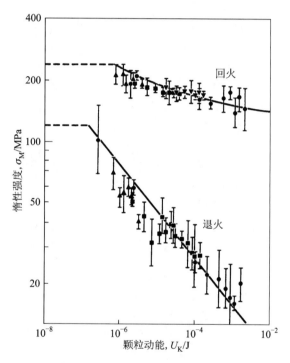

图 8.44　(a)退火前和(b)回火后钠钙玻璃在经受碳化硅颗粒冲蚀后测得的惰性强度。(每个数据点对应于不同的碳化硅磨粒尺寸。)虚线给出了由自然缺陷导致的截断值。[取自：Wiederhorn, S. M., Lawn, B. R. & Marshall, D. B. (1979) *J. Am. Ceram. Soc.* **62** 66, 71.]

对多晶陶瓷材料(尤其是那些具有显著韧性曲线的材料)类似的强度研究目前正在进行中。在这种情况下，可以预期由于存在缺陷容限，表面强度的衰减会较为微弱。

8.7.2 冲蚀和磨损

反复的颗粒接触会导致表面去除，从而产生冲蚀和磨损。对于脆性陶瓷来说，尖锐接触引起的侧向开裂是导致这类表面去除的最有效的方式。图 8.45 示出了由尖锐颗粒撞击导致的初期表面冲蚀形貌的一些例子。

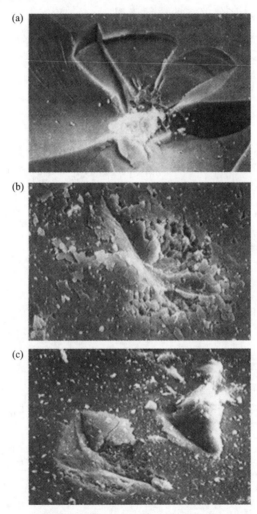

图 8.45　在 150 μm 碳化硅颗粒以 90 m·s^{-1}的速率冲蚀之后陶瓷表面形成的损伤：(a)钠钙玻璃，视场宽度 100 μm；(b)细晶氧化铝，视场宽度 50 μm；(c)热压氮化硅，视场宽度 50 μm。扫描电镜照片。注意在(b)和(c)中出现的晶粒尺度上的碎片。(由 B. J. Hockey 提供。)

冲蚀和磨损公式可以根据接触断裂力学直接导出。再次考虑尖锐颗粒和恒定韧性的材料。在单个接触事件中潜在的去除率 i 由侧向裂纹上方的材料体积 V_i 决定。借助于由式（8.5）在 $K_R = T_0$ 条件下给出的裂纹半径 c_i 以及由式（8.4）给出的压痕深度 a_i，我们得到

$$V_i \approx c_i^2 a_i = \omega P_i^{11/6} / (T_0^{4/3} H^{1/2}) \qquad (8.26)$$

式中的 ω 为"磨损系数"。在假定各个接触之间不存在相互作用的情况下，对于所有 N 个接触，总的去除率可以简单地表示为总和 $V = \sum V_i = N V_i$。于是，式（8.26）表明：具有最高韧性和硬度（依赖程度稍弱一些）的材料具有最强的抵抗磨损的能力。

类似于式（8.26）的关系式对研究磨损率具有一定的指导作用。然而，这些关系式不可避免地局限于断裂导致的去除过程以及脆性固体。在门槛值以下（8.4.3 节），材料的去除是由更复杂的变形过程导致的。后者属于"塑性冲蚀"和"抛光"的范畴。进而，在多晶陶瓷中，存在韧性曲线的复杂性，尤其是那些具有强的桥接效应的陶瓷（7.5 节）。相关的残余内应力可能会在显微结构水平上增强断裂控制的去除过程（这里忽略了缺陷容限的有利影响）。例如，注意到在图 8.45b、c 中，冲蚀位置附近出现了一些晶粒尺度的碎片。因此，在某些非立方结构陶瓷中，晶粒尺寸的增大会促使磨损去除从变形控制突然过渡到断裂控制，这是因为变形诱导应力的累积会增强式（7.17）中的 σ_M，并激发较大的亚表面缺陷发生过早的微开裂。我们将在 10.5 中结合对材料可靠性的讨论给出关于这种转变行为的一个特殊的例子。

8.8 表面力与接触附着

6.5 节中介绍的表面力测试设备可以用于测量两个相互接触的弹性体之间的附着能。附着力修正了 Hertz 接触关系式。其特征是在零外加荷载下有一个非零的半径以及导致接触脱离的一个脱附拉力。作为一个例子，图 8.46 示出了云母和二氧化硅玻璃之间附着接触的情况。这样的现象在胶态化学以及其他一些场合中非常令人感兴趣。

考虑这么一个系统：一个半径为 r 的球体作用在一个杨氏模量为 E 的弹性半空间上，Dupré 分离功为 W。计算出这个系统的能量就可以对接触附着问题进行合适的分析。存在两个（非线性叠加的）组元：一个是弹性体体积内的弹性应变能，另一个是表面上的附着能。利用条件 $dU/dA = (1/2\pi a) dU/da = 0$（其中 A 为接触面积，a 为接触半径），可以得到平衡关系（Johnson，Kendall 和 Roberts 1971）

$$a^3 = (4kr/3E) \{ P + (3\pi Wr) [1 + (1 + 2P/3\pi Wr)^{1/2}] \} \qquad (8.27)$$

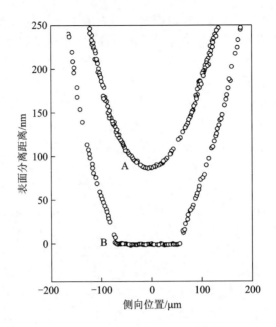

图 8.46 空气中云母和二氧化硅交叉圆柱体表面间接触的表面轮廓。根据等色序干涉条纹的数字化图像绘成。(注意:两个轴的刻度之间存在差异。)在相互靠近时(A),表面间相互吸引且趋向于接触(B)。在接触区外很近的区域具有尖锐裂纹的基本特征。使两个表面重新分离需要施加一个脱附力。(由 D. T. Smith 和 R. G. Horn 提供。)

式中,k 为 8.1.2 节中给出的量纲为一的常数。在零附着条件下,$W = 0$,式 (8.27)转化为 $a = (4kPr/3E)^{1/3}$,和理想的 Hertz 接触关系式(8.2)中所表示的一致。在零接触力情况下,$P = 0$,式(8.27)预期了一个非零的接触 $a = a_0$

$$a_0 = (8\pi kWr/E)^{1/3} \qquad (8.28)$$

在受到反向的接触荷载作用时,系统将保持稳定,直至达到一个临界的脱附失稳。此时,$dP/da = 0$,式(8.27)中 $P = -P_C$

$$P_C = \frac{3}{2}\pi rW \qquad (8.29)$$

在关于附着能的研究中,脱附实验得到了广泛的应用。

在附着接触和脆性裂纹之间存在一个基本的互补性。这一事实被 Maugis 和 Barquins(1978)注意到了。他们将接触附着处理为一个经典的断裂问题,将 dU/dA 视作一个与机械能释放率 G 相似的构型力。注意到这么一个事实是很有意思的:令 $W = R_0$,则描述附着断裂的式(8.29)在形式上与描述锥形断裂的式(8.19)完全一致。因为接触界面并不总是连贯的,相关的 W 项就是描述处于角度取向失配状态的愈合裂纹的 W(6.5 节)。于是,对于在存在相互作用的(潮湿的)环境中形成的接触，我们得到 $W = {}^{h'}W_{\mathrm{BEB}}$（相似固体,参看图 5.22 中底部云母 – 云母的数据）或者 $W = {}^{h'}W_{\mathrm{AEB}}$（不相似固体,图 8.46）。图 6.20d 所示的愈合裂纹轮廓于是就成为了直接邻近于接触圆处的附着界面的一个合适的描述。

9

裂纹起始：缺陷

在前面各章中所有关于脆性固体强度的讨论都基于缺陷的存在。但是，这些缺陷的基本来源及其本质到底是什么？什么样的缺陷形状和材料参数主导了起始缺陷向最终完善发育的裂纹发展的微观力学？在裂纹起始及后续的发育过程中，持续作用的成核力是如何影响缺陷的稳定性的？

1920 年之后的几十年里，硅酸盐玻璃的研究者们一直在寻找"Griffith 型"缺陷。但是，通过任何直接的方法观察这样的缺陷都是极为困难的。通常，这些材料以及其他一些均匀的共价－离子固体(如单晶硅、蓝宝石、石英)中缺陷的特征尺寸在 1 nm(纯净的纤维和晶须)到 1 μm(老化的、接触过的固体)之间，一般都出现在表面。正如我们在 1.6 节中提到的，在这个尺度上的平面缺陷很可能超出了光学手段的检测极限。最近，随着现代多相多晶陶瓷的出现，我们的注意力已经转移到了显微结构尺度的过程缺陷方面，这些缺陷的存在及其特征都很明显。这些缺陷的尺寸在 1 μm(高密度、细晶、经抛光的材料)到 1 mm 甚至更大(耐火材料、混凝土)，在材料表面或体内均可能出现。

典型缺陷的小尺度凸显了脆性固体对看起来危害不大的外部事件及外部处理的敏感性(回顾一下 1.6 节中提到的老化的玻璃纤维强度表现出的超过两个数量级的降低)。在材料制备、加工及服役过程中引进的缺陷在尺寸、位置及取向方面几乎总是表现出很宽的分布。于是就出现了"缺陷分布"这么一个术语，这个术语在可靠性分析中十分重要(第 10 章)。多于一种缺陷类型的同时存在导致了双峰甚至多峰的分布。对指定材料中的分布进行统计学分析较为困难，这是因为我们通常更关心分布的极值而不是平均值：在所有传统的强度描述中，"临界缺陷"这一概念总是作为一个最重要的因素出现的。

表 9.1　脆性材料典型的"Griffith"裂纹尺寸及强度

裂 纹 尺 寸	材　　料	强　　度
nm	纯净光学纤维、晶须、超细晶陶瓷	10 GPa
		1 GPa
μm	刚刚加工而成的玻璃、单晶；细晶多晶陶瓷	
	粗晶多晶陶瓷；复合材料	100 MPa
	岩石	
mm	耐火材料	10 MPa
	混凝土	
m	地壳、冰川	1 MPa

在本章中，我们讨论均匀材料和多相材料中的几种缺陷。缺陷形成的驱动力主要来自集中的力学场，但是化学场、辐射场以及热场也是一些有效的因素。当缺陷随后发育成为尖锐微裂纹之后，就可以应用经典断裂力学来描述其向完善形态的发育过程。

关于缺陷响应在脆性固体中几乎普遍占主导位置的表述是在临界外加应力作用下的最终失稳，如 Griffith 所设想的那样。但是，如我们在第 7 章中讨论显微结构屏蔽和在第 8 章中讨论接触点附近的残余应力时所看到的那样，从缺陷处开始裂纹扩展可以在内部场的作用下变得高度稳定，这就出现了一种明显偏离 Griffith 理论的情况。因此，显微结构缺陷可以被激活进入到宏观的"突进"状态，进而在逐渐提高的外加应力作用下发生稳态扩展直至最终的失稳。正如我们在上一章中对门槛值以上及门槛值以下的压痕进行对比时所看到的那样，强度性质会受到缺陷发育过程中出现的这类先期阶段的强烈影响。

9.1 显微接触中的裂纹成核

均匀固体的纯净表面可能含有机械制备过程中引进的缺陷，如解理时产生的断裂台阶。然而，危害更大的却是后来当暴露在大气中与石英和其他硬质的尘埃颗粒之间的类 Hertz 接触和弹塑性接触而引进的缺陷。经验上看，我们可以预期所形成的损伤的尺寸和接触的颗粒大致相当，典型值约为 1 μm。如 8.7 节中所预期的那样，压痕断裂为分析这样的缺陷提供了一个坚实的基础。

9.1.1 显微接触缺陷

考虑一个小颗粒与脆性表面之间发生的显微接触。图 9.1 说明了如何建立

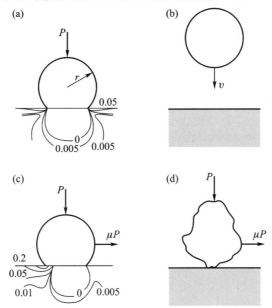

图 9.1 接触损伤模型：(a)静态的钝颗粒，球体半径为 r，荷载为 P(Hertz 接触)；(b)撞击的球体，球的法向速率为 v；(c)滑动的球体，与法向力相叠加的切向力为 μP (μ 为摩擦因子)；(d)不规则颗粒。图(a)和(c)给出了应力等高线(以平均接触压力为单位)

一个实用的模型：从一个理想的弹性 Hertz 接触开始，逐渐过渡到更为复杂的撞击和划刻，最后是划过表面的尖锐颗粒这种极端情况。令图 9.1a 中的轴向承载球体具有半径 r、杨氏模量 E 和泊松比 ν；令平整表面为同样的材料，且接触前不存在任何缺陷。这样，在接触圆上最大拉应力 σ_T 超过理论内聚拉伸强度 p_{Th} 之前，系统保持为纯弹性。这样一种理想的弹性响应在较硬的、共价键成分较多（也即具有高的 H/E）的固体中很容易观察到（8.1.3 节）。因为我们现在考虑的是"小缺陷"问题，也就是缺陷尺寸远小于 Auerbach 定律成立所要求的极限尺寸（8.4.1 节），这时将自发形成一条锥形裂纹。直接求解弹性关系式（8.2）和（8.17）给出临界荷载为

$$P_{Th} = \left[2\pi / (1 - 2\nu) \right]^3 (4kr/3E)^2 p_{Th}^3 \qquad (9.1)$$

考虑一个石英质尘埃颗粒与玻璃接触的情况，假如颗粒 $r = 1 \ \mu m$，玻璃的 $E = 70 \ GPa$，$\nu = 1/3$，$k = 1$（8.1.2 节），$p_{Th} = E/10$（1.5 节及 6.6.1 节），我们计算得到 $P_{Th} \approx 1 \ N$。将图 8.4a 所示数据外推，我们估计相应得到的突进锥形裂纹尺寸约为 8 μm。

1 N 的接触荷载比任何一个石英质尘埃颗粒的重量都要高出几个数量级。但是，在一个受约束的表面间接触过程中，当颗粒以高速撞击（图 9.1b）或划过（图 9.1c）时，这样的接触荷载就不难达到。图 9.2a 所示的天然金刚石表面上的连续刻痕（与图 8.6 对比）说明即使是最硬的表面上也有可能出现后一类显微接触损伤。最有害的显微接触是那些涉及尖锐颗粒的接触（图 9.1d）。我们回顾一下 8.4.2 节：即使是亚门槛值接触也会形成由变形诱发的导致性能衰减的缺陷，如由残余应力导致的剪切层断。划刻过程中发生的表面熔融（如图 9.2b 所示玻璃表面沟槽处的情况）导致的表面污染微妙效应可能会遮挡住这类亚表面缺陷；不过这类缺陷还是足够危险，可能会导致裂纹突进，进而在光学部件中会与特定的波长相干涉，或者在极端情况下使得部件破坏（如 9.3.3 中将要提及的激光损伤）。

9.1.2 缺陷分布

对于大多数自然缺陷类型而言，由于准接触及类似的表面应力集中效应而导致的表面微裂纹表现出可观的离散性。这一离散性在刚刚加工而成的玻璃的强度数据中表现得很明显。在本书最后一章中我们将指出，这是结构设计的统计理论的基础。

确定玻璃及其他均质材料中表面缺陷分布情况的一个有意思的设备是宏观 Hertz 探针。使用一个半径 r 远远大于缺陷尺寸 c_F 的球形压头，记录下临界荷载 P_C 和完整的锥形裂纹起始处的径向距离 R_C。而后，在图 8.31（8.4.1 节）所示的"小缺陷极限"条件 $c_F \ll c_0$ 下，假定当作用在 $R_C \geqslant a$ 处的临界缺陷上的

(a)

(b)

图 9.2　脆性表面上的划刻损伤：（a）天然金刚石(111)面上的划刻接触损伤，划刻方向由左下角到右上角。碳复型的电子显微照片。视场宽度 1.0 μm。［取自 Lawn, B. R. (1967) *Proc. Roy. Soc. Lond.* **A299** 307.］（b）移动的金刚石磨具以 10 m·s^{-1} 的速率划过玻璃表面而留下的抛光沟槽。滑动方向为从底部到顶部。注意观察沟槽内形成的挤出层和沟槽外形成的熔融"条纹"。视场宽度 75 μm。［取自：Schinker, M. G. & Doll, W. (1985)，in *Strength of Glass*，ed. C. R. Kurkjian, Plenum, New York, p. 67.］

拉应力 σ_T 大于体拉伸强度 σ_F 时发生锥形开裂，即可估算出 c_F。将式（8.17）与式（8.2）结合，并考虑 Hertz 弹性分析结果 $\sigma_R = \sigma_T(a/R)^2$［参见式（8.1）］，可以得到

$$c_F = (\beta R_C^2 / P_C)^2 \tag{9.2}$$

式中的 β 是一个材料常数。对一个测试表面可以打制几百个探针，从而就可以确定尺寸处于任意一个指定范围内的缺陷数量 $n(c_F)$。

尺寸在任意一个指定范围的缺陷的面密度为相应的缺陷数量与所"考察"的面积 $A_i(c_F)$ 的总和之比，即

$$\lambda(c_F) = n(c_F) / \sum_{i=1}^{N} A_i(c_F) \quad （N \text{ 个压痕}） \tag{9.3}$$

我们将对应于荷载 P_i 的 $A_i(c_F)$ 定义为一条尺寸为 c_F（这里取作中位值）的缺陷导致的锥形断裂将只能出现在这个面积里。注意这个定义并没有要求锥形断裂是否实际上发生，甚至也没有要求在这个所考察的面积里一定要存在缺陷。所考察的区域是一个外径为 R_i、内径为 R_0 的环形；其中 R_i 与式（9.2）中的 R_C 含义相似。也就是说，如果一条尺寸为 c_F 的缺陷，假定一开始在 $P = P_0$ 时并没有处于由内径 $R = R_0 = \alpha(P_0) = \alpha P_0^{1/3}$［根据式（8.2）］所确定的接触圆的压应力场中，则在 $P = P_i$ 时在 $R = R_i = c_F^{1/2} P_i / \beta$ 处恰好发生失稳。因此

$$\sum_{i=1}^{N} A_i(c_F) = 0, (R_i \leqslant R_0, P_i \leqslant P_0)$$

$$\sum_{i=1}^{N} A_i(c_F) = \sum \pi(R_i^2 - R_0^2), (R_i > R_0)$$

$$= \sum \pi c_F^{1/2} P_i / \beta - \sum \pi \alpha^6 \beta^2 / c_F$$

$$= (\pi c_F^{1/2} / \beta) \sum P_i - (\pi \alpha^6 \beta^2 / c_F) N', (P_i > P_0)$$

因此，所考察的面积就可以通过对 $N'(\leqslant N)$ 个荷载 P_i 大于 P_0 的压痕进行求和而得到。

由对一块玻璃平板进行的一组实验所得到的一个直方图示于图 9.3。根据这一特殊的数据估测得到的平均缺陷尺寸约为 1 μm，间距约为 20 μm，这是刚刚加工完成的玻璃表面的典型值。

我们需要再次强调：在这里所进行的计算中，用体拉伸强度 σ_F 来确定表面拉伸应力 σ_T 的可靠性与沿着微裂纹深度方向上应力的均匀性有关。我们在 8.4.1 节中尽量地指出了 Hertz 场尤其是接近于接触圆的区域中出现的显著的应力梯度，这就使得即使是 mm 级的缺陷在法向接触荷载下也会承受到很不均匀的应力作用。所以，可以预期上面进行的分析低估了 c_F，特别是图 9.3 右侧的结果。在缺陷统计分析中，应力梯度的问题已经被严重地忽略了。

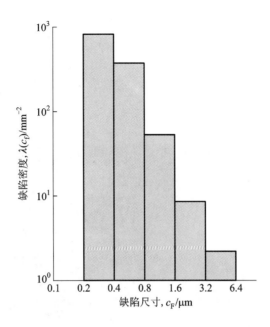

图 9.3 "刚刚加工完成的"平板玻璃中缺陷密
度与缺陷尺寸关系直方图。Hertz 实验结果；采
用碳化钨球，半径为 $r = 0.35$ mm，$N = 99$，$N' =$
97。[取自：Poloniecki，J. D. & Wilshaw，T. R.，
(1971) *Nature* **229** 226.]

　　很显然，脆性固体的裸露表面对非常微小的外部机械事件所导致的损伤比
较敏感。我们已经看到了与强度衰减以及在更严酷的情况下的冲蚀与磨损有关
的这种缺陷的有害的一面。我们也曾经遇到过一些有益的例子，如重复性强度
测试中使用的可控的磨削表面(8.2.1 节和 8.4.1 节)。通过在纯净的或者化学
抛光的表面上引进一个保护性涂层，一个保护性的手段可以用于减少显微接触
损伤出现的几率。

9.2　位错塞积处的裂纹成核

　　在均匀外加应力场作用下，一些"软的"陶瓷(主要是具有岩盐结构的离
子型固体)在断裂起始之前可能会表现出有限的室温塑性，方式有点类似于那
些主滑移系统数量有限的脆性金属。这类"半脆性"固体的破坏不太依赖于
表面缺陷分布，而是更依赖于其屈服应力，表现形式之一就是其压缩强度和拉
伸强度差不多处于同一数量级。流动过程通过增强甚至创造裂纹核而在裂纹起
始过程中发挥主导作用。相应地，在缺陷微观力学分析中，作用在滑移面上的

分剪应力组元至少应该和作用在随后形成的裂纹平面上的拉应力同等重要。

图 9.4 所示的变形后的氧化镁双晶的显微照片给出了这类裂纹成核的一些例子。在低于屈服点的荷载作用下，位错源在 (110) 主滑移面上形成并交叉滑移形成离散的滑移带。如图 9.4a 所示，这些滑移带在晶界处塞积导致应力集中。如果相邻晶粒间的角度失配程度很高，剪切带无法穿越晶界 (7.1.1 节)，就形成了微裂纹，如图 9.4b 所示。

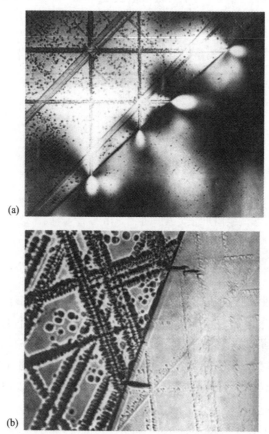

图 9.4　氧化镁晶界处 (110) 平面上滑移带的塞积。
(a) 变形后的应力集中。透射偏振光。视场宽度
3 000 μm。[取自：Ku, R. & Johnston, T. L.（1964）
Phil. Mag. **9** 231.] (b) 晶体经蚀刻后显示出微裂纹的
形成。视场宽度 150 μm。[取自：Johnston, T. L.,
Stokes, R. J. & Li, C. H. (1962) *Phil. Mag.* **7** 23.]

由 Zener (1948) 提出的原始的塞积模型以及后来由 Stroh、Cotterell 和其他人导出的衍生模型基本上都是以研究金属为目的的，但这一模型中的基本概念

可以扩展到软的离子型陶瓷(以及处于脆性－延性转变温度以上的硬的共价陶瓷)。所有这类模型基本上都建立在一个共同的假设基础上，即：一个剪切激活的位错阵列边界处存在应力集中，而在这个边界上，一些内部的显微结构势垒如第二相颗粒、晶界(图9.4)、相邻的滑移带、微双晶等约束了位错阵列的进一步穿越。在这里，我们的目的是借助于基本的位错和势垒参数提出一个关于塞积模型的通用的(即便是简单的)描述。

相应地，考虑如图9.5所示的系统。在分剪应力 σ_{xy} 作用下，源 S 处产生了 n 个位于滑移面上的刃位错环。这些位错在距离为 d 的障碍 B、B′ 之间塞积。滑移使得平均剪应力弛豫到了晶格摩擦力水平 σ_{C}^{D}(7.3.1节)，对应于弹性应变能弛豫到 $(\sigma_{xy} - \sigma_{C}^{D})/\mu$，其中 μ 为剪切模量。这一弛豫被塑性应变 nb/d 所容纳，其中 b 为位错 Burgers 矢量的大小。于是，为维持平衡所需要的位错的数量为

$$n = (\sigma_{xy} - \sigma_{C}^{D})d/\mu b \tag{9.4}$$

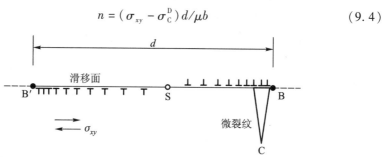

图 9.5 位错塞积机理作用下微裂纹的成核。在剪应力 σ_{xy}
作用下，源 S 处形成位错环，在滑移面上障碍物 B、B′ 之间
塞积。障碍 B 处的应力集中导致了微裂纹 BC 的成核

现在来考察在高应力区中与内聚键破裂有关的微裂纹成核的条件(Petch 1968)。根据位错理论可以导出，外加荷载对塞积处的每一条位错都施加了一个有效力 $(\sigma_{xy} - \sigma_{C}^{D})b$。所以，所有的位错对障碍物施加的总作用力为 $(\sigma_{xy} - \sigma_{C}^{D})nb$；这就是说，塞积的作用相当于一条具有 Burgers 矢量为 nb 的"超级位错"，在滑移面两端集中了 n 倍的剪应力。对塞积问题的一个正式的处理表明，应力集中场中包含了一个与剪应力相当的拉应力组元，作用在一个倾斜于滑移面的平面上。这样，微裂纹成核的条件可以近似地写成

$$(\sigma_{xy} - \sigma_{C}^{D})n = p_{Th} \tag{9.5}$$

式中的 p_{Th} 为理论内聚拉伸强度。根据式(6.6)，我们可以用表面能 γ_{B} 取代 p_{Th}，从而得到

$$\sigma_{xy} = \sigma_{C}^{D} + \pi\gamma_{B}/nb \tag{9.6}$$

可以看出：随着位错数量的增加，用于使塞积保持平衡状态所需的外加应力将

逐渐降低到晶格应力 σ_C^D。

从式（9.4）和式（9.6）中消去 n，并用含有激活位错源的材料的强度来确定 σ_{xy}，即 $\sigma_F = \sigma_{xy}$，从而得到

$$\sigma_F = \sigma_C^D + (\pi\mu\gamma_B/d)^{1/2} \tag{9.7}$$

这就是所谓的"Petch 关系"。$d^{-1/2}$ 依赖关系意味着这是一种缺陷控制的性质。从这个意义上说，式（9.7）可以看成是描述拉伸裂纹的 Griffith 关系式（1.11）的一种剪切对应形式，其中前一个关系式中的塞积长度 d 等效于微裂纹长度 c。就是这种"等效"引导着理论弹性力学家们（如 Eshelby、Frank 和 Nabarro 以及 Bilby、Cottrell 和 Swindon 等）应用假想的位错阵列来表述裂纹问题中的应力场。

由 Petch 关系得到的清晰的结论是半脆性固体的强度可以通过优化显微结构而得到改善。但是，尽管在金属领域广泛适用，式（9.7）的这一普适性并没有完全延伸到脆性陶瓷。它假定成核一条微裂纹的条件对应于断裂条件，这就忽略了由屏蔽以及残余成核应力导致的缺陷稳定性问题（第 7 章及第 8 章）。这一点我们将在 9.6 节中讨论。

9.3 化学场、热场及辐射场导致的缺陷

处于原始的纯净、无缺陷状态的固体如新拉制的玻璃纤维、晶须以及无位错的共价单晶如果暴露在化学场、热场或者辐射场中则有可能形成一些 Griffith 缺陷。事先含有缺陷的老化固体在与这些场的相互作用过程中则会演化出具有更大危险性的缺陷分布（特别是在随之发生了突进的情况下）。缺陷的危险性偶尔也可能会通过愈合而减弱。这里我们介绍这些外部环境诱导的缺陷类型的一些例子。很多其他的例子无疑也是存在的。

9.3.1 化学诱发缺陷

固体与环境中的化学物质之间的相互作用可以形成各种各样的缺陷。在非常高的温度下会形成腐蚀层，在极端情况下可能会使得裂缝深入到下方的基质中。在一个更隐形的程度上，晶体的溶解和生长会在位错和晶界的露头处引发应力助长的腐蚀坑。再加上外加荷载的作用，这些缺陷和其他的早期存在的表面不均匀性（如包覆的颗粒或微接触变形位置）可能会通过在应力集中区域的优先溶解而演变为椭圆体的（或椭圆形的）孔穴，形成"Inglis 缺陷"（1.1 节），由此最终诱发出尖锐裂纹。

对含碱硅酸盐玻璃中的表面缺陷进行"修饰"的方法之一是离子交换（Ernsberger 1960）。暴露于特定的化学环境中有助于开放网络中的 Na^+ 离子与

较小的介质如 H^+（在酸性环境中）或 Li^+（在熔盐中）之间的交换。这就伸得玻璃表面层处于残余拉伸状态，从而使得预先存在的缺陷发生侧向扩展形成一个浅开裂（"河边浅滩"状）图案。至于在最终的缺陷总数中是不是有某些确实是由化学过程所引进，这个问题并不容易回答。在下一小节中，我们将提供这类表面开裂的一个图示实例。

在某些情况下，化学可以使得断裂方式的本质发生根本的改变。一个著名的例子就是 1924 年发现的 "Joffe 效应"：氯化钠单晶在空气中是脆性的，而当在水中测试时却表现出了延性。对后者的解释是：在溶液中含有缺陷的表面层被溶解掉了，所以临界缺陷不复存在。但不容易加以解释的是：当把晶体从水中取出来、干燥后重新在空气中进行测试，又观察到了脆性行为。一个薄薄的饱和溶液层附着在晶体表面上，干燥后形成了具有很多缺陷的沉积层，这会引进高度的应力集中。最终的结果就是形成图9.6所示的一些表面微裂纹的平行阵列。

图 9.6　沉积在（001）抛光表面上的氯化钠晶体边缘处（100）面上的微裂纹。注意沉积中的孔洞为立方体形状。视场宽度 400 μm。
［取自：Stokes, R. J. , Johnston, T. L. & Li, C. H. (1960) *Trans. Met. Soc. A. I. M. E.* **218** 655.］

9.3.2　热诱发缺陷

热循环可以有效地改变缺陷状态。位错和晶界在表面位置处经受热腐蚀，从而形成表面坑和沟槽，这与化学侵蚀相似。点缺陷或杂质在内部不同成分之间的贯通将形成气泡或者第二相夹杂。热老化加剧了玻璃的失透以及多晶陶瓷的相变，为微裂纹的形成及发展建立了一些有利的位置（9.4 节）。在极端的情况下，高温和外加应力的共同作用会引进一个全新的缺陷分布，特别是在发生了蠕变情况下。

在合适的条件下，热循环通过使任意预先存在的微裂纹得以愈合而变得实际上有益。通过对陶瓷的烧结以及对岩石的压力加热进行的研究，我们已经知道裂缝可以通过向界面处发生的物质传输过程（表面－体积扩散、蒸发－凝聚）而得到事实上的消除。图 9.7 示出了蓝宝石中人工引进的内部裂纹发生这类愈合的一个例子。这样的微裂纹会随着退火时间的延续逐渐减低其危害性，但仅仅通过加热是不可能被完全消除的。

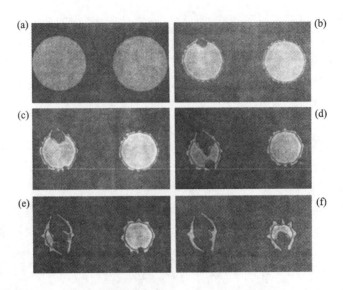

图 9.7　蓝宝石中裂纹的愈合。采用类似于平版印刷的方法分别在两个相互匹配的半晶体上蚀刻出碟状的凹陷作为基础面上的裂纹，而后将两个半晶体经 1 370 ℃烧结 1 小时以形成一个整体。图中顺序示出了在后续的 1 800 ℃退火：（a）0；（b）4；（c）8；（d）14；（e）22 和（f）35 小时后"缺陷"的演变情况。

视场宽度 600 μm。［取自：Rödel, J. & Glaeser, A. M. (1990)

J. Am. Ceram. Soc. **73** 592. ］

9.3.3　辐射诱发缺陷

　　辐射可以将一定剂量的能量注入固体中，从而对缺陷特性产生一些不利的影响。这里我们讨论两个例子，一个采用的是光子，另一个则采用其他的粒子辐射源。

　　第一个例子考虑的是激光脉冲在一种名义上透明的氟化锂单晶中引进的缺陷。图 9.8 示出了由一个内部亚微观不均匀处的绝热能量吸收导致的径向裂纹图案。应力双折射图案说明在"过度疲劳的"不均匀位置附近出现了强烈的残余应力场。这个双折射图案与非弹性压痕的双折射图案（例如图 8.8）之间的相似性如此明显，表明局部的能量吸收导致了一个膨胀中心（8.1.3 节）。在玻璃的杂质中心处观察到了类似的突进裂纹系统。很显然，在服役过程的脉冲辐射作用下，即使是微小的缺陷也具有演变为危险微裂纹的潜在趋势。

　　我们的第二个例子说明了离子轰击对预先存在的表面缺陷的影响。图 9.9 示出了一个暴露在质子流中一段时间之后的钠钙玻璃试样。辐射已经在玻璃表面形成了一个具有残余拉应力的损伤状态，导致了一个具有河滩状的表面裂纹

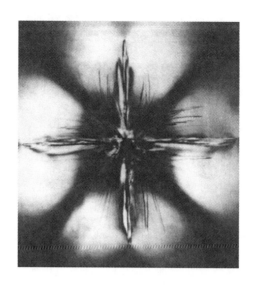

图9.8　经受 YAG 激光(能量密度 30 MW·mm^{-2},脉冲间隔 8 ns)辐射后氟化锂中缺陷中心处的损伤图案。饼状径向裂纹沿(100)面形成。透射偏振光。视场宽度 1 000 μm。与图 8.8 所示的压痕裂纹比较。[取自:Wang,Z-Y.,Haemer,M.P. & Chou,Y.T.(1989)*J. Mater. Sci*,**24** 2756.]

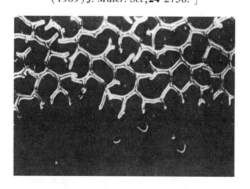

图9.9　经受了 480 kV 质子(剂量为 200 ions·nm^{-2})轰击后的钠钙玻璃表面。(下端区域没有受到入射离子流的影响。)浅微裂纹构成的河滩状开裂图案源自相互交错的表面缺陷的侧向扩展。光学显微照片。

视场宽度 150 μm

图案,这种类型的开裂在前面的小节中已经提及。注入的质子可能保持为可运动的氢,而持续不断的损伤演变过程则表现为化学诱导的裂纹缓慢扩展。

在诸如核反应器那样的强烈的辐射环境中暴露更长的时间将导致一类范围

更宽的辐射损伤。一些特殊的过程包括点缺陷的累积（以及后续的受压气泡的形成）、位移峰和位移级联以及核嬗变。

9.4 陶瓷中的工艺缺陷

现代的韧性陶瓷倾向于具有复杂的显微结构。但是，这样的显微结构在提高韧性的同时，也成为了引起应力集中效应的缺陷的聚集体。从经验上看，显微结构缺陷的尺寸与显微结构自身的某些特征尺寸相当。因此，对于粗晶材料来说，导致断裂的缺陷更可能来自制备过程而不是来自后续的表面加工过程。于是，制备过程的细节，如粉体的制备（包括杂质含量）、固化、烧结以及老化，就成为了决定临界缺陷分布的关键（Davidge 1979；Dörre 和 Hübner 1984；Lange 1978）。较为常见的一些工艺缺陷类型包括：

（i）微裂纹。多晶陶瓷在表面及体内的晶界和相界（尤其是三交晶界）上容易形成亚界面缺陷。如 7.3.2 节所述，内部的热膨胀及弹性失配应力在材料制备的冷却阶段加剧了微裂纹的成核。描述单相陶瓷的式（7.17）指出，当晶粒尺寸大于下式给出的临界值时，可以发生这样的微开裂

$$l_C = \Phi (T_0 / \sigma_R)^2 \tag{9.8}$$

式中 T_0 为晶界韧性，σ_R 为内应力，$\Phi = \pi/4\beta$ 是一个量纲为一的常数，而 β 则为初始的缺陷尺寸与晶粒尺寸之比值。对于氧化铝，$T_0 \approx 2.5$ MPa·$m^{1/2}$，$\sigma_R \approx 250$ MPa，$\beta \approx 0.5$（举例），我们计算得到 $l_C \approx 150$ μm。事实上，这样的计算得到的仅仅是一个平均值，因为在实际的多晶体中，晶界是取向失配的，因此式（9.8）中的 σ_R（甚至也包括 β）值不可避免地会在不同界面位置处取不同值。相应地，我们可以预期在 $l < l_C$ 的情况下也会有个别的微裂纹形成。图 9.10 示出了一个例子，是在 $l = 80$ μm 的氧化铝中观察到的情况。微裂纹在受拉的晶粒界面上形成，而后在扩展了 2～3 个晶粒尺寸的距离之后在邻近的受压（桥接）界面上中止。随后施加的外

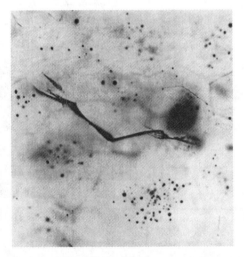

图 9.10　氧化铝中与热膨胀各向异性应力有关的自发微开裂。裂纹起始发生在受拉的晶粒界面上，终止于受压的界面。注意单个晶粒内部存在小气孔。透射光照片。视场宽度 125 μm。（由 P. Chantikul 和 S. J. Bennison 提供。）

场作用将进一步使得这条突进形成的裂纹扩展穿越桥接区，从而提高了缺陷的危险性。对于晶粒尺寸 $l > l_C$ 的情况，微开裂密度足够高，以至于相邻的微裂纹发生连通，从而导致了强度的实质性降低。

在烧结应力作用下，类似的裂纹也会由于异常长大晶粒或者团聚的晶粒周围的收缩而形成。

（ii）气孔。气孔具有各种不同的形态。在三交晶界处形成的小的烧结气孔是微裂纹起始的有利位置。那些完全包含在晶粒内部的气孔（图9.10）相对来说危害性不大。已经提出这样的说法：气孔率 F 对缺陷敏感陶瓷的强度性质的影响是通过降低弹性模量来实现的。存在一个如下的经验关系

$$\sigma_F = \sigma_0 \exp(-bP) \qquad (9.9)$$

式中的 σ_0 和 b 为可调整参数。此式表明：对于一个"典型"值 $b \approx 7$，气孔率为 10% 时强度将降低一半。

如图 9.11 所示的大的空洞是由于坯体中的烧结助剂的烧失或者粉体

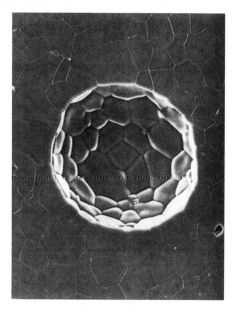

图 9.11　氧化铝的一个抛光并热腐蚀后的横截面，显示出了一个大气孔。扫描电镜照片。视场宽度 $100\ \mu\mathrm{m}$。（由 J. S. Wallace 提供。）

的不理想堆积导致的。这些孔洞在具有不均匀晶粒尺寸和不均匀相的材料中更为普遍地存在。它们在远大于单个晶粒尺寸的距离上对外加应力产生集中效应，从而成为常见的断裂源。凹陷的界面为扩展提供了有利的成核位置。对于附着在一条承受拉伸荷载 σ_A 作用的、有效径向宽度为 $c-a$ 的环形裂纹上的一个半径为 a 的球形孔洞，相应的应力强度因子为

$$K_A(c) = \psi \sigma_A (c-a)^{1/2} f(a/c)\,, \quad (c \geqslant a) \qquad (9.10)$$

函数 $f(c/a)$ 随 c 的增大单调减小，从 $c = a$ 时的 $f = 2 \sim 3$（取决于泊松比）降低到 $c \gg a$ 时的 $f = 1$ [式(9.10)恢复到 $K_A(c) = \psi \sigma_A c^{1/2}$ 的必要条件]。[对于椭球形孔洞，函数 $f(a/c)$ 中包含有一个偏心率集中因子，与 1.1 节对比。]

（iii）夹杂。由第二相颗粒和杂质团聚导致的夹杂在作为断裂源方面的作用强于气孔。这些缺陷源的危害性因为局部残余应力场的存在而加剧，局部残余应力场的性质和强度则取决于夹杂和基体之间热膨胀系数和弹性模量的差异。关于夹杂诱导微开裂（与图 7.8 相比较）的几种可能的模式如图 9.12 所示。在下一节中将对其中最危险的一种模式进行详细的断裂力学分析。

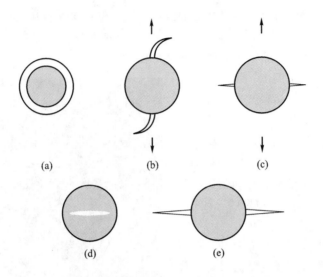

图 9.12　夹杂诱导断裂的模式，取决于相对于基体(M)的颗粒(P)的热膨胀系数(α)、弹性模量(E)和韧性(T)值。按照危害性增大的顺序：(a)剧烈收缩，弱结合的刚性颗粒($\alpha_P \gg \alpha_M, E_P \gg E_M$)，孔洞形缺陷；(b)收缩，强结合的硬质韧性颗粒($\alpha_P > \alpha_M, E_P > E_M, T_P > T_M$)，在外加拉应力作用下由于弹性失配形成极性拉伸场；(c)相似但具有柔韧性的颗粒($\alpha_P > \alpha_M, E_P < E_M$)，在外加拉应力作用下形成近赤道的拉伸场；(d)同样是相似的颗粒，但颗粒较弱($\alpha_P > \alpha_M, E_P \approx E_M, T_P < T_M$)，颗粒开裂；(e)收缩的颗粒($\alpha_P < \alpha_M$)，在临界尺寸以上发生自发的径向裂纹突进("最危险的情况")。

（根据 A. G. Evans 的图解制作而成。）

　　上述缺陷类型中的两种或者多种共存导致了多峰缺陷分布。在高缺陷密度情况下，相邻的缺陷可能相互作用和联通。如果材料内部没有任何起稳定作用的因素(如没有韧性曲线,见9.6节)，这将是十分危险的；在这种情况下，建议对工艺过程进行改进以消除大的缺陷(Lange 1989)。

9.5　缺陷的稳定性：裂纹起始的尺寸效应

　　在到目前为止所考虑过的几乎所有缺陷系统中，作用于裂纹成核的基本力都持续到继续驱动后续的裂纹扩展。Cottrell(1958)是最早研究残余内应力对缺陷稳定性影响的几位学者之一，他研究的是由位错塞积导致的断裂问题(图9.5)。在后续承受外部荷载而发生断裂之前，作为扩展的前期阶段，微裂纹源周围的残余拉应力场的大幅度降低是很明显的。在对裂纹演变过程中残余应力场的作用进行的分析(第8章)中，我们曾经遇到过类似的稳定行为。相应地，在关于强庋的任何一般性理论中都应该包含考虑缺陷附近局部驱动力的项；理想 Griffith 微裂纹的自发断裂可以视作是一个例外而不是一个规律。

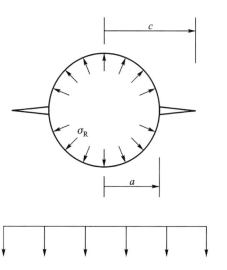

图 9.13　承受向外作用的内部残余压力 σ_R 和外加拉应力 σ_A 叠加作用的颗粒处环状裂纹的起始。图中示出了必需的坐标

我们在这里通过分析一个特殊的缺陷系统来讨论一般性的原则。这个特殊的缺陷系统如图 9.13 所示，一个半径为 a 的球形夹杂对一个具有（单值）韧性 T_0 的基体施加了一个向外的压力 σ_R 作用（图 9.12 中的"最危险"情况）。这个系统叠加了一个均匀的外加拉应力 σ_A。外径为 $c(c > a)$ 的环形裂纹在一个通过颗粒直径方向且垂直于外加应力的平面上从颗粒周围径向地扩展。尽管关于这一问题已经有了详细的解（Lange 1978；Green 1983），但由 D. B. Marshall 提供的一个简化的推导结果却能够最好地说明其中的物理原则。

从裂纹面上应力场的表达式开始进行分析。根据式（7.5），内部的切向拉伸组元为

$$\left.\begin{array}{l} \sigma_I = \sigma_t = \dfrac{1}{2}\sigma_R (a/r)^3 , \quad (a \leqslant r \leqslant c) \\[2mm] \sigma_I = 0 , \quad (0 \leqslant r \leqslant a) \end{array}\right\} \tag{9.11}$$

一开始我们就强调 σ_R 是一个材料常数，例如是式（7.4）所给出的热膨胀各向异性应力或者是临界膨胀相变应力（7.4 节）。这一内应力促成了一个残余 K 场 K_R。类似地，外加应力

$$\left.\begin{array}{l} \sigma_I = \sigma_A , \quad (a \leqslant r \leqslant c) \\[2mm] \sigma_I = 0 , \quad (0 \leqslant r \leqslant a) \end{array}\right\} \tag{9.12}$$

则促成了一个 K 场 K_A。净 K 场 $K_* = K_A + K_R$ 可以通过将式（9.11）和（9.12）直接代入描述饼状裂纹的式（2.22b）并积分而得到

$$K_* = 2\sigma_A (c/\pi)^{1/2} (1 - a^2/c^2)^{1/2} + \sigma_R [a^2/(\pi^{1/2} c^{3/2})](1 - a^2/c^2)^{1/2} \tag{9.13}$$

通过分析熟悉的极端形式，我们注意到：在扩展量较小的情况下，$\Delta c = c - a \ll a$，$K_* \propto \Delta c^{1/2}$（应力梯度可以忽略）；在扩展量较大的情况下，$c \gg a$，$K_A \propto c^{1/2}$

（在整个裂纹面积上承受均匀应力），$K_R \propto c^{3/2}$（中心承载饼状裂纹）。

现在我们可以在平衡条件 $K_* = T_0$ 下求解外加应力随裂纹尺寸的变化关系。引进归一化变量——裂纹长度 $b = c/a$，外加应力 $F_A = 2\sigma_A a^{1/2}/\pi^{1/2} T_0$ 以及残余应力 $F_R = \sigma_R a^{1/2}/\pi^{1/2} T_0$，平衡状态下的解具有一个量纲为一的形式

$$F_A = 1/(b - 1/b)^{1/2} - F_R/b^2 \tag{9.14}$$

图 9.14 绘出了与一个初期的裂纹尺寸 b_f 有关的不同的 F_R 所对应的 $F_A(b)$ 曲线。通常，这类曲线有三个区域，两个为不稳定区域，一个为稳定区域，由一个最大值和一个最小值分开。于是，根据 F_R 和 b_f，稳定性将表现为以下三种主导方式中的某一种：

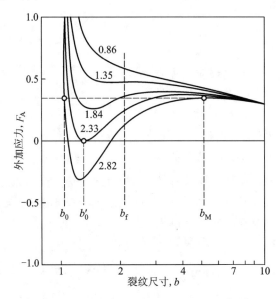

图 9.14　外加应力 F_A 随球形颗粒处环形裂纹半径 b
变化关系的归一化曲线。式(9.14)中的残余 K 场参
数 F_R 的值示于图中。系统的稳定性取决于初始缺
陷的尺寸 b_f 与 b_0 和 b_M 间的相对大小

（i）无突进，自发破坏（$0 < F_R < 1.35, b_f > 1$）。残余场比较小，曲线没有出现极值点。裂纹核 b_f 发生自发的失稳扩展，并在临界条件 $F_A = F_F$ 下以 Griffith 缺陷的方式发生最终的断裂。

（ii）激活的突进，激活的断裂（$1.35 < F_R < 2.33, b_0 < b_f < b_M$）。残余场具有中等强度，曲线表现出一个最小值。但是，最小值出现在 $F_A > 0$ 的情况下，因此，在没有外加场协助的情况下不可能出现缺陷的突进。在逐渐增大 F_A 的过程中，缺陷发生突进进入到稳定的区域，然后随着进一步加载而扩展直至

$F - F_M$，在 $F_A = F_M = F_F$ 处发生最终的断裂。注意到图 9.14 中曲线上的最大值通常出现在很大的裂纹尺寸 $(b \gg 1)$ 处，这意味着一旦裂纹到达了稳定区域，残余远场就逼近一个中心点力所导致的场。

在缺陷尺寸非常小 $(1 < b_f < b_0)$ 和非常大 $(b_M < b_f < \infty)$ 时，系统回归到情况 (i) 中出现的那种自发断裂。

(iii) 自发的突进，激活的断裂 $(2.33 < F_F < \infty, b_0 < b_f < b_M)$。残余场具有很高的强度，于是曲线的最小值出现在 F_A 轴的下方。这时缺陷的突进是自发完成的，无需任何的外加荷载作用；而断裂则是前期的扩展到达最大值 b_M 时才发生。

对于稍微小一些的缺陷，$b_0 < b_f < b_0'$，缺陷的起始需要被激活，这和情况 (ii) 是一样的。同样，在缺陷尺寸非常小 $(1 < b_f < b_0)$ 和非常大 $(b_M < b_f < \infty)$ 时，断裂是自发发生的，如同情况 (i)。

上述描述为获得关于裂纹起始门槛值本质的一般性结论提供了一条途径。一种方便地区分缺陷的方法是：根据 b_f 位于图 9.14 中曲线的第一、第二和第三区，而将缺陷分为正在发育、完全发育和过度发育三类。于是，如果存在最有利的正在发育的缺陷核，则裂纹自发起始的最低要求是夹杂处残余应力场的强度应该足够大，使得 $F_A(b)$ 的最小值出现在 $F_A = 0$ 处；也就是说，对应于图 9.14 的 $F_R = 2.33$。因为在 $F_R = \sigma_R a^{1/2}/\pi^{1/2} T_0$ 中 σ_R 是一个材料常数，这一要求就意味着需要一个临界颗粒半径

$$a_C = 5.52\pi (T_0/\sigma_R)^2 \tag{9.15}$$

这种类型的临界尺寸关系具有一个基本的普适性 (Puttick 1980)。关于这一点，读者可以通过回顾相应的晶界微开裂关系式 (9.8) 以及压痕径向裂纹关系式 (8.21a) $(\sigma_R \propto H)$ 而加以证实。

局部残余压力对缺陷演变过程的稳定作用在图 9.14 中较大 F_R 一侧 $F_A(b)$ 极值的变化规律上得以反映。处于 $b_0 < b_f < b_M$ 这一"窗口"范围内的缺陷因此而在最终失稳 $(b = b_M, F_A = F_M)$ 之前经历了一个先期扩展的特征阶段。这些稳定构型的简单的分析解可以在 $b \gg 1$ 这一近似条件（与我们前面观察到的图 9.14 中的最大值趋向于出现在这一远场区域的事实相一致）下由式 (9.14) 确定。在这一近似条件下，引用 $dF_A/db = 0 (d^2F_A/db^2 < 0)$，并重申定义式 $b_M = c_M/a$ 和 $F_M = 2\sigma_M a^{1/2}/\pi^{1/2} T_0$，我们得到

$$c_M = [4\sigma_R a^2/(\pi^{1/2} T_0)]^{2/3} \tag{9.16a}$$

$$\sigma_M = \frac{3}{8}[\pi^2 T_0^4/(4\sigma_R a^2)]^{1/3} \tag{9.16b}$$

将 $P \approx \sigma_R a^2$ 视作一个"等效的接触力"，则这些解与残余弹塑性场中径向裂纹的压痕 – 强度关系式 (8.9) 具有完全一致的形式。

缺陷在外加应力作用下存在发生亚临界演变的可能性，这一事实使得我们在对缺陷性质进行无损评价以预测强度性质时需要更加小心：式（9.16）中的 σ_M 是由本征裂纹尺寸 c_M 而不是非本征的缺陷尺寸 c_F 决定。最后，正在发育的夹杂和完全发育的夹杂并存还构成了另一类双峰缺陷分布。

9.6　缺陷的稳定性：晶粒尺寸对强度的影响

众所周知，多晶陶瓷的强度随着显微结构的逐渐粗化而趋于降低。对晶粒尺寸的倒数平方根作图，均质单相陶瓷的强度数据可以被拟合成两个线性区域：晶粒尺寸较大的区域是一个通过原点的"Orowan"区域；晶粒尺寸较小的区域则是一个与强度轴有一个截距的"Petch"区域。对 Orowan 区域的最简单的解释是：断裂是由体内的"Griffith"缺陷导致的自发断裂，缺陷的尺寸直接与晶粒尺寸成正比（例如，像在推导微开裂关系式的衍生式（9.8）时对亚界面缺陷所做的假设）。Petch 区域则可以大致地归因于某些内部残余场对缺陷发育的修饰性影响[如在塞积模型中式（9.7）所描述的那样]。但是，关于这两个区域也已经提出了很多不同的微观力学断裂模型；因此，在过去的三十年左右的时间里一直在得到应用，Orowan-Petch 图在陶瓷文献中一直是一个需要借助于猜测来得到结论的研究主题。

这一充满猜测性的状态归因于严重缺乏对任何特定的缺陷系统的断裂过程进行直接观察。利用可控缺陷进行原位观察是近期才出现的事情。像前面（7.5.1 节）所讨论的那样，对压痕处径向裂纹扩展进行的观察已经帮助我们认识到晶界桥接是氧化铝和其他多晶陶瓷中缺陷稳定性的一个主要原因。这样一种稳定作用显著地减低了强度对起始裂纹尺寸的敏感性（8.2.3 节）：它提供了一个缺陷容限。其意义在于：与初始的缺陷特性相比，桥接微观力学（也即韧性曲线）分析可以更明显地体现出晶粒尺寸作为一个比例因子的作用。

作为一个例子，考虑图 9.15 所示的一系列具有不同晶粒尺寸 l 的氧化铝的强度/晶粒尺寸曲线。数据取自图 8.24 所对应的对氧化铝进行的研究，但表示的是从自然缺陷处发生的断裂。曲线是采用 8.2.3 节中校正的 T 曲线分析结果进行计算所得到的强度预测值：实线对应于具有尺寸 $c_F = 0.5l$ [评价式（9.8）时所采用的数值]的亚界面缺陷；虚线则对应于具有指定尺寸 c_F 的外来缺陷。对应于每一个 c_F 值，Orowan-Petch 转变都是很明显的。根据曲线在大晶粒尺寸一侧的收敛现象，我们可以得到结论：Orowan 区域给出了一个本征的材料函数，完全与 c_F 无关，反映了缺陷容限。这一区域并不严格地遵循经典的 $l^{-1/2}$ 关系，反映了具有 T 曲线性质的材料的根本的复杂关系。相反，预期 Petch 区域强烈地依赖于初始缺陷尺寸。在图 9.15 中，只有一个数据点（对应

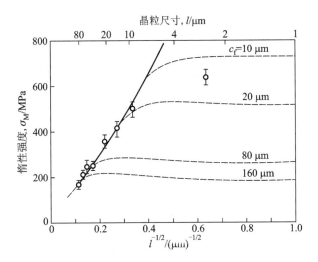

图 9.15　氧化铝(与图 7.29、8.24 所示为相同的材料)的
强度随晶粒尺寸倒数平方根的变化关系,显示出 Orowan
(左侧)和 Petch(右侧)区域。数据为抛光表面断裂时的测
试值。曲线为根据校正的 T 曲线对自然缺陷进行计算得
到的结果:实线由微观晶界亚界面上的缺陷预测得到;
虚线则由具有指定初始尺寸 c_F 的外来缺陷预测得到。
[取自:Chantikul,P.,Bennison,S. J. & Lawn,B. R. (1990)
J. Am. Ceram. Soc. **73** 2419.]

于最小的晶粒尺寸)落了了这个区域,这个数据点表明试样中存在一个尺寸约
为 15 μm 的外来缺陷(如小气孔、表面加工缺陷)。像可以在图 7.29 中看到的
那样,具有这个晶粒尺寸的氧化铝的 T 曲线行为并不明显,这就解释了 Petch
区域的缺陷敏感性。

　　由 Orowan-Petch 图还可以导出一些与陶瓷显微结构有关的指导材料制备的
结论。在确信没有任何随机缺陷存在的前提下,使晶粒尺寸细化以便意外形成
的工艺缺陷或表面缺陷的允许尺寸尽可能远离 Orowan 区域的最高点是较为合
理的。但是,如果材料可能将经受剧烈的损伤,比如说在颗粒撞击过程中形成
100 μm 的外来缺陷(8.7 节),强度实际上就会在主导的 Petch 区域内随晶粒尺
寸的减小而降低。因此,对使用条件给予适当的关注对于显微结构设计来说是
一个关键。

10

强度及可靠性

当转而讨论脆性断裂的工程方面的内容时，所关注的焦点就从韧性转移到了强度。但是，结构设计不仅仅与强度有关，而且还与可靠性有关。我们如何保证一个脆性部件的强度？或者更实际一些说，我们如何才能更好地保证强度？强度能保证多长时间？目前我们对本征脆性材料的可靠性进行量化所用的方法大部分来源于 Evans、Wiederhorn、Davidge、Ritter 以及其他一些学者在 20 世纪 70 年代初的尝试性工作。这些学者借助于断裂力学，特别是在 Griffith 缺陷断裂的框架下对这些问题进行了研究。

可靠性不可避免地包含了一个概率论因素*。设计者要说服自己在断裂"寿命"概念之后再接受一个断裂"风险"概念，这些参量的可接受的取值取决于特定的应用。对于任意的机械结构（有意思的是这里还包括人体的结构），对风险进行表述所采用的经典

---

* 不止一个科学家对依靠"掷骰子"的求解方法表示出了不安。但是，直到具有超高且（特别是）不衰减的强度性质的"超"材料出现之前，统计学都将在工程设计中作为一个独立的要素存在。

形式是如图 10.1 所示的"浴盆"形曲线，将"风险"（失效）率表示为时间的函数。这样一条曲线确实可以表述陶瓷部件的强度特性：部件的失效最经常发生在加工和初始的筛选阶段，或者在严酷的服役环境中经受了长期的磨损撕裂之后。

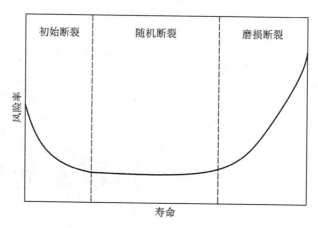

图 10.1 "浴盆"曲线，示出了风险率与使用寿命之间的关系。"失效"最可能发生在"出生"过程中以及"出生"后不久（预先存在的缺陷）或者在服役过程中经过长期磨损和磨耗之后（累积而形成的缺陷）

正是因为认识到强度的离散性和寿命是不可避免的，才出现了"缺陷统计学"作为一个中心环节来进行脆性材料可靠性的分析。我们将单个缺陷视作一些可确定的分布中的个体。最常用的缺陷分布是由 Weibull 在最弱环概念基础上提出的。尽管具有断裂力学上的可控性，缺陷统计学方法一直表现出传统的经验性：结构设计更多体现的是设计者的技艺而不是理论家的科学。陶瓷工程师一直倾向于将诸如"强度"和"韧性"这样的量处理为持久不变的材料常数。如我们已经知道的那样，只有在极其特殊的环境中这些量才是单值且不变的；而且，确定某一个量的单值性就意味着另一个量的变异性。

尽管在陶瓷工程行业中，一直流行对脆性设计的保守态度，一些新的设计思想正在材料领域中悄然出现。在这样的背景下，我们以保守程度减弱的顺序介绍三种主要的设计思想。

（i）缺陷检测。常规的方法是通过保证试验和无损评价（NDE）检测超过某个"临界尺寸"的"Griffith"缺陷。然后，我们可以将这样的部件剔除出去，或者对其进行修复。对于陶瓷来说，这一方法有一些不足：即使是最大的缺陷也可能是亚微观级的；在实验室检测之后缺陷的分布状态可能会恶化；内应力（如来自局部的缺陷中心或者本征的显微结构）可能会改变缺陷演变过程的一些细节性能。不过，大部分结构设计一直都是唯一地以这一方法为基础建立的。

（ii）缺陷消除。最近出现的一种理论是确定在材料制备时潜在的缺陷源，然后通过系统地逐步优化制备工艺和加工过程以消除这些缺陷源。这种方法为获得相对较高且具有重现性的强度和寿命提供了可能性。另一方面，这样的部件对由于加工之后偶然形成的大缺陷（即使只有一条）导致的衰减极其敏感。所以，需要加以强有力的"保护"以使其避开在使用过程中可能遇到的外部因素导致的应力集中。

（iii）缺陷容限。最宽容的方法是通过设计将缺陷容限引入显微结构以允许部件与裂纹并存。我们同样采用一条材料制备路线，但在这里对显微结构进行优化的目的是提高裂纹扩展阻力而不是裂纹起始阻力；也就是说，使材料具有韧性曲线（T 曲线）行为。我们已经知道，在非立方的粗晶陶瓷中 T 曲线行为是常见的，在陶瓷基复合材料中更为显著。这一理论具有很强的吸引力，因为它对后续出现的任何大的、而且对材料起到衰减作用的服役缺陷的生长并不敏感。

上述三种设计思想为本章的布局提供了一个恰当的基础。我们的讨论从说明如何应用断裂力学对强度和寿命预测中可靠性的某些经验表述进行量化开始，并将特别参照 Weibull 缺陷分布。然后，我们再讨论通过采用新颖的制备方法进行的显微结构设计如何克服或者消除陶瓷材料通常表现出来的对缺陷的强烈的敏感性，无论是通过避免异相的出现而使裂纹起始最小化还是通过引进异相来约束裂纹扩展。在后一种情况下，关于可靠性与一个临界缺陷尺寸之间存在根本联系的传统假定就显得不很严格了。最后，我们将讨论其他的一些力学性能，包括热冲击、磨损、循环疲劳、损伤累积和蠕变，这些都是在陶瓷可靠性中起关键作用的因素。

10.1 强度与缺陷统计学

为了给缺陷统计学的引进建立一个合适的基础，我们再回顾一下平衡条件下脆性断裂的基本断裂力学。在最一般的形式中，裂纹尖端的 K 场表述为 $K_* = K_A + \sum K_i$，其中 K_i 为屏蔽贡献。隐含在最基本的处理过程中的简化是忽略 K_i，从而与 Griffith 缺陷假设（残余驱动力为零）一致，并认为材料是均匀的（具有单值韧性 T_0）。于是，在平衡时 $K_* = K_A = T_0$，应用式（2.20），自发失稳时的条件 $\sigma_A = \sigma_F = \sigma_I$ 和 $c = c_F$ 定义了惰性强度

$$\sigma_I = T_0 / \psi c_F^{1/2} \qquad (10.1)$$

最简单的脆性材料，即使采用看上去完全相同的试样进行测试，所得到的

惰性强度数据也表现出很宽的波动。进而，强度随着受力作用面积(有时是体积)的增大而趋于降低。考虑到试样之间在 T_0 上的一致性，这一波动反映了缺陷尺寸的分布。典型的数据组(参见 9.1.2)表明存在大量分布的小缺陷。对应于前面介绍的第一种设计思想，我们需要关注对任何部件中"最危险缺陷"的检测并保证这一缺陷不超过一个"临界尺寸"。

于是，强度的统计学理论就作为脆性陶瓷结构设计的一个基础出现了。其吸引人之处(有时也是其局限性)在于这一方法可以使设计者在对缺陷甚至材料性质进行全面了解的情况下就可以预测幸存率。

10.1.1 Weibull 分布

描述脆性材料缺陷分布的最广泛应用的函数是由 Weibull 于 1939 年提出的(Weibull 1951)。这一函数基于"极值统计学"中的最弱环概念。在描述惰性强度方面，Weibull 断裂概率在其最简单的形式中以一个两参数的形式定义

$$P = 1 - \exp\left[-(\sigma_I/\sigma_0)^m \right] \tag{10.2}$$

式中，Weibull 模数 m 和比例应力 σ_0 被认为是可调整参数。对于具有 N 个强度数据的一个数据样本，将数据按递增顺序排列后，对所有的 $1 \leqslant n \leqslant N$，累积概率为 $P_n = n/(N+1)$。于是，由 $\ln\{\ln[1/(1-P)]\}$ 对 $\ln \sigma_I$ 作图就给出一条直线，斜率为 m，截距为 $-m\ln \sigma_0$。这样一种图示形式称为 Weibull 曲线。

钠钙玻璃和一种以玻璃相结合的多晶氧化铝的惰性强度的 Weibull 曲线示于图 10.2。可以看出线性回归结果很好地描述了数据，包括那些十分重要的低强度"尾迹"。假如对于由图 10.2 中所示材料中的一种制成的部件来说可以接受的失效率为百分之一($P = 0.01$)，相应地就必须考虑一个相对于中心应力水平($P = 0.50$)来说大约等于 2 的安全因子。对于这两种材料来说，相应的 Weibull 模数是 $m \approx 10$。这是常规的刚刚加工而成的陶瓷的典型值。从工程角度来看很显然，一个较高的 Weibull 模数和较高的强度应该是同等重要的。

在将概率图作为设计的一个依据时需要加以特别的小心。为了提高在分布的末端尾迹处评价安全性范围的可信度，必须保证数据样本足够大(如对于允许的断裂概率 $P = 0.01$ 而言，$N > 100$)。设计出与实际部件有关的测试构型也是很重要的。进一步说，图 10.2 所示的数据组有点过于理想化了，表现出了非常完美的裂纹分布。导致显著偏离线性 Weibull 曲线的双峰分布并不是不常见。对于一些特定的材料来说，其他形式的 Weibull 函数(如具有三个甚至更多个可调整参数的函数)或者其他一些极值函数可能更合适一些。

10.1.2 保证试验

保证试验是从一批候选部件中剔除次品的一种具有潜在有效性的方法。部

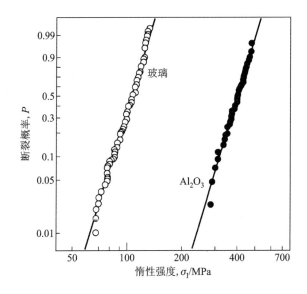

图 10.2　钠钙玻璃和一种以玻璃相结合的多晶氧化铝(晶粒尺
寸 10 μm,含有体积比为 4% 的添加剂)的 Weibull 曲线。测试
在惰性条件下进行。[玻璃的数据由 S. M. Wiederhorn 提供;氧
化铝的数据取自:Gonzalez, A. C. , Multhopp, H. , Cook, R. F. ,
Lawn, B. R. & Freiman, S. W. (1984), in *Methods for Assessing the
Strucutal Reliability of Brittle Materials*, eds S. W. Freiman and
C. M. Hudsson, A. S. T. M. Special Technical Publication 844,
Philadelphia, p. 43.]

件承受一个量级为 σ_P(大于服役时的使用应力)的应力短期作用。那些具有较
大缺陷的部件发生破坏,从而从总体分布中被剔除。这使得在 Weibull 曲线上
惰性强度在 $\sigma_I = \sigma_P$ 处被截断,从而为设计建立起了一个明确定义的应力水平。

图 10.3 给出了一种氮化硅陶瓷在保证试验前后的强度数据。初始强度曲
线是一个简单的 Weibull 分布,保证试验剔除了所有强度低于 σ_P 的试样,因
而使得分布向曲线的高强度区域偏移。描述剩余的强度数据的曲线根据式
(10.2)的原始函数确定,但是是一个减弱的分布

$$P' = (P - P_P)/(1 - P_P) \qquad (10.3)$$

式中的 P_P 为 $\sigma_I = \sigma_P$ 处的初始断裂概率。由式(10.3)可以看出,保证试验之
后,随机断裂的风险性有了很大程度的降低。

有效的保证试验要求惰性测试环境和快速的加卸载,以防止由于环境增强
的缺陷扩展导致强度的衰减。我们将要指出(10.2 节),亚临界扩展并不容易
避免,即使是在真空条件下(Ⅲ区,5.4 节和 5.5 节);因此强度的截断并不总
是明确定义的。此外,还要求对实际的部件而不是模拟试样进行保证试验,并

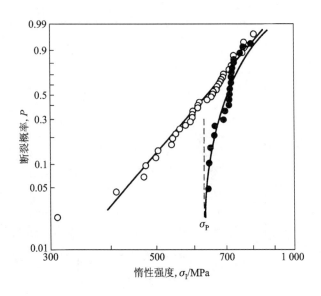

图 10.3　保证试验前(空心符号)和保证试验后(实心符号)氮化
硅(热压、添加了氧化镁)惰性强度的 Weibull 分布。保证试验
后的曲线根据式(10.6)由初始分布确定。[取自:Wiederhorn,
S. M. & Tighe, N. J. (1978) *J. Mater. Sci.* **13** 1981.]

尽可能精确地模拟服役时的应力状态。

10.1.3　无损检测(NDE)

　　检测潜在的含缺陷脆性部件的一个更直接的方法是 NDE。其原理很简单:
使用某些成像技术(光学的、X 射线、电子的、声的)绘出材料表面和体内的缺陷
结构,然后剔除或者修复那些含有不可接受的大缺陷的部件。对于工程师来
说,这一方法具有一定的诱惑力,因为它有希望实现自动化。因此,在发展一
系列强有力的 NDE 技术方面已经付出了很多的努力。但是,对于陶瓷来说,
这一原理的简单性因为实践上的困难而未能实现。我们重申典型缺陷的小尺度
(通常小于 100 μm),这一尺度位于观察用显微镜的边界处。存在一个本征的
分辨率极限,使得对我们所感兴趣的脆性材料进行缺陷成像不太实际。

　　在目前可以应用的 NDE 技术中,声波散射可能是最有希望的。用背散射
表面(Rayleigh)波技术对氮化硅中可控缺陷进行的一个论证性实验的结果归纳
于图 10.4 中。裂纹为饼状的 Knoop 压痕裂纹,初始半径为 150 μm,取向垂直
于入射声束。试验分别在压痕试样和压痕后退火试样(8.2.1 节)上进行。尽管
清楚地说明了实验技术的检测能力,但对图 10.4 所示结果做出定量解释并不
容易。对于压痕试样,在任意一个给定外加应力下信号的强度都足够高,反映
了来自不可逆接触场的非常强的残余裂纹张力。在这种情况下,随着应力增大

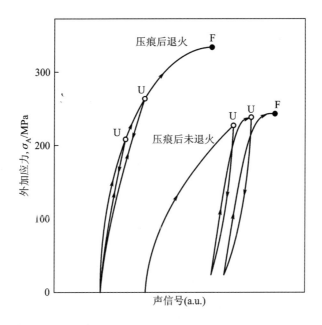

图 10.4　抛光氮化硅中 Knoop 压痕（裂纹面垂直于入射波）处的背散射 Rayleigh 波（8.6 MHz）的声信号随外加应力而增强直至试样断裂（F）。注意到相对于退火压痕来说，未退火压痕的信号更强。同样也要注意到未退火压痕在卸载（U）点处出现的明显的滞后，而退火压痕则没有这一现象。［数据取自：Tien, J. J. W., Khuri-Yakub, B. T., Kino, G. S., Marshall, D. B. & Evans, A. G.（1983）*Proc. Roy. Soc. Lond.* **A385** 461.］

而出现的信号的单调增强与同一个起稳定作用的接触场中裂纹半径的增大（与图 8.18 对比）直接相关；卸载 – 重新加载过程的曲线并没有完全和加载过程的曲线重合，证实了这一裂纹扩展的不可逆。对于退火表面，裂纹在初始时仅仅是借助于裂纹面上随机的凹凸性而保持张开状态，在断裂发生之前并没有发生扩展。因此，信号的增强可以归因于随着外力的施加裂纹界面上的凹凸接触逐渐消除；在这里，卸载 – 重新加载过程完全重复了加载时的曲线。于是，即使是对相对简单的、人工引进的大缺陷系统，声信号也不能提供一个对裂纹尺寸的直接测量。

目前，NDE 技术的分辨率似乎还不够，解析成像信息所用的算法过于复杂，将其作为检测陶瓷部件中潜在临界缺陷的常规技术之前，还需要投入更多的人力和财力对其进行研究。

10.2　缺陷统计学与寿命

上一节中介绍的缺陷检测方法延续到了在低于惰性强度水平的应力持续作用下发生的与时间有关的断裂，即"疲劳"。有必要适当地回顾一下在 8.3 中建立的关于疲劳的分析基础。大多数工程分析的中心是一个经验的幂定律裂纹速率函数，通常与不具有韧性曲线（内部驱动力为零）的材料中 Griffith 缺陷的裂纹尖端应力强度因子以及一个固定的外加应力（"静态疲劳"）联系在一起（Evans 和 Wiederhorn 1974）

$$\left.\begin{array}{l} v = v_0 \left(K_* / T_0 \right)^n \\[6pt] K_* = \psi \sigma_{\mathrm{A}} c^{1/2} \\[6pt] \sigma_{\mathrm{A}} = 常数 \end{array}\right\} \tag{10.4}$$

这就建立了一个关于 $c(t)$ 的微分方程。在这种特殊情况下，"寿命"可以通过在初始缺陷尺寸 c_{f} 和最终失稳时的裂纹尺寸 c_{F} 之间直接积分而得到

$$\begin{aligned} t_{\mathrm{F}} &= \int_{c_{\mathrm{f}}}^{c_{\mathrm{F}}} \mathrm{d}c / v \left[K_* (c) \right] = A / \sigma_{\mathrm{A}}^n, (n \gg 2) \\ &= B \sigma_{\mathrm{I}}^{n-2} / \sigma_{\mathrm{A}}^n, (\sigma_{\mathrm{A}} < \sigma_{\mathrm{I}}) \end{aligned} \tag{10.5}$$

式中，$A = 2T_0^n / (n-2) \psi^n v_0 c_{\mathrm{f}}^{n/2-1}$，$B = 2T_0^n / (n-2) \psi^2 v_0$，均为材料 – 环境 – 缺陷常数。我们注意到 t_{F} 对（i）（反的）外加应力 σ_{A}、（ii）本征韧性 T_0 或惰性强度 σ_{I} 以及（iii）（反的）初始（而不是最终）裂纹尺寸的强烈的敏感性。对初始裂纹尺寸的敏感性反映了这么一个事实：缺陷扩展所经历的时间大部分都花在了扩展的最慢阶段（低的 K_*）。

如果疲劳过程中起作用的缺陷源与惰性强度试验中的一样，我们就可以借助于式（10.2）所示的 Weibull 函数来描述寿命的分布。直接将式（10.5）代入得到

$$P = 1 - \exp \left[- \left(t_{\mathrm{F}} / t_0 \right)^M \right] \tag{10.6}$$

式中，$t_0 = B \sigma_0^{n-2} / \sigma_{\mathrm{A}}^n$，$M = m / (n-2)$（Davidge 1973,1979；Evans 和 Wiederhorn 1974）。因为对于大多数陶瓷来说 $n-2 > m$，所以通常 $M < 1$，这对应于寿命数据的很大的波动。理论上说，通过对惰性强度的 Weibull 参数 m 和 σ_0 以及材料 – 环境参数 T_0、n 和 v_0 进行独立测量，我们可以对式（10.6）做出评价。

图 10.5 示出了一种多晶氧化铝的典型的 Weibull 寿命曲线。所用的氧化铝与图 10.2 所示是同一种材料。（疲劳试验所用的应力水平 $\sigma_{\mathrm{A}} = 253$ MPa 显然处于图 10.2 示出的惰性强度数据范围以下。）寿命的波动跨越了若干个数量级，从而证实了式（10.5）所描述的断裂动力学对缺陷尺寸的敏感性。由拟合线的

斜率我们得到式(10.6)中的 $M=0.25$；这一数据与采用 $m=9.8$（图10.2）和 $n=55$（由对独立的加载速率实验数据进行拟合得到）进行独立评价而得到的 $M=m/(n-2)=0.18$ 是可比的。

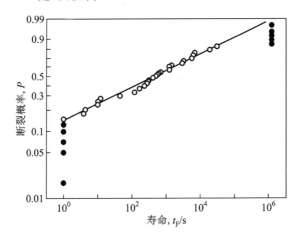

图10.5　以玻璃相结合的氧化铝的 Weibull 曲线，示出了在持续的静态应力 $\sigma_A=253$ MPa 作用下寿命的分布。在分布的低端处过早的"坡道式的"断裂以及在分布的顶端出现的"幸存"都用实心符号表示。后者是疲劳极限的一种表现。［数据出自与图10.2相同的文献；分析见：Wiederhorn, S. M. & Fuller, E. R. (1985) *Mater. Sci, Eng.* **71** 169.］

保证试验可以用于消除寿命分布函数中的低寿命尾迹（Evans 和 Wiederhorn 1974）。这里同样有必要采用一种避免缺陷分布发生任何变化的方式来进行这样的试验。采取了这样的预防措施后，在保证应力 σ_P 下进行的试验保证了一个最小寿命［式(10.5)］

$$t_P = B\sigma_I^{n-2}/\sigma_P^n, \quad (\sigma_P < \sigma_I) \tag{10.7}$$

结合式(10.6)和式(10.3)则可得到修正的 Weibull 分布。说明保证试验后寿命截断现象的一种氧化铝陶瓷的 Weibull 曲线示于图10.6。

尽管十分复杂，疲劳寿命预测的计算方法和图示方法已经根据上面所描述的断裂力学分析得出（Davidge 1973, 1979；Evans 和 Wiedernhorn 1974；Ritter 1974）。任何一种这样的预测方法的价值取决于以下几方面：

（i）起始方程的合理性。我们重申式(10.4)中的各个方程都是有限制条件的。首先考虑经验的幂定律速率函数。除了其他一些局限性外，这个函数中没有考虑速率门槛值的存在（第5章），因此就无法讨论疲劳极限。读者可以回顾一下图8.29中氧化铝压痕试样静态疲劳数据中表现出的迅速趋近这一极

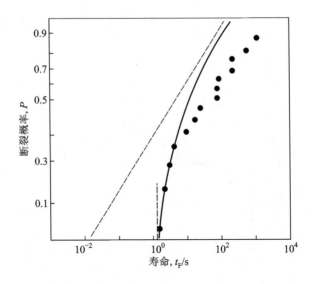

图 10.6　一种氧化铝（晶粒尺寸 15 μm）保证试验后的
Weibull 寿命分布（用保证试验后的最小寿命 t_p 进行归一
化处理）。虚线为初始分布，实线为根据式（10.6）得到
的修正的保证试验后分布。［取自：Xavier, C. & Hubner,
H. W. (1981) *Science of Ceramics* **11** 495.］

限的情况。事实上，从图 10.5 所示的氧化铝数据中"幸存试样"的存在可以
明显地看出自然裂纹也同样存在一个类似的极限。尽管在金属文献中十分强调
门槛值应力在特征寿命响应中的十分明显的作用，陶瓷设计方法中仍然忽略了
这个潜在的重要因素。

　　再考虑式（10.4）中的 K 场方程。尽管可以证明这个方程适用于像退火玻
璃和单晶这些均质材料的简单缺陷类型，但是同样的结论并不适合于大多数陶
瓷材料，在这些材料中由残余内应力导致的屏蔽项（9.5 节）以及 R 曲线过程
（9.6 节）是常见的。我们将看到（10.4 节），这些附加因素所起的稳定作用可
以显著地减弱初始缺陷尺寸在失效力学分析中的重要性，从而改变强度和疲劳
数据波动的复杂性。

　　（ⅱ）校正参数的精度。起始方程的局限性结合在一起就使得相关的材
料－环境参数（T_0, n, v_0）和惰性强度 Weibull 参数（m, σ_0）的确定具有一些不确
定性。我们已经注意到了式（10.5）中的 t_F 对这些参数的敏感性。因此，在使
用任何基于独立参数校正的预测方法时都必须极其小心，特别是在将数据从实
验室测试范围外推到很长的服役时间的情况下。这一点在应用常规的长裂纹测
量评价裂纹速率参数时尤其需要加以注意。没有任何理由可以保证长裂纹数据
能真实地代表自然缺陷范围内的情况。第 8 章中的压痕方法确实使得我们更加

接近了所需考虑的短裂纹范围；但是，正如前面所述，残余场会强烈地影响到疲劳的敏感性（参见图8.25和8.29）。对于任意指定的一个材料体系来说，哪一类压痕（压痕试样或者压痕后退火试样）更接近于自然裂纹状态？因为存在有这些疑问，许多人赞同采用一个更安全（也许更繁琐）的方法：用实际的试样在其刚刚加工完成的状态下进行疲劳强度测试，以这一测试所得到的数据进行参数校正。

（iii）保证试验的效果。如果操作不当，保证试验的可靠性就要打折扣。在实际操作中，在保证试验过程中避免现存缺陷的动力学扩展并不容易，所以寿命会实质性地降低到式（10.7）所预测的截断值以下。确实，在某些情况下（特别是保证试验中包括了一个在潮湿环境中缓慢卸载阶段的情况），保证试验后的缺陷分布可能会比初始分布更危险。在极端情况下，保证试验可能诱发亚门槛值缺陷的突进。

一个隐形的前提是：在保证试验之前部件已经是"充分老化"了，因此当部件离开实验室时其具有的缺陷分布已经处于一个稳定状态。如果后续的服役条件严酷（例如，9.3节中所考虑的那些类型外部场），其缺陷分布可能会经历进一步的恶化。因此，在服役的关键（停止工作）阶段可能需要进行重复的保证试验（或NDE）。

10.3 缺陷消除

改善可靠性的第二种方法是优化陶瓷制备工艺以生产出均匀的、无缺陷的部件。与在制成的制品中检测缺陷不同，这里是在源头上消除缺陷。

10.3.1 光学玻璃纤维

从Griffith时代开始就认识到了逼近于理论内聚极限（1.5节和6.1节）的强度可以在纯净的玻璃纤维或者晶须上得到。20世纪70年代通讯领域对强度高于1 GPa、长度超过1 km的高传输光学纤维的需求刺激了这一领域的复兴。一些制备无缺陷纤维的技术（包括拉制后腐蚀和火焰抛光）得到了研究；但是最有效的就是在一个纯净的环境中从一个加热的圆柱形预制体中进行新鲜拉制。

图10.7所示的Weibull曲线给出了采用两种测量长度测得的新鲜拉制的二氧化硅纤维的惰性强度分布（Maurer 1985）。注意到这些分布的明显的双峰特征：一个为本征的陡峭的区域，模数$m > 50$，中心强度约为3.5 GPa（也即$E/20$，与理论上可以达到的值相差不大）；另一个为非本征区域，在较大的测量长度下更为显著。由式（10.1），本征区域中心处的强度对应于一条$c_F \approx 50$ nm

的饼状缺陷，这可能是这些纤维表面起伏度的量级。曲线的非本征尾迹通常归因于与大气灰尘等的接触导致的随机性的衰减，对于未采取保护措施的纤维，这种尾迹随着老化而变得越来越显著。在长时间的暴露和触摸之后，强度最终就降低到了如图10.2所示的普通玻璃表面的低水平特征区域。

纯净的玻璃在潮湿环境中会发生疲劳。二氧化硅纤维的静态疲劳曲线给出了式(10.5)中的 $n = 15 \sim 20$，而对长裂纹试样进行的常规测试则给出 $n = 35 \sim 40$。采用压痕裂纹研究门槛值附近发生的过渡行为时观察到了疲劳敏感性的一种类似的增强(Dabbs 和 Lawn 1985)，在这种情况下残余接触场对缺陷稳定性施加了一个强烈的修饰性影响(8.5节)。

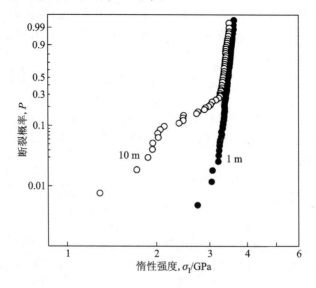

图 10.7　新鲜拉制的熔融二氧化硅玻璃纤维的 Weibull 惰性强度分布。两种测量长度。[取自：Maurer, R. D. (1985), in *Strength of Inorgainc Glass*, ed. C. R. Kurkjian, Plenum, New York, p. 291.]

现在的纤维生产线严格保证了玻璃组成不受污染，并在玻璃纤维从熔体中拉制出来后很快就在其表面施加了一个保护性涂层。已经进行了大量的研究以优化涂层条件、引进表面压应力(回顾8.6.2节)和抑制本征缺陷的演化。目前的技术通常可以生产出长度超过3 km的纤维制品，在超过1 GPa的应力作用下能够维持若干年而不破坏。

10.3.2　无杂相的陶瓷

Lange(1984,1989)和其他学者已经达到了这么一个水平：他们通过对粉体制备过程进行优化以消除脆性陶瓷中的显微结构缺陷，从而制出了强度谱图上最高点处的材料。他们的方法是：通过在生产的每一个阶段在试样上辨认出主要的断裂源，然后在重复的工艺环节中采用一些措施消除引发断裂的缺陷（或者至少降低其危害程度）。说明在超高强度陶瓷制备过程中可能遇到的缺陷类型的典型谱图的示意图示于图 10.8 中。

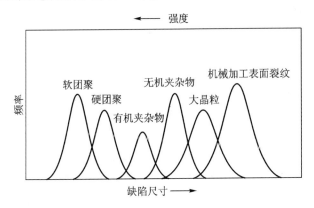

图 10.8 细晶陶瓷缺陷类型谱图。这些缺陷在高强度、无缺陷陶瓷制备过程中可以通过重复的优化处理而消除。

［取自：Lange, F. F. (1989) *J. Am. Ceram. Soc.* **72** 3.］

到目前为止得到了最深入研究的陶瓷是细晶（1～2 μm）氧化铝/氧化锆体系（Lange 1984）。采用常规的干粉方法，制得的试样经抛光后可以获得的强度约为 600 MPa。这些强度被证明是受到了偶尔出现的硬团聚的限制。从胶态溶液中通过对粉体沉降并进行固化可以消除这些团聚，从而就将强度提高到了约 1 GPa。最后，采用烧失/等静压处理将由于有机粘结剂污染而产生的气孔消除后，强度提高到了 2 GPa 以上。遗憾的是，还没有进行明确的 Weibull 分析以证实一种可能性，即：优化工艺过程应该同时减弱了强度的离散性。

超高强度的前景的确是很诱人的。但是，缺陷消除途径却有其欠缺之处。首先是经济性方面的问题。工艺过程十分严格，需要超纯净条件以避免粉体的污染。相应付出的花费和努力只有特殊的高技术应用才能承受。其次，如果允许的断裂风险要求非常高，就必须通过检测以剔除偶见的弱部件。我们已经指出了 NDE 技术对于常规陶瓷的不适用性，而优化的材料中缺陷尺寸的减小却加剧了这一不适用性。最后，在老化过程中，纯净表面有一种形成具有长尾迹的双峰分布的趋势（参见图 10.7）：一条服役期间形成的缺陷的出现可能会使高强度一下子降回到常规水平。于是，就有必要求助于表面保护或者封装。对于多晶陶瓷来说，涂覆一层钝化膜（参见光学纤维）、引进表面压应力（如热回火处理、离子注入、相变增韧）都是可能的保护手段，在文献中已经得到了一些关注。

有意思的是，在"无宏观缺陷"水泥制品的研制中缺陷消除这种设计方法已经得到了一些成功的应用。通过在混料时添加一些表面活性化学试剂以调整水泥浆料的流变性以及通过采用新颖的挤出工艺，就有可能使最终制品的气孔率得到显著的降低，从而将强度从传统的 5~15 MPa 这样的低水平提高到 50~70 MPa 这样相当不错的高水平。

10.4 缺陷容限

在改善可靠性的各种设计思想中，将缺陷容限引进起始材料这一思想具有最深远的意义。它保留了在上一节中所肯定的从部件评价到材料优化这一概念性的变化，而在工艺策略上则有一个非凡的不同之处：它不是试图消除杂相，而是引进杂相，尽管是以一种可控的方式。其目的在于通过显微结构的屏蔽（第 7 章）使得裂纹扩展以一种稳定的方式发生，从而降低强度对缺陷尺寸的敏感性。断裂由阻力曲线（R 曲线、G_R 曲线）或者韧性曲线（T 曲线、K_R 曲线）控制（3.6 节）。

10.4.1 具有韧性曲线材料的强度

考虑一种具有中等程度屏蔽效应材料中由饼状显微结构缺陷导致断裂的力学问题。假定这一缺陷是一类最危险的本征缺陷，从一开始出现就处于完全屏蔽区，即包括第一个桥接点之前的拉应力区。这样，自发（Griffith）失稳条件就不适用了：缺陷处于 T 曲线的短裂纹范围，需要应用 3.6 节中的修正的稳定条件。

图 10.9 采用第 7 章和第 8 章中出现的一种晶粒尺寸为 35 μm 的高密度氧化铝的 K 场数据进行了说明。实线代表惰性强度的情况，对 $\sigma_A = \sigma_M = \sigma_I = 250$ MPa 作图（与图 8.24 中对应于 $l = 35$ μm 的阴影区数据对比）：（a）是远场观察者作出的图形，断裂发生在切点处，即 $K_A(c) = T(c)$，$dK_A/dc = dT/dc$，其中 $T(c) = T_0 + T_\mu(c)$ 取自图 7.29，对于饼状裂纹 $K_A(c) = \psi\sigma_A c^{1/2}$ 来自式（2.20）和（2.21d）；（b）为相应的"包围区"的情形（与图 8.19c 对比），断裂发生在 $K_*(c) = T_0$，$dK_*/dc = 0$，其中 $K_*(c) = K_A(c) + K_\mu(c)(-K_\mu = T_\mu)$。借助于断裂前的稳态裂纹扩展，即在 $K_A(c) = T(c)$ 或 $K_* = T_0$ 条件下从 c_F 扩展至 c_M，强度在 10 μm ≤ c_F ≤ 80 μm 这一初始缺陷尺寸范围与缺陷尺寸无关。在图 10.10 所示的曲线上，在短裂纹区域中出现的一个 $\sigma_I = \sigma_M$ 的平台更直接地说明了这一特征。这样，临界缺陷尺寸这一说法就不再普遍适用了：材料具有了缺陷容限。

这一缺陷容限可以推广到活性环境中承受静态应力 $\sigma_A < \sigma_I$ 作用的部件寿

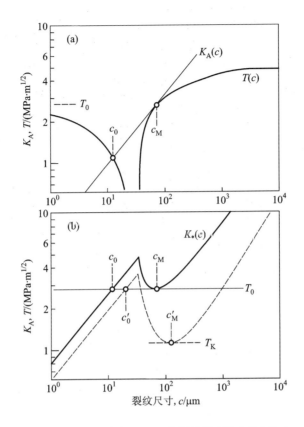

图 10.9 晶粒尺寸为 35 μm 的氧化铝（图 7.29）从自然缺陷处发生的断裂。（a）T 曲线构型，表明在惰性强度 $\sigma_A = \sigma_I = 250$ MPa 下，$K_A(c)$ 在临界点处与 $T(c)$ 相切；（b）等效的构型，示出 $\sigma_A = 250$ MPa 时的 $K_*(c)$（实线）在 $c = c_M$ 处与 $T = T_0$ 相交，而 $\sigma_A = 110$ MPa 时的 $K_*(c)$（虚线）在 $c = c'_M$（疲劳极限）处与 $T = T_E$（环境）相交。在缺陷尺寸处于 $c_0 \leqslant c_F \leqslant c_M$ 这一范围内时，

强度与缺陷尺寸无关

命分析。图 10.9b 中还含有一条对应于 $\sigma_A = 110$ MPa 的 $K_*(c)$ 曲线，代表了疲劳极限。随着缺陷的扩展，裂纹速率 $v(K_*)$ 沿这一曲线降低直至在式（5.14）所定义的门槛值 $K_* = T_E$ 处达到最小值，因此，［与式（10.5）中所说明的条件相反］决定速率的裂纹长度是 c'_M 而不是 c_F。值得注意的是，屏蔽组元 $-K_\mu = T_\mu$ 的任何增强都将导致 $K_*(c)$ 最小值的进一步降低，同时伴随着门槛值应力的相应提高。

非常值得注意的是，具有显著 T 曲线的材料仍然表现出强度和寿命的离

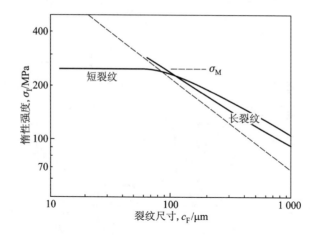

图 10.10　对于与图 10.9 所用的相同的氧化铝预测得到的惰性强度随饼状裂纹缺陷初始尺寸的变化关系。曲线对应于本征的短裂纹缺陷(显微结构缺陷,退火后的压痕或者机械加工缺陷),这些缺陷完全处于桥接区,也即图 7.27 中的 $c_0 = d$。曲线表现出了一个特征的缺陷容限平台。对比曲线对应于非本征的长裂纹缺陷(初始的无应力切口形缺陷),缺陷仅仅在发生扩展后才出现桥接,即图 7.27 中 $c_0 = c_F$,反映了容限的减小。虚线对应于假想的不具有桥接效应(摩擦力和残余热膨胀各向异性应力均为零)材料中的(Griffith)缺陷。(由 S. J. Bennison 提供。)

散性,尽管这些材料宣称对缺陷不敏感。例如,我们可以注意到图 8.22 所示的氧化铝材料的强度数据中的误差棒,甚至包括那些表示断裂全部从可控的压痕缺陷处发生的数据点。这些误差棒与图 8.25 中均匀玻璃的误差棒相比是非常大的,从而证实了数据的离散不能归因于压痕 – 强度测试过程本身存在的误差。可以认为这一离散性应该源自显微结构的波动。对于氧化铝而言,则是桥接参数(桥接晶粒间距、残余内应力、拔出摩擦等,7.5 节)的波动。因此,当杂相成为工艺过程的一个关键因素时,它们在显微结构中的分布就应该存在一定程度的不均匀。如果 Weibull 概率函数(10.2)和(10.5)仍然可以合理地描述强度和寿命的离散性的话,获得高的 Weibull 模数的关键在于显微结构屏蔽组元的分布而不是在于本征缺陷的分布。

　　T 曲线方法一个重要的优势是存在对显微结构进行剪裁以优化对缺陷的不敏感性的可能性。比如说对于氧化铝基陶瓷,目的是增强显微结构桥接(7.5 节)。如图 8.24 所示,实现这一目的的一个简单方法是增大晶粒尺寸。但是,对于单相陶瓷来说则会受到一些限制。增大晶粒尺寸相应地增大了能保持拔出摩擦约束的裂纹张开位移，从而增强屏蔽效应；但这也同时增大了桥接间距，从而使得裂纹在桥接被激活之前发生初始扩展所穿越的距离增大。净的效果就是在图 8.24 中可以看到的一种折中：曲线相互交叉，裂纹容限是通过在小缺陷(低荷载)区域强度的降低而获得的。理想情况是寻找出一种方法，在使得桥接效应增强的同时并不伴随着桥接密度的降低。

　　一种这样的方法是通过引进相对于基体具有高的热膨胀失配的第二相以使式(7.29)中的残余应力 σ_R 提高，从而增强已有的桥接约束。一个极端的例子是钛酸铝和氧化铝之间的失配，这一失配足以使氧化铝基体中的内应力提高一个数量级以上。图 10.11 所示的一种氧化铝基复合材料(基体晶粒尺寸为 6 μm，含有体积比为 20% 的钛酸铝颗粒)的压痕-强度数据证实了这一方法的效果。我们看到，相对于基础氧化铝的对比曲线(根据图 8.24 进行理论插值分析得到)而言，缺陷不敏感性明显提高，但并不伴随有与显微结构粗化有关的平台强度的明显降低。作为对缺陷不敏感性改善程度的一种定量表征，我们观察到，在图 10.11 所示数据范围内，尽管压痕缺陷尺寸从约 15 μm 增大到 250 μm，相应的强度降低不到 10%。

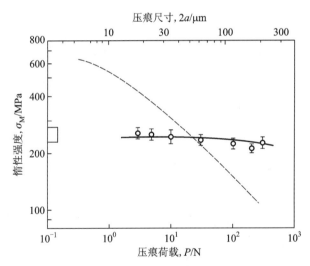

图 10.11　氧化铝基体(晶粒尺寸 6 μm)和钛酸铝第二相颗粒(体积比 20%)组成的复合材料的惰性强度随 Vickers 压痕荷载的变化关系。所有数据点均代表断裂发生在压痕位置。误差棒给出了数据的标准差。实线为对数据进行的经验拟合。虚线为对具有与基体相同晶粒尺寸的基础氧化铝进行的理论预测结果。(数据由 S. J. Bennison 和 J. L. Runyan 提供。)

10.4.2　设计方面的意义以及一些错误的观点

缺陷容限为一个明确定义的设计应力提供了可能，如图 10.10 所示的在惰性条件下的平台值 σ_{M}。尽管缺陷容限材料相对于 10.3 节中介绍的更"精细"的无缺陷材料而言只具有中等大小的实验室强度，但这些强度对 8.7.1 节中所描述的服役期间的冲击损伤所导致的衰减很不敏感。我们刚刚在图 10.11 中强调了氧化铝基复合材料的极端的缺陷不敏感性：由那张图我们可以推论出，一个可能导致复合材料强度损失约 10% 的颗粒撞击事件将在基础氧化铝中相应导致约 400% 的强度损失。而有意思的是：这样一种不随缺陷而变的强度仅仅是借助于非恒定的韧性而实现的。明确定义的设计应力这一概念推广到在化学活性环境中发生的断裂问题方面：再次回顾 8.3 节（例如图 8.29）中提到的显微结构屏蔽有一种把自身表现为一个提高的疲劳极限的趋势，也就是门槛值应力的提高；在门槛值应力以下，断裂寿命明显地趋于无穷大。

在陶瓷的设计中，缺陷容限在其他一些重要的方面也发挥了作用：

（i）力学评价。（a）NDE。作为在屏蔽 K 场（由于任何的局部残余成核场的存在而得到进一步的增强，9.5 节）中发生断裂前的稳态裂纹扩展的一个结果，邻近临界状态的缺陷具有更大的可能性被常规的手段检测到。进一步说，因为起稳定作用的场起源于显微结构中根本的离散性，裂纹生长过程不可避免地会比在均匀材料中更为"喧闹"，从而提高了断裂"早期预警"的可能性。（b）保证试验。保证试验可以以一种通常的方式进行以消除强度分布的尾迹。在这些试验过程中，可能会发生实质的稳态裂纹扩展但并不导致断裂。这样的扩展并不会显著地降低强度或者随后的断裂寿命，因为仍然保持完好无损状态的系统仍然处于图 10.19 中切点的后面；同样，起限制性作用的裂纹尺寸是 c_{M} 而不是 c_{F}。

（ii）工艺措施。设计的组成现在必须借助于显微结构特征而不是缺陷分布来给出。我们重申所提倡的工艺思路是引进起屏蔽作用的杂相而不是消除这些杂相。这种思路伴生有简单性和经济性的优点：为了提高缺陷容限，可以提高杂相的密度；为了提高 Weibull 模数，则可以控制杂相的分散性。应用这一设计思想，我们就更加进入了复合材料和像混凝土这样的复杂材料的领域。需要特别谨慎地加以保证的是：一个工艺过程在使我们获得缺陷容限的同时，不要导致自发微开裂（9.4 节）或者其他有害的性质（见 10.5 节）。

"显微结构设计"这一名词为陶瓷工程师提供了很宽的领域去研制可靠的部件。到目前为止，对 T 曲线材料可靠性的关注才刚刚开始。

在结束这一节之前，我们讨论一下在 T 曲线（R 曲线）描述方面存在的一些常见的错误认识。

（i）T 曲线的长裂纹区域和短裂纹区域。具有本征饼状缺陷的材料的强度对 T 曲线在短裂纹区域的形状很敏感（例如图 10.9），对于桥接陶瓷来说，在屏蔽 K 场中这个区域的形状是由显微结构离散性决定的。如图 7.24 所示，采用常规的具有平直裂纹前缘的切口试样进行的长裂纹测试无疑掩盖了这一离散性。压痕缺陷显得更适合于评价所需的短裂纹 T 曲线，因为它们在可控的测试条件下相当接近地模拟了本征缺陷的基本尺度和形状。

（ii）构建 T 曲线的不同方法的合理性。表示具有显微结构屏蔽材料断裂条件的通用方法是：用裂纹阻力 R 对长度为 c_0、无约束应力作用的切口处的裂纹扩展量 Δc 作图得到韧性曲线；和以前一样，失稳根据切线条件确定；但在这里把外加应力函数 $G(c)$ 的原点沿扩展轴从 $\Delta c = 0$（$c = c_0$）移到了 $\Delta c = -c$（$c = 0$）（Bıoek 1982）。图 10.12 所示的说明性曲线是对应于图 10.9 中的氧化铝材料作出的长裂纹 R 曲线。尽管仍然是由从 $c = c_0$ 到 $c = c_M$ 的稳态扩展过程控制，但这里的强度表现出了对初始裂纹尺寸的依赖性。这一依赖性对于初始状态下没有发生桥接的饼状缺陷（也即非本征的无应力约束缺陷[*]）是成立的，$c_0 = c_F$。图 10.10 中，这种长裂纹缺陷表现了恰当的中等程度的缺陷容限。但是，图 10.12 所构建的 T 曲线有一定的限制性，它仅仅只能描述那些在初始状态下没有发生桥接的长裂纹缺陷，而肯定不适用于广泛范围内的本征短裂纹缺

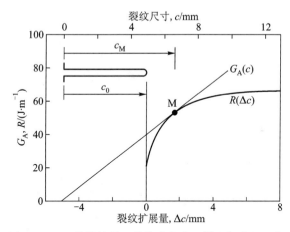

图 10.12　R 曲线的另一种构建方法，横坐标为源于长度为 c_0 的切口处的一个平直前缘裂纹的扩展量 Δc。$R(\Delta c)$（原点位于 $c = c_0$）是氧化铝的长裂纹阻力函数。$G_A(c)$ 曲线（原点位于 $c = 0$）对应于切口长度 $c_0 = 5$ mm。

（与图 3.10a 对比。）

---

[*]　于是就需要对 $K_A(c)$ 函数进行一些适当的修正，如式（9.10）。

陷，因为后者的发育完全处于一个桥接场中。

（iii）幂定律 T 曲线。一些分析采用了一个幂定律函数来描述韧性，如 $T \propto c^q$。关于这一函数存在两方面的异议。首先，这一函数很明显是经验性的，没有提供任何空间以容纳描述潜在的屏蔽过程的基本本构函数，从而无法预期对显微结构参数（晶粒或夹杂物的尺寸或形状、残余应力等）的依赖关系。它也无法在 T 曲线上区分出离散的短裂纹特征和连续的长裂纹特征。（在这方面，它与寿命预测中式（10.4）使用的幂定律速率函数具有同样的局限性。）其次，这一函数没有物理意义。在对数坐标中，$K_A(c)$ 和 $T(c)$ 曲线均为直线，只具有一个交点：如果 $q < 1/2$，断裂发生在 $c = c_F$，并不伴随有稳态扩展（也即自发断裂）；如果 $q > 1/2$，则稳态扩展从 $c = c_F$ 处开始直至 $c = \infty$，最终不会断裂。曲线上不存在切点，因此就失去了稳态断裂的基本特征。

10.5 其他设计因素

本质上，强度并不是陶瓷设计中必须加以考虑的唯一性能。在某些情况下，其他的一些因素也需要加以考虑，这取决于部件的特定功能。下面我们简要地介绍其中的几个因素，有兴趣的读者可以从更详细的陶瓷工程文献中得到更多的信息。

（i）热冲击。在高温应用中的脆性部件可能承受不住由于迅速的加热或冷却循环导致的热应力（Hasselman 1969；Davidge 1979）。考虑一种理想的情况：一块各向同性的无限大平板在无穷小的淬冷时间内与环境之间发生了瞬时的热交换，相应产生的表面拉应力为

$$\sigma_{TS} = E\alpha\Delta T/(1 - \nu) \tag{10.8}$$

式中，α 为热膨胀系数，ΔT 为温差，E 为杨氏模量，ν 为泊松比。起抵消作用的压应力出现在平板的中位平面上。对于实际的非理想体系，应力稍小一些且强烈取决于时间，可以根据常规的热交换方程确定。不过，从表面拉伸到亚表面压缩这样的应力梯度还是存在的，以至于表面裂纹一旦在临界 ΔT 处起始，就会发生突进而形成一个亚表面的中止构型（与 4.2.2 节对比）。因此，热冲击形成的 K 场 $K_{TS}(c/d)$ 在某一个裂纹深度 $c_F < c < d$ 时出现一个最小值，这里的 d 为平板的厚度。在后续的机械外加应力作用下，强度会因此而降低。

四种具有不同晶粒尺寸的高密度氧化铝陶瓷经受热冲击之后测得的强度数据示于图 10.13 中。可以看出存在三个区域：$\Delta T < \Delta T_C$，$K_{TS}(c_F) < T(c_F)$，没有足够的驱动力导致缺陷扩展，因此也就没有出现强度的降低；$\Delta T = \Delta T_C$（$\approx 200\ ℃$），$K_{TS}(c_F) = T(c_F)$，缺陷突进而后中止，从而相应导致强度迅速降低；$\Delta T > \Delta T_C$，$K_{TS}(c_F) > T(c_F)$，缺陷在发生突进之后裂纹继续稳态扩展，导

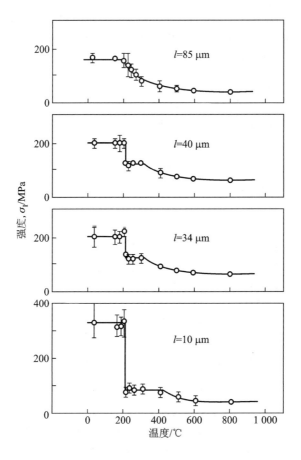

图 10.13　四种不同晶粒尺寸的高密度氧化铝的热冲击。数据为从温度 T 淬冷后测得的惰性强度。[取自：Gupta, T. K. (1972) *J. Am. Ceram. Soc.* **55** 249.]

致了程度逐渐加剧的强度降低[*]。在 ΔT_C 处出现的强度降低在晶粒尺寸最小时显得最为陡峭，而在晶粒尺寸最大时则几乎感觉不到。后者就是强韧性曲线增强效应的表现（图 7.29），表明粗晶材料中的热冲击裂纹受到了约束，在达到切点处之前被迫在 T 曲线上终止扩展（图 10.9）。于是，在后续的外加荷载作用下，强度的损失表现不出不连续性。这也部分解释了低级别耐火陶瓷在窑炉方面的应用。

（ii）磨损。当某一种应用使得表面或者界面处于长时间的滑动接触状态

---

[*]　需要注意，描述热冲击的图 10.13 和描述接触损伤的图 8.13 中强度降低曲线之间令人惊讶的相似性，后者中临界温差 ΔT_C 被临界接触荷载 P_C 代替。

时，表面去除过程就成为一个需要加以考虑的重要因素。在 8.7.2 节中已经指出，特别是脆性陶瓷很容易出现这样的情况，这是因为存在与颗粒状碎片之间发生接触从而诱发出微开裂的潜在危险性。直觉上说，对于均匀材料，良好的抗磨损阻力要求高韧性[与式(8.26)对比]，而这一点则得到了文献报道的实验证据的广泛支持。但是，在具有显著 T 曲线的材料中，衰减的趋势更为明显，这是因为，对于接触断裂来说，本征的显微结构残余力对非本征的接触引进的驱动力起到了一个补充作用。因此，设计就不再是一个简单地对单值韧性进行优化的问题，而需要在显微结构水平上对材料性能进行深入的了解。

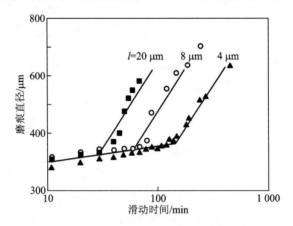

图 10.14　具有不同晶粒尺寸 l 的高密度氧化铝的磨损。数据示出了磨痕直径随滚动的硬质(氮化硅)球体接触时间的变化关系。在初始阶段磨痕直径的缓慢增大对应于变形主导的磨损。随后在临界滑动时间处迅速增大对应于向断裂主导磨损的过渡，此处，接触滑动变形应力的逐渐增大足以诱发晶界微开裂。注意观察过渡点处的时间随着晶粒尺寸的增大而迅速减小。

（数据由 S-J. Cho 提供。）

　　图 10.14 所示的三种不同晶粒尺寸 l 的高密度氧化铝的磨损数据说明了这一点。每一种氧化铝的磨损速率都随时间而单调增大，初始时比较缓慢，在经过了一个"孕育"阶段后突然急剧加速。在图 10.14 所示的三种氧化铝中，最粗的一种表现出了对衰减的最显著的敏感性。在初始阶段，损伤速率的增大与显微结构无关，而随着晶粒尺寸的增大，转变点明显地偏移到较小孕育时间一侧。回顾一下图 7.29 所示曲线之间的交叉：粗晶氧化铝的韧性在长裂纹范围得到了提高，但是在短裂纹范围却有所降低。与磨损相关的则是短裂纹范围。在被由局部的接触变形导致的非本征力 σ_D 增强后，在裂纹尖端屏蔽中发挥重要作用的相同的本征应力 σ_R 可能诱发预先存在的亚表面缺陷发生过早的

微开裂（7.3.2 节和 9.4 节）。假设变形应力随着时间而均匀地累积，也即 $\dot{\sigma}_D = \sigma_D/t =$ 常数。在关系式（7.16）中，对于临界缺陷用 σ_D 取代 $\bar{\sigma}_{ii}$，并引用式（7.17）中自发微开裂的限制条件 $l = l_C$，$\bar{\sigma}_{ii} = 0$，就可以得到孕育时间

$$t_* = (\sigma_R/\dot{\sigma}_D)[(l_C/l)^2 - 1], \quad (l \leqslant l_C) \tag{10.9}$$

于是，随着 l 从小于 l_C 开始逐渐减小，t_* 从零开始逐渐增大。图 10.14 中所观察到的平移对应于一个应力累积速率 $\dot{\sigma}_D = 5$ MPa·s^{-1}。

因此，对于氧化铝和其他 T 曲线材料来说，缺陷容限和磨损阻力可能是两个相互抵消的量。

（iii）循环疲劳。在很多潜在的应用中，陶瓷部件要承受重复的加载和卸载。在 10.2 节中，我们对在静态应力作用下的疲劳性质进行了一些明确的分析，假定寿命仅仅是由化学增强的、与速率有关的裂纹扩展决定的。在金属和高分子材料中，裂纹前端塑性区不可逆性的累积引发的机械疲劳可以使得断裂在远低于静态疲劳极限的最大应力下发生。现在的问题是类似的机械疲劳在脆性陶瓷中是否也会出现（Ritchie 1988；Suresh 1991）。尽管陶瓷不会在裂纹尖端处出现真正的塑性，但是，第 7 章中所讨论的显微结构屏蔽的其他一些模式有可能很容易受到机械疲劳的影响。

证实循环疲劳效应的数据已经在相变氧化锆和桥接氧化铝中测得。尽管确实发现了在这些材料中屏蔽元素表现出了某种类型的逐渐弱化，关于这种衰减的特定的微观力学原理还不是很清楚。到目前为止所报道的现象表明，陶瓷中的循环疲劳效应并不像金属和高分子中那么严重。不过，循环应力下衰减的可能性已经得到了预警，因此需要加以进一步研究，尤其是对复合材料系统。

（iv）损伤累积。对于断裂被高度稳定化的材料，受力部件中可能会演变出高密度的微裂纹，而不是一条主导的扩展着的宏观裂纹。于是，材料的响应由于柔度的降低而表现为一种不断加剧的非线性方式，在极端的情况下就像发生了塑性屈服的金属。"屈服"应力本身可能比较低，相应的断裂应变则会出乎寻常的高。在这种情况下，线性断裂力学的整个基础都被动摇了。在某些以能量吸收作为重要因素的应用场合（如承受投射物的撞击），损伤累积是值得期望的。

提高损伤累积和保证应力 – 应变非线性的一种自然而然的方法是借助于增强相的屏蔽，以提高必需的多重裂纹的稳定性。氧化锆和一些两相材料（如图 10.11 中的氧化铝基材料）表现出了这类强烈的非线性。这里，问题就把我们再次带入了复合材料领域。

（v）蠕变。在高于约 1 000 ℃ 的温度下，陶瓷的力学响应是各式各样的。这是断裂力学中高应变速率依赖性和温度依赖性的范围；在这区域中，晶界相薄层和环境化学的效应可能是很戏剧性的（Evans 1985；Wiederhorn 和 Fuller

1985）。在门槛值应力强度因子以上，固有缺陷可能按照某一个高温速率函数发生常规的裂纹扩展，从而导致断裂，表现出一种对应力相对较弱的依赖性（幂定律指数 $n \approx 2$）。在门槛值以下，裂纹会在粘性流动场中发生钝化，而全新的空腔缺陷分布可能会通过变形或者化学的、物理的变化而形成。这些空腔连通后会引起由应变速率限制的断裂，如经验的 Monkman-Grant 寿命关系式所表示的那样

$$t_F = \beta / \dot{\varepsilon}_A^{\alpha} \tag{10.10}$$

式中，α 是一个约为 1 的指数，β 是外加应力的弱函数。在这个亚门槛值区域，损伤累积的概念特别适用（Ashby 和 Dyson 1984）。

蠕变断裂是一个很大的潜在研究领域，直到目前为止仍然没有得到全面的认识。其复杂性体现在现有的高温设计存在的那些经验性准则中。

在陶瓷设计中，在强度、韧性与上面提到的各种因素之间进行平衡是一种折中的尝试："为特定的应用选择特定的材料"。我们已经清楚地看到：对于某一类性能有利并不一定意味着对其他性能也有利，这取决于材料显微结构的细节。脆性固体设计的明天依赖于结构工程师和材料科学家之间密切的合作与交流。

参考文献与推荐读物

第 1 章

Gordon, J. E. (1976) *The New Science of Strong Materials*. Penguin, Harmondsworth.

Griffith, A. A. (1920) The phenomena of rupture and flow in solids. *Phil. Trans. Roy. Soc. Lond.* **A221** 163.

Griffith, A. A. (1924) The theory of rupture. In *Proc. First Internat. Congr. Appl. Mech.* (ed. C. B. Biezeno & J. M. Burgers). J. Waltman Jr., Delft, p. 55.

Inglis, C. E. (1913) Stresses in a plate due to the presence of cracks and sharp corners. *Trans. Inst. Naval Archit.* **55** 219.

Obreimoff, J. W. (1930) The splitting strength of mica. *Proc. Roy. Soc. Lond.* **A127** 290.

第 2 章

Adamson, A. W. (1982) *Physical Chemistry of Surfaces*. John Wiley, New York.

Atkins, A. G. & Mai, Y-M. (1985) *Elastic and Plastic Fracture*. Ellis Horwood, Chichester.

Barenblatt, G. I. (1962) The mathematical theory of equilibrium cracks in brittle fracture. *Adv. Appl. Mech.* **7** 55.

Cotterell, B. & Rice, J. R. (1980) Slightly curved or kinked cracks. *Int. J. Fract.* **16** 155.

Gell, M. & Smith, E. (1967) The propagation of cracks through grain boundaries in polycrystalline 3% silicon-iron. *Acta Metall.* **15** 253.

Gurney, C. & Hunt, J. (1967) Quasi-static crack propagation. *Proc. Roy. Soc. Lond.* **A299** 508.

Hutchinson, J. W. (1990) Mixed-mode fracture mechanics of interfaces. In *Metal-Ceramic Interfaces* (ed. M. Rühle, A. G. Evans, M. F. Ashby & J. P. Hirth). Acta-Scripta Metall. Proceedings Series, Vol. 4, p. 295.

Hutchinson, J. W. & Suo, Z. (1991) Mixed-mode cracking in layered structures. *Adv. Appl. Mech.* **29** 64.

Irwin, G. R. (1958) Fracture. In *Handbuch der Physik*. Springer-Verlag, Berlin, Vol. 6, p. 551.

Maugis, D. (1985) Subcritical crack growth, surface energy, fracture toughness, stick-slip and embrittlement. *J. Mater. Sci.* **20** 3041.

Paris, P. C. & Sih, G. C. (1965) Stress analysis of cracks. In *Fracture Toughness Testing and its Applications*. A. S. T. M. Spec. Tech. Publ. 381, p. 30.

Rooke, D. P. & Cartwright, D. J. (1976) *Compendium of Stress-Intensity Factors*. Her Majesty's Stationery Office, London.

Tada, H., Paris, P. C. & Irwin, G. R. (1985) *The Stress Analysis of Cracks Handbook*. Del

Research Corporation, St Louis.

第 3 章

Atkins, A. G. & Mai, Y-W. (1985) *Elastic and Plastic Fracture.* Ellis Horwood, Chichester.

Barenblatt, G. I. (1962) The mathematical theory of equilibrium cracks in brittle fracture. *Adv. Appl. Mech.* **7** 55.

Broek, D. (1982) *Elementary Engineering Fracture Mechanics.* Martinus Nijhoff, Boston.

Budiansky, B. , Hutchinson, J. W. & Lambropoulus, J. C. (1983) Continuum theory of dilatant transformation toughening in ceramics. *Int. J. Solids Structs.* **19** 337.

Dugdale, D. S. (1960) Yielding of steel sheets containing slits. *J. Mech. Phys. Solids* **8** 100.

Elliot, H. A. (1947) An analysis of the conditions for rupture due to Griffith cracks. *Proc. Phys. Soc. Lond.* **59** 208.

Hertzberg, R. W. (1988) *Deformation and Fracture Mechanics of Engineering Materials.* Wiley, New York.

Irwin, G. R. (1958) Fracture. In *Handbuch der Physik.* Springer-Verlag, Berlin, Vol. 6, p. 557.

Knott, J. F. (1973) *Fundamentals of Fracture Mechanics.* Butterworths, London. Mai, Y-W. & Lawn, B. R. (1986) Crack stability and toughness characteristics in brittle materials. *Ann. Rev. Mater. Sci.* **16** 415.

Orowan, E. (1955) Energy criteria of fracture. *Weld. Res. Supp.* **34** 157-s.

Rice, J. R. (1968a) A path-independent integral and the approximate analysis of strain concentration by notches and cracks. *J. Appl. Mech.* **35** 379.

Rice, J. R. (1968b) Mathematical analysis in the mechanics of fracture. In *Fracture* (ed. H. Liebowitz). Academic, New York, Vol. 2, chapter 3.

Thomson, R. M. (1986) Physics of fracture. *Solid State Physics* **39** 1.

Weertman, J. (1978) Fracture mechanics: a unified view for Griffith-Irwin-Orowan cracks. *Acta Metall.* **26** 1731.

第 4 章

Berry, J. P. (1960) Some kinetic considerations of the Griffith criterion for fracture. I. Equations of motion at constant force. II. Equations of motion at constant deformation. *J. Mech. Phys. Solids* **8** 194, 207.

Dickinson J. T. (1990) Fracto-emission. In *Non-Destructive Testing of Fibre-Reinforced Plastics Composites* (ed. J. Summerscales). Elsevier, London, Vol. 2, chapter 10.

Dickinson, J. T. , Donaldson, E. E. & Park, M. K. (1981) The emission of electrons and positive ions from fracture of materials. *J. Mater. Sci.* **16** 2897.

Erdogan, F. (1968) Crack-propagation theories. In *Fracture* (ed. H. Liebowitz) . Academic, New York, Vol. 2, chapter 5.

Field, J. E. (1971) Brittle fracture: its study and application. *Contemp. Phys.* **12** 1.

Freund, L. B. (1990) *Dynamic Fracture Mechanics*, Cambridge University Press, Cambridge.

Kerkhof, F. (1957) Ultrasonic fractography. In *Proceedings Third Internat. Congress High-Speed Photography*. Butterworths, London, p. 194.

Kolsky, H. (1953) *Stress Waves in Solids*. Clarendon, Oxford.

Mott, N. F. (1948) Brittle fracture in mild steel plates. *Engineering* **165** 16.

Roberts, D. K. & Wells, A. A. (1954) The velocity of brittle fracture. *Engineering* **24** 820.

Schardin, H. (1959) Velocity effects in fracture. In *Fracture* (ed. B. L. Averbach, D. K. Felbeck, G. T. Hahn & D. A. Thomas). Wiley, New York, p. 297.

Yoffe, E. H. (1951) The moving crack. *Phil. Mag* **42** 739.

第 5 章

Adamson, A. W. (1982) *Physical Chemistry of Surfaces*. John Wiley, New York.

Bailey, A. I. & Kay, S. M. (1967) Direct measurement of the influence of vapour, of liquid and of oriented monolayers on the interfacial energy of mica. *Proc. Roy. Soc. Lond.* **A301** 47.

Burns, S. J. & Lawn, B. R. (1968) A simulated crack experiment illustrating the energy balance criterion. *Int. J. Fract. Mech.* **4** 339.

Charles, R. J. & Hillig, W. B. (1962) The kinetics of glass failure by stress corrosion. In *Symposium sur la Resistance Mechanique du Verre et les Moyens de L'Ameliorer*. Union Sciences Continentale du Verre, Charleroi, Belgium, p. 511.

Glasstone, S., Laidler, K. J. & Eyring, H. (1941) *The Theory of Rate Processes*. McGraw-Hill, New York.

Hart, E. (1980) A theory for stable crack extension rates in ductile materials. *Int. J. Solids Struct.* **16** 807.

Johnson, H. H. & Paris, P. C. (1968) Subcritical flaw growth. *Eng. Fract. Mech.* **1** 3.

Lawn, B. R. (1974) Diffusion-controlled subcritical crack growth. *Mater. Sci. Eng.* **13** 277.

Lawn, B. R. (1983) Physics of fracture. *J. Amer. Ceram. Soc.* **66** 83.

Maugis, D. (1985) Subcritical crack growth, surface energy, fracture toughness, stick-slip and embrittlement. *J. Mater. Sci.* **20** 3041.

Orowan, E. (1944) The fatigue of glass under stress. *Nature* **154** 341.

Pollett, J-C. & Burns, S. J. (1977) Thermally activated crack propagation-theory. *Int. J. Fract.* **13** 667.

Rice, J. R. (1978) Thermodynamics of the quasi-static growth of Griffith cracks. *J. Mech. Phys. Solids* **26** 61.

Stavrinidis, B. & Holloway, D. G. (1983) Crack healing in glass. *Phys. and Chem. Glasses* **24** 19.

Wiederhorn, S. M. (1967) Influence of water vapour on crack propagation in soda-lime glass. *J. Amer. Ceram. Soc.* **50** 407.

Wiederhorn, S. M. & Bolz, L. H. (1970) Stress corrosion and static fatigue of glass. *J. Amer. Ceram. Soc.* **53** 543.

第 6 章

Adamson, A. W. (1982) *Physical Chemistry of Surfaces*. John Wiley, New York.

Chan, D. C. & Horn, R. H. (1985) The drainage of thin liquid films between solid surfaces. *J. Chem. Phys.* **83** 5311.

Derjaguin, B. V. , Churaev, N. V. & Muller, V. M. (1987) *Surface Forces*. Consultants Bureau(Plenum), New York.

Fuller, E. R. , Lawn, B. R. & Thomson, R. M. (1980) Atomic modeling of cracktip chemistry. *Acta Metall.* **28** 1407.

Fuller, E. R. & Thomson, R. M. (1978) Lattice theories of fracture. In *Fracture Mechanics of Ceramics* (ed. R. C. Bradt, A. G. Evans, D. P. H. Hasselman & F. F. Lange). Plenum, New York, Vol. 4, p. 507.

Gilman, J. J. (1960) Direct measurements of the surface energies of crystals. *J. Appl. Phys.* **31** 2208.

Glasstone, S. , Laidler, K. J. & Eyring, H. (1941) *The Theory of Rate Processes*. McGraw-Hill, New York.

Hockey, B. J. (1983) Crack healing in brittle materials. In *Fracture Mechanics of Ceramics* (ed. R. C. Bradt, A. G. Evans, D. P. H. Hasselman & F. F. Lange). Plenum, New York, Vol. 6, p. 637.

Horn, R. G. & Israelachvili, J. N. (1981) Direct measurement of structural forces between two surfaces in a nonpolar liquid. *J. Chem. Phys.* **75** 1400.

Israelachvili, J. N. (1985) *Intermolecular and surface forces*. Academic, London.

Kanninen, M. F. & Gehlen, P. C. (1972) A study of crack propagation in α-iron. In *Interatomic Potentials and Simulation of Lattice Defects* (ed. P. C. Gehlen *et al.*). Plenum, New York, p. 713.

Kelly, A. , Tyson, W. R. & Cottrell, A. H. (1967) Ductile and brittle crystals. *Phil. Mag.* **15** 567.

Lawn, B. R. (1975) An atomistic model of kinetic crack growth in brittle solids. *J. Mater. Sci.* **10** 469.

Lawn, B. R. (1983) Physics of fracture. *J. Amer. Ceram. Soc.* **66** 83.

Lawn, B. R. , Hockey, B. J. & Wiederhorn, S. M. (1980) Atomically sharp cracks in brittle solids: an electron microscopy study. *J. Mater. Sci.* **15** 1207.

Lawn, B. R. , Jakus, K. & Gonzalez, A. C. (1985) Sharp vs blunt crack hypotheses in the strength of glass: a critical study using indentation flaws. *J. Amer. Ceram. Soc.* **68** 25.

Lawn, B. R. , Roach, D. H. & Thomson, R. M. (1987) Thresholds and reversibility in brittle cracks: an atomistic surface force model. *J. Mater. Sci.* **22** 4036.

Michalske, T. A. & Freiman, S. W. (1981) A molecular interpretation of stress corrosion in silica. *Nature* **295** 511.

Michalske, T. A. & Bunker, B. (1987) The fracturing of glass. *Scientific American* **257** 122.

Orowan, E. (1949) Fracture and strength of solids. *Rep. Progr. Phys.* **12** 48.

Rice, J. R. & Thomson, R. M. (1974) Ductile vs brittle behaviour of crystals. *Phil. Mag.* **29** 73.

Sinclair, J. E. (1975) The influence of the interatomic force law and of kinks on the propagation of brittle cracks. *Phil. Mag.* **31** 647.

Sinclair, J. E. & Lawn, B. R. (1972) An atomistic study of cracks in diamond-structure crystals. *Proc. Roy. Soc. Lond.* **A329** 83.

Slater, J. C. (1939) *Introduction to Chemical Physics.* McGraw-Hill, New York, chapter 10.

Thomson, R. M. (1973) The fracture crack as an imperfection in a nearly perfect solid. *Ann. Rev. Mater. Sci.* **3** 31.

Thomson, R. M., Hsieh, C. & Rana, V. (1971) Lattice trapping of fracture cracks. *J. Appl. Phys.* **42** 3154.

第 7 章

Aveston, J., Cooper, G. A. & Kelly, A. (1971) Single and multiple fracture. In *The properties of fibre composites.* Guildford IPC Science and Technology Press, Surrey, p. 15.

Becher, P. F. (1991) Microstructural design of toughened ceramics. *J. Amer. Ceram. Soc.* **74** 255.

Bennison, S. J. & Lawn, B. R. (1989) Role of interfacial grain-bridging sliding friction in the crack-resistance and strength properties of nontransforming ceramics. *Acta Metall.* **37** 2659.

Budiansky, B., Hutchinson, J. W. & Lambropoulus, J. C. (1983) Continuum theory of dilatant transformation toughening in ceramics. *Int. J. Solids Structs.* **19** 337.

Burns, S. J. & Webb, W. W. (1966) Plastic deformation during cleavage of LiF. *Trans. Met. Soc. A. I. M. E.* **236** 1165.

Burns, S. J. & Webb, W. W. (1970) Fracture surface energies and dynamical cleavage of LiF. I. Theory. II. Experiments. *J. Appl. Phys.* **41** 2078, 2086.

Clarke, D. R. & Faber, K. T. (1987) Fracture of ceramics and glasses. *J. Phys. Chem. Solids* **11** 1115.

Dörre, E. & Hübner, H. (1984) *Alumina: Processing, Properties and Applications.* Springer-Verlag, Berlin, chapter 3.

Evans, A. G. (1990) Perspective on the development of high-toughness ceramics. *J. Amer. Ceram. Soc.* **73** 187.

Evans, A. G. & Faber, K. T. (1984) Crack growth resistance of microcracking brittle materials. *J. Amer. Ceram. Soc.* **67** 255.

Faber, K. T. & Evans, A. G. (1983) Crack deflection processes: I. Theory; II. Experiment. *Acta Metall.* **31** 565, 577.

Garvie, R. C., Hannink, R. H. J. & Pascoe, R. T. (1975) Ceramic steel? *Nature* **258** 703.

Green, D. J., Hannink, R. H. J. & Swain, M. V. (1989) *Transformation toughening of ceramics.* CRC, Boca Raton, Florida.

Hart, E. (1980) A theory for stable crack extension rates in ductile materials. *Int. J. Solids Struct.* **16** 807.

Hutchinson, J. W. (1990) Mixed-mode fracture mechanics of interfaces. In *Metal-Ceramic Inter-faces* (ed. M. Rühle, A. G. Evans, M. F. Ashby & J. P. Hirth) . Acta-Scripta Metall. Proceedings Series, Vol. 4, p. 295.

Hutchinson, J. W. & Suo, Z. (1991) Mixed-mode cracking in layered structures. *Adv. Appl. Mech.* **29** 64.

Kelly, A. (1966) *Strong Solids*. Clarendon, Oxford, chapter 5.

Knehans, R. & Steinbrech, R. (1982) Memory effect of crack resistance during slow crack growth in notched $Al_2 O_3$ bend specimens. *J. Mater. Sci.* **1** 327.

Mai, Y-W. (1988) Fracture resistance and fracture mechanisms of engineering materials. *Mater. Forum* **11** 232.

Mai, Y-W. & Lawn, B. R. (1987) Crack-interface grain bridging as a fracture-resistance mechanism in ceramics: II. Theoretical fracture mechanics. *J. Amer. Ceram. Soc.* **70** 289.

Majumdar, B. S. & Burns, S. J. (1981) Crack-tip shielding-an elastic theory of dislocations and dislocation arrays near a sharp crack. *Acta Metall.* **29** 579.

Marshall, D. B. , Cox, B. N. & Evans, A. G. (1985) The mechanics of matrix cracking in brittle-matrix fibre composites. *Acta Metall.* **23** 2013.

Marshall, D. B. , Drory, M. D. & Evans, A. G. (1983) Transformation toughening in ceramics. In *Fracture Mechanics of Ceramics* (ed. R. C. Bradt, A. G. Evans, F. F. Lange & D. P. H. Hasselman). Plenum, New York, Vol. 6, p. 289.

McMeeking, R. M. & Evans, A. G. (1982) Mechanics of transformation toughening in brittle materials. *J. Amer. Ceram. Soc.* **65** 242.

Swanson, P. L. (1988) Crack-interface traction: a fracture-resistance mechanism in brittle polycrystals. In *Advances in Ceramics*. American Ceramic Society, Columbus, Vol. 22, p. 135.

Swanson, P. L. , Fairbanks, C. J. , Lawn, B. R. , Mai, Y-W. & Hockey, B. J. (1987). Crack-interface grain bridging as a fracture-resistance mechanism in ceramics: I. Experimental study on alumina. *J. Amer. Ceram. Soc.* **70** 279.

Thomson, R. M. (1978) Brittle fracture in a ductile material with application to hydrogen embrittlement. *J. Mater. Sci.* **13** 128.

Thomson, R. M. (1986) Physics of fracture. *Solid State Physics* **39** 1.

Weertman, J. (1978) Fracture mechanics: a unified view for Griffith-Irwin-Orowan cracks. *Acta Metall.* **26** 1731.

第 8 章

Anstis, G. R. , Chantikul, P. , Marshall, D. B. & Lawn, B. R. (1981) A critical evaluation of indentation techniques for measuring fracture toughness: I . Direct crack measurements. II . Strength method. *J. Amer. Ceram. Soc.* **64** 533, 539.

Auerbach, F. (1891) Measurement of hardness. *Ann. Phys. Chem.* **43** 61.

Cook, R. F. , Lawn, B. R. & Fairbanks, C. J. (1985) Microstructure-strength properties in ceramics: I. Effect of crack size on toughness. *J. Amer. Ceram. Soc.* **68** 604.

Cook, R. F., Fairbanks, C. J., Lawn, B. R. & Mai, Y-W. (1987) Crack resistance by interfacial bridging: its role in determining strength characteristics. *J. Mater. Research* **2** 345.

Cook, R. F. & Pharr, G. M. (1990) Direct observation and analysis of indentation cracking in glasses and ceramics. *J. Amer. Ceram. Soc.* **73** 787.

Dabbs, T. P. & Lawn, B. R. (1985) Strength and fatigue properties of optical glass fibres containing microindentation flaws. *J. Amer. Ceram. Soc.* **68** 563.

Evans, A. G. & Wilshaw, T. R. (1976) Quasi-static solid particle damage in brittle solids. *Acta Metall.* **24** 939.

Frank, F. C. & Lawn, B. R. (1967) On the theory of Hertzian fracture. *Proc. Roy. Soc. Lond.* **A299** 291.

Hagan, J. T. (1980) Shear deformation under pyramidal indentations in sodalime glass. *J. Mater. Sci.* **15** 1417.

Hertz, H. H. (1896) *Hertz's Miscellaneous Papers.* Macmillan, London, chapters 5, 6.

Johnson, K. L. (1985) *Contact Mechanics.* Cambridge University Press, Cambridge.

Johnson, K. L., Kendall, K. & Roberts, A. D. (1971) Surface energy and the contact of elastic solids. *Proc. Roy. Soc. Lond.* **A324** 301.

Lawn. B. R. (1983) The indentation crack as a model indentation flaw. In *Fracture Mechanics of Ceramics* (ed. R. C. Bradt, A. G. Evans, D. P. H. Hasselman & F. F. Lange). Plenum, New York, Vol. 5, p. 1.

Lawn, B. R., Dabbs, T. P. & Fairbanks, C. J. (1983) Kinetics of shear-activated indentation crack initiation in soda-lime glass. *J. Mater. Sci.* **18** 2785.

Lawn, B. R. & Evans, A. G. (1977) A model for crack initiation in elastic/plastic indentation fields. *J. Mater. Sci.* **12** 2195.

Lawn, B. R., Evans, A. G. & Marshall, D. B. (1980) Elastic/plastic indentation damage in ceramics: the median/radial crack system. *J. Amer. Ceram. Soc.* **63** 574.

Lawn, B. R., Jakus, K. & Gonzalez, A. C. (1985) Sharp vs blunt crack hypotheses in the strength of glass: a critical study using indentation flaws. *J. Amer. Ceram. Soc.* **68** 25.

Lawn, B. R. & Marshall, D. B. (1979) Hardness, toughness, and brittleness. *J. Amer. Ceram. Soc.* **62** 347.

Lawn, B. R., Marshall, D. B., Chantikul, P. & Anstis, G. R. (1980) Indentation fracture: applications in the assessment of strength of ceramics. *J. Austral. Ceram. Soc.* **16** 4.

Lawn, B. R. & Wilshaw, T. R. (1975) Indentation fracture: principles and applications. *J. Mater. Sci.* **10** 1049.

Mai, Y-W. & Lawn, B. R. (1986) Crack stability and toughness characteristics in brittle materials. *Ann. Rev. Mater. Sci.* **16** 415.

Marshall, D. B. (1984) An indentation method for measuring matrix-fibre frictional stresses in ceramic composites. *J. Amer. Ceram. Soc.* **67** C – 259.

303

Marshall, D. B. , Lawn, B. R. & Chantikul, P. (1979) Residual stress effects in sharp-contact cracking. Ⅰ. Indentation fracture mechanics. Ⅱ. Strength degradation. *J. Mater. Sci.* **14** 2001, 2225.

Marshall, D. B. & Lawn, B. R. (1980) Flaw characteristics in dynamic fatigue: the influence of residual contact stresses. *J. Amer. Ceram. Soc.* **63** 532.

Maugis, D. & Barquins, M. (1978) Fracture mechanics and the adherence of viscoelastic bodies. *J. Phys. D: Appl. Phys.* **11** 1989.

Puttick. K. (1980) The correlation of fracture transitions. *J. Phys. D: Appl. Phys.* **13** 2249.

Roesler, F. C. (1956) Brittle fractures near equilibrium. *Proc. Phys. Soc. Lond.* **B69** 981.

Swain, M. V. , Williams, J. S. , Lawn, B. R. & Beck, J. J. H. (1973) A comparative study of the fracture of various silica modifications using the Hertzian test. *J. Mater. Sci.* **8** 1153.

第 9 章

Chantikul, P. , Bennison, S. J. & Lawn, B. R. (1990) Role of grain size in the strength and *R*-curve properties of alumina. *J. Amer. Ceram. Soc.* **73** 2419.

Cottrell, A. H. (1958) Theory of brittle fracture in steel and similar metals. *Trans. Met. Soc. A. I. M. E.* **212** 192.

Davidge, R. W. (1979) *Mechanical Behaviour of Ceramics.* Cambridge University Press, London, chapter 6.

Dörre, E. & Hübner, H. (1984) *Alumina: Processing, Properties and Applications.* Springer-Verlag, Berlin, chapter 3.

Ernsberger, F. M. (1960) Detection of strength-impairing flaws in glass. *Proc. Roy. Soc. Lond.* **A257** 213.

Green, D. J. (1983) Microcracking mechanisms in ceramics. In *Fracture Mechanics of Ceramics* (ed. R. C. Bradt, A. G. Evans, D. P. H. Hasselman & F. F. Lange). Plenum, New York, Vol. 5, p. 457.

Lange, F. F. (1978) Fracture mechanics and microstructural design. In *Fracture Mechanics of Ceramics* (ed. R. C. Bradt, A. G. Evans, D. P. H. Hasselman & F. F. Lange). Plenum, New York, Vol. 4, p. 799.

Lange, F. F. (1989) Powder processing science and technology for increased reliability. *J. Amer. Ceram. Soc.* **72** 3.

Petch, N. J. (1968) Metallographic aspects of fracture. In *Fracture* (ed. H. Liebowitz). Academic, New York, vol. 1, chapter 5.

Puttick, K. (1980) The correlation of fracture transitions. *J. Phys. D: Appl. Phys.* **13** 2249.

Zener, C. (1948) Micromechanism of fracture. In *Fracturing of Metals.* A. S. M. , Cleveland, p. 3.

第 10 章

Ashby, M. F. & Dyson, B. F. (1984) Creep damage mechanisms and micromechanisms. In *Advances in Fracture Research* (ed. S. R. Valluri, D. M. R. Taplin, P. Rama Rao, J. F. Knott &

R. Dubey). Pergamon, Oxford, p. 3.

Broek, D. (1982) *Elementary Engineering Fracture Mechanics.* Martinus Nijhoff, Boston, chapter 5.

Creyke, W. E. C. , Sainsbury, I. E. J. & Morrell, R. (1982) *Design With Non-Ductile Materials.* Applied Science Publishers, London.

Dabbs, T. P. & Lawn, B. R. (1985) Strength and fatigue properties of optical glass fibers containing microindentation flaws. *J. Amer. Ceram. Soc.* **68** 563.

Davidge, R. W. (1979) *Mechanical Behaviour of Ceramics.* Cambridge University Press, London, chapters 8, 9.

Davidge, R. W. , McLaren, J. R. & Tappin, G. (1973) Strength-probability-time (SPT) relationships in ceramics. *J. Mater. Sci.* **8** 1699.

Evans, A. G. (1985) Engineering property requirements for high performance ceramics. *Mater. Sci. Eng.* **71** 3.

Evans, A. G. & Wiederhorn, S. M. (1974) Proof testing of ceramic materialsan analytical basis for failure prediction. *Int. J. Fract.* **10** 379.

Hasselman, D. P. H. (1969) Unified theory of thermal shock fracture initiation and crack propagation in brittle ceramics. *J. Amer. Ceram. Soc.* **52** 600.

Lange, F. F. (1984) Structural ceramics: a question of fabrication. *J. Mater. Energy System* **6** 107.

Lange, F. F. (1989) Powder processing science and technology for increased reliability. *J. Amer. Ceram. Soc.* **72** 3.

Mai, Y-W. & Lawn, B. R. (1986) Crack stability and toughness characteristics in brittle materials. *Ann. Rev. Mater. Sci.* **16** 415.

Marshall, D. B. & Ritter, J. E. (1987) Reliability of advanced structural ceramics and ceramic matrix composites-a review. *Ceram. Bull.* **66** 309.

Maurer, R. D. (1985) Behavior of flaws in fused silica fibers. In *Strength of Inorganic Glass* (ed. C. R. Kurkjian). Plenum, New York, p. 291.

Ritchie, R. O. (1988) Mechanisms of fatigue crack propagation in metals, ceramics, composites: role of crack-tip shielding. *Mater. Sci. Eng.* **103A** 15.

Ritter, J. E. (1978) Engineering design and fatigue failure of brittle materials. In *Fracture Mechanics of Ceramics* (ed. R. C. Bradt, D. P. H. Hasselman & F. F. Lange). Plenum, New York, Vol. 4, p. 667.

Suresh, S. (1991) *Fatigue of Materials.* Cambridge University Press, Cambridge.

Weibull, W. (1951) A statistical distribution function of wide applicability. *J. Appl. Mech.* **18** 293.

Wiederhorn, S. M. (1972) Subcritical crack growth in ceramics. In *Fracture Mechanics of Ceramics* (ed. R. C. Bradt, D. P. H. Hasselman & F. F. Lange) . Plenum, New York, Vol. 2, p. 613.

Wiederhorn, S. M. (1978) A probabilistic framework for structural design. In *Fracture Mechanics of Ceramics* (ed. R. C. Bradt, A. G. Evans, D. P. H. Hasselman & F. F. Lange). Plenum, New York, Vol. 5, p. 197.

Wiederhorn, S. M. & Fuller, E. R. (1985) Structural reliability of ceramic materials. *Mater. Sci. Eng.* **71** 169.

译者后记

将 Lawn 博士的这部经典著作翻译成中文推荐给国内的科技工作者是我很多年来的一个愿望。

在学术界（至少在脆性固体断裂力学这个领域），Lawn 博士是最高产的学者之一。20 多年前当我刚刚开始学术生涯的时候，我的案头凌乱地摆放着的那些参考文献中大多数就是 Lawn 撰写的论文。那时，脆性固体断裂力学（更准确一些地说应该是陶瓷材料断裂力学）的研究在中国刚刚起步。我有幸在关振铎教授的指导下开始进入到这个领域，开始逐渐了解到 Lawn 的工作，进而开始逐渐崇拜上了这位严谨勤奋的学者。

1999 年秋末，我有幸结识了 Lawn 博士。其时，他和另一位同样也是从事断裂力学研究的知名学者 Ritchie 教授一同来到清华大学参观先进陶瓷与精细工艺国家重点实验室。作为关振铎教授的助手，我全程接待了 Lawn 博士一行。也就是在这个时候，我们有机会就出版《脆性固体断裂力学》第二版的中文版问题进行了第一次交流。遗憾的是，由于种种主观的和客观的原因，这一工作迟迟没能展开。

2007 年夏天，高等教育出版社的刘剑波编辑找到我，希望我能推荐几本国外经典的材料科学专著供他们组织翻译出版。当时我首先想到的便是这本 30 多年一直长盛不衰的著作。此后两年左右的时间里断断续续的工作便形成了这个《脆性固体断裂力学》中译本。

在这个中译本即将奉献给国内读者的时候，我有点忐忑不安。在断裂力学体系中，脆性固体断裂力学是一个很新的学科分支，它的许多内容尤其是与离散的显微结构特征和材料本征脆性密切相关的内容都与经典的弹塑性断裂力学有着本质的不同。因为很新，所以真正完全领会其精髓并不是一件很容易的事情。我只能将大师的思想尽我所能尽量准确地翻译出来。希望这个看上去略显粗糙的译本不会让 Lawn 博士失望。

感谢刘剑波女士给我这个机会完成一个心愿，感谢高等教育出版社的赵向东先生对这个中译本进行的认真细致的编辑加工，感谢我的同事和研究生在我翻译本书的过程中提供的种种帮助。

龚江宏

2009 年 12 月　北京静淑苑

索 引

郑 重 声 明

　　高等教育出版社依法对本书享有专有出版权。任何未经许可的复制、销售行为均违反《中华人民共和国著作权法》，其行为人将承担相应的民事责任和行政责任，构成犯罪的，将被依法追究刑事责任。为了维护市场秩序，保护读者的合法权益，避免读者误用盗版书造成不良后果，我社将配合行政执法部门和司法机关对违法犯罪的单位和个人给予严厉打击。社会各界人士如发现上述侵权行为，希望及时举报，本社将奖励举报有功人员。

反盗版举报电话：(010)58581897/58581896/58581879

传　　真：(010)82086060

E - mail：dd@ hep. com. cn

通信地址：北京市西城区德外大街 4 号
　　　　　高等教育出版社打击盗版办公室

邮　　编：100120

购书请拨打电话：(010)58581118

策划编辑　刘剑波
责任编辑　赵向东
封面设计　刘晓翔
责任绘图　尹　莉
版式设计　张　岚
责任校对　胡晓琪
责任印制　耿　轩